Rômulo Castello Henriques Ribeiro

EXERCÍCIOS DE MECÂNICA DOS SOLOS

Oficina de Textos

Rômulo Castello Henriques Ribeiro

EXERCÍCIOS DE MECÂNICA DOS SOLOS

Copyright © 2021 Oficina de Textos

Grafia atualizada conforme o Acordo Ortográfico da Língua Portuguesa de 1990, em vigor no Brasil desde 2009.

Conselho editorial Arthur Pinto Chaves; Cylon Gonçalves da Silva; Doris C. C. Kowaltowski; José Galizia Tundisi; Luis Enrique Sánchez; Paulo Helene; Rozely Ferreira dos Santos; Teresa Gallotti Florenzano.

Capa e projeto gráfico Malu Vallim
Diagramação Luciana Di Iorio
Foto capa Aleksey Kuprikov (www.unsplash.com)
Preparação de figuras Maria Clara Nascimento
Preparação de textos Hélio Hideki Iraha
Revisão de textos Renata de Andrade Sangeo
Impressão e acabamento BMF gráfica e editora

Dados Internacionais de Catalogação na Publicação (CIP)
(Câmara Brasileira do Livro, SP, Brasil)

Ribeiro, Rômulo Castello Henriques
   Exercícios de mecânica dos solos / Rômulo Castello Henriques Ribeiro. -- São Paulo : Oficina de Textos, 2021.

   Bibliografia.
   ISBN 978-65-86235-20-3

   1. Geologia de engenharia 2. Geotécnica 3. Mecânica do solo I. Título.

21-63259   CDD-624.15136

Índices para catálogo sistemático:
1. Engenharia geotécnica 624.15136

Cibele Maria Dias - Bibliotecária - CRB-8/9427

Todos os direitos reservados à Editora **Oficina de Textos**
Rua Cubatão, 798
CEP 04013-003 São Paulo SP
tel. (11) 3085 7933
www.ofitexto.com.br   atend@ofitexto.com.br

Prefácio

Este livro é resultante de uma prática de docência desenvolvida ao longo de 20 anos ministrando disciplinas associadas à área de Geotecnia, destinadas a alunos de graduação e pós-graduação. Visando à aplicação prática de aspectos teóricos da Mecânica dos Solos, apresentam-se exercícios relacionados com o desenvolvimento de projetos de fundações, contenções, aterros sobre solos moles, entre outros. Tais exercícios, desenvolvidos em sala de aula, ora transferidos para estas páginas, são abordados de duas maneiras:

- Tradicional e sem continuidade, tendo como objetivo a aplicação direta de conceitos básicos. Assim, um determinado exercício não se conecta diretamente com outros.
- Diferenciada, com uma questão se conectando com outra subsequente, estabelecendo uma "história" consistente. São exercícios fundamentais que, interligados de maneira lógica, favorecem a memorização de conceitos abordados em diferentes capítulos ou em um determinado capítulo.

De maneira sucinta, os capítulos têm os seguintes conteúdos:

- O Cap. 1 versa sobre o cálculo de tensões efetivas, fundamentais para as análises de deformações e de estabilidade dos solos desenvolvidas em capítulos posteriores.
- No Cap. 2, apresentam-se questões relacionadas com estimativas de tensões geradas por carregamentos externos, com foco principal em previsões de recalques de camadas submetidas a fundações rasas e aterro.
- No Cap. 3, concentram-se exercícios para previsões de recalques por compressão edométrica e estimativas de recalques com base na teoria da elasticidade. Nesse capítulo, têm-se algumas questões que concluem "histórias" relacionadas com projetos de fundações rasas, conectando conceitos dos três primeiros capítulos. Em contrapartida, uma nova "história" é sugerida, referente a uma análise de aterro sobre solo mole, com posterior implementação no Cap. 5.
- No Cap. 4 são resolvidas questões que envolvem fluxos em meios porosos e, assim, são pertinentes as estimativas de poropressões, vazões e

gradientes hidráulicos. Alguns conceitos são fundamentais para posteriores análises de estabilidade. Apenas uma situação hidrostática é analisada, correspondente à questão da ascensão capilar.

Exercícios relacionados com percolação de óleo e fluxo em solo não saturado, raramente abordados na literatura geotécnica clássica, são resolvidos.

- O Cap. 5 apresenta uma série de exercícios conectados, iniciando com a previsão do recalque de uma camada de argila mole solicitada por um aterro para um dado tempo. Na sequência são desenvolvidas metodologias tradicionais, que residem no uso de drenos verticais e na aplicação de sobrecarga temporária, cujo objetivo é evitar problemas associados a recalques posteriores a um tempo estabelecido. Alguns recursos tipicamente usados para monitorar recalques e o processo de adensamento são mostrados.

- O Cap. 6 é o que apresenta o maior número de exercícios, com conceitos básicos de resistência ao cisalhamento e uma série de aplicações em análises de estabilidade de taludes, de aterro sobre solo mole, de obras de contenção e de fundações. Um exercício simples, com análise probabilística, encerra o capítulo.

Sumário

1 Tensões efetivas 9
Exercício 1.1 9
Exercício 1.2 11
Exercício 1.3 12
Exercício 1.4 14
Exercício 1.5 15

2 Tensões no solo geradas por carregamentos externos 17
Exercício 2.1 17
Exercício 2.2 18
Exercício 2.3 21
Exercício 2.4 25
Exercício 2.5 26
Exercício 2.6 29
Exercício 2.7 29
Exercício 2.8 30

3 Previsões de recalques 32
Exercício 3.1 32
Exercício 3.2 37
Exercício 3.3 39
Exercício 3.4 42
Exercício 3.5 44
Exercício 3.6 46
Exercício 3.7 53
Exercício 3.8 55

4 Fluxo em meios porosos e capilaridade 60
Exercício 4.1 61
Exercício 4.2 64
Exercício 4.3 66
Exercício 4.4 68

Exercício 4.5 71
Exercício 4.6 73
Exercício 4.7 77
Exercício 4.8 79
Exercício 4.9 81
Exercício 4.10 81
Exercício 4.11 82
Exercício 4.12 84

5 A evolução dos recalques com o tempo 87
Exercício 5.1 87
Exercício 5.2 93
Exercício 5.3 96
Exercício 5.4 97
Exercício 5.5 98
Exercício 5.6 100

6 Estado de tensões e resistência ao cisalhamento 102
Exercício 6.1 102
Exercício 6.2 104
Exercício 6.3 106
Exercício 6.4 111
Exercício 6.5 114
Exercício 6.6 120
Exercício 6.7 126
Exercício 6.8 130
Exercício 6.9 133
Exercício 6.10 138
Exercício 6.11 143
Exercício 6.12 145
Exercício 6.13 150
Exercício 6.14 153
Exercício 6.15 156
Exercício 6.16 158
Exercício 6.17 162
Exercício 6.18 164
Exercício 6.19 169

Referências bibliográficas 173

Tensões efetivas | 1

A previsão comportamental do meio físico, a partir de conceitos de Mecânica dos Solos, tem como base fundamental a definição da tensão efetiva (σ'), que é utilizada amplamente em estimativas de deslocamentos e análises de estabilidade. Neste livro, σ' é diretamente ou indiretamente abordada nas seguintes matérias:
- estimativas de recalques (Cap. 3);
- fluxo em meios porosos (Cap. 4);
- teoria do adensamento unidimensional (Cap. 5);
- resistência ao cisalhamento (Cap. 6).

Os exercícios deste capítulo se apresentam com duas abordagens: a primeira é teórica e visa mostrar conceitos fundamentais da Mecânica dos Solos, relativos a tensões efetivas em solos saturados e não saturados. Na segunda abordagem, os conceitos são aplicados de maneira objetiva, com cálculos, para solos saturados.

Exercício 1.1

Deduza as equações de Terzaghi (1936) e de Bishop (1959) para tensões efetivas em solos saturados e não saturados, respectivamente (Fig. 1.1).

Solução:

Com base no prisma imaginário de solo destacado na Fig. 1.1, tem-se à profundidade z um solo saturado aplicando tensão total (σ), com a incidência de forças N_i' entre partículas e com a ação de uma carga gerada pela poropressão (u) atuante em uma área de água (A_w):

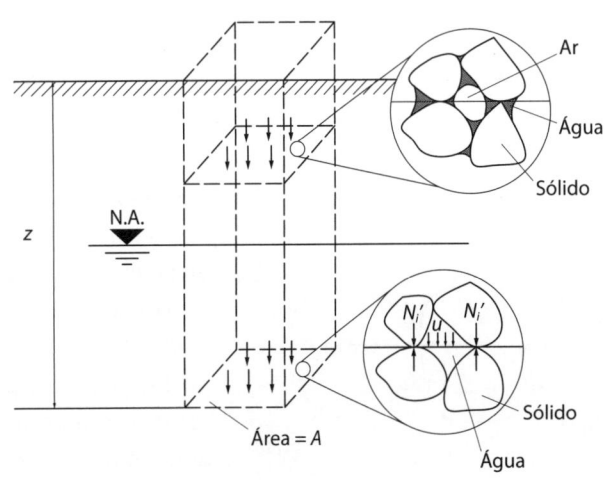

$$\sigma = \frac{\sum N_i'}{A} + \frac{u \cdot A_w}{A} \therefore \sigma = \sigma_i' + \frac{u \cdot A_w}{A} \therefore \sigma_i' = \sigma - \frac{u \cdot A_w}{A}$$

em que σ_i' é a tensão gerada pelo esqueleto sólido.

Fig. 1.1 Detalhes do esqueleto sólido e dos poros do solo

Desprezando a área dos contatos, que segundo Knappett e Craig (2014) varia de 1% a 3% da área total, tem-se que a área de água (A_w) é aproximadamente igual à área total (A). Dessa forma, o termo denominado σ'_i é aproximadamente a tensão efetiva definida por Terzaghi (1936):

$$\sigma' = \sigma - u$$

Nota-se que a tensão efetiva não é a tensão que atua entre partículas sólidas do solo; no entanto, com uma variação da tensão efetiva é possível afirmar que ocorre variação de tensão entre grãos e, com isso, são geradas deformações em um determinado solo e modificações de sua resistência ao cisalhamento.

Para a tensão efetiva em solos não saturados (Fig. 1.1, acima do nível d'água), tem-se a dedução clássica de Bishop (1959). A tensão total em um plano com área total (A) é resultante da pressão de ar (u_a) atuando em uma área de ar (A_a), de uma pressão de água (u_w) incidindo em uma área de água (A_w) e das cargas N'_i geradas pelo esqueleto sólido:

$$\sigma = \frac{\sum N'_i}{A} + \frac{u_w \cdot A_w}{A} + \frac{u_a \cdot A_a}{A} = \sigma' + \frac{u_w \cdot A_w}{A} + \frac{u_a(A_v - A_w)}{A}$$
$$= \sigma' + u_a - \chi(u_a - u_w)$$

Manipulando a equação, tem-se a tensão efetiva:

$$\sigma' = \sigma - u_a + \chi(u_a - u_w)$$

em que χ é a razão entre a área de água e a área total ou, aproximadamente, a razão entre a área de água e a área de vazios (A_v), considerando desprezível a área de contatos. Esse parâmetro χ varia entre 0 (solo seco) e 1 (solo saturado) e, com isso, têm-se:

$$\sigma' = \sigma - u_a \quad \text{para } \chi = 0;$$

$\sigma' = \sigma - u_w$ para $\chi = 1$, que é a equação original de Terzaghi, com $u_w = u$.

A tensão efetiva para solo não saturado é influenciada por uma sucção mátrica, que é a diferença entre a pressão de ar (u_a) e a pressão de água (u_w) existentes nos poros do solo. Tal sucção é uma parcela da chamada sucção total, sendo que a outra parcela atua em função da concentração de solutos na água e é denominada sucção osmótica. Todas as questões deste livro envolvendo solos não saturados são analisadas em função da variação da sucção mátrica, que é chamada apenas de sucção.

Um aumento de sucção promove um aumento de tensão efetiva, haja vista a existência de um desequilíbrio entre as pressões de ar e água nos poros, que é transmitido ao esqueleto sólido por meio de uma membrana contrátil de água (Fig. 1.2). Tal efeito varia com o grau de saturação e se anula para solo saturado ou para solo com volume de água nulo (solo seco). Essa influência da sucção, que gera a chamada coesão aparente, será analisada no Cap. 6.

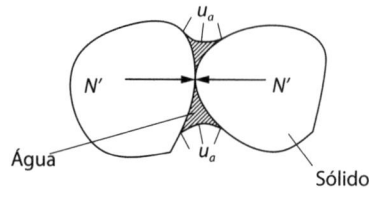

Fig. 1.2 Desequilíbrio entre u_a e u_w, gerando aumento de N'

Exercício 1.2

 Calcule a tensão total, a poropressão e a tensão efetiva atuantes à cota –12,5 m do perfil geotécnico A (Fig. 1.3).

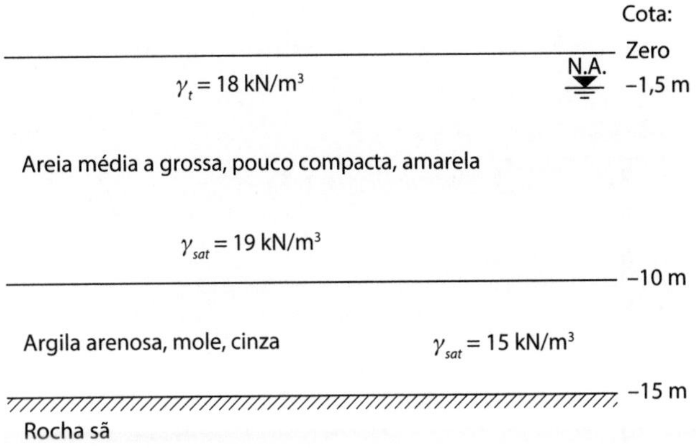

Solução:

Em todas as questões que envolvem cálculos de tensões, são usados índices físicos dos solos, cujas definições são apresentadas no Quadro 1.1.

Para o cálculo da tensão total, são necessários os valores das espessuras das camadas com seus respectivos pesos específicos (γ_t ou γ_{sat}), lançados no seguinte somatório:

$$\sigma = \sum_{i=1}^{n} z_i \cdot \gamma_i = 1{,}5 \times 18 + 8{,}5 \times 19 + 2{,}5 \times 15 = 226 \text{ kPa}$$

Fig. 1.3 Perfil geotécnico A

Quadro 1.1 Índices físicos e suas definições

Índice físico	Símbolo	Definição
Peso específico total	γ_t	Peso total/volume total
Peso específico saturado*	γ_{sat}	Peso total/volume total
Peso específico dos sólidos	γ_s	Peso de sólidos/volume de sólidos
Peso específico aparente seco	γ_d	Peso de sólidos/volume total
Peso específico da água	γ_w	Peso de água/volume de água
Teor de umidade	w	Peso de água/peso de sólidos
Índice de vazios	e	Volume de vazios/volume de sólidos
Porosidade	n	Volume de vazios/volume total
Grau de saturação	S	Volume de água/volume de vazios
Densidade real dos grãos	G_s	γ_s/γ_w

*O peso específico saturado é o peso específico total do solo saturado.

A poropressão é obtida com a carga piezométrica (z), que nesse caso é a distância entre o nível d'água e o nível em foco, multiplicada pelo peso específico da água (aproximadamente 10 kN/m³):

$$u = z \cdot \gamma_w = 11 \cdot \gamma_w = 110 \text{ kPa}$$

Finalmente, com a tensão total e a poropressão, tem-se a tensão efetiva:

$$\sigma' = \sigma - u = 226 - 110 = 116 \text{ kPa}$$

Como σ' varia linearmente com a profundidade e a cota –12,5 m fica equidistante entre o topo e a base da camada de argila arenosa, a tensão efetiva calculada é a tensão efetiva média da camada de argila arenosa.

Exercício 1.3

 Calcule as tensões totais, as poropressões e as tensões efetivas atuantes às cotas –2 m, –10 m e –20 m, mostradas na Fig. 1.4.

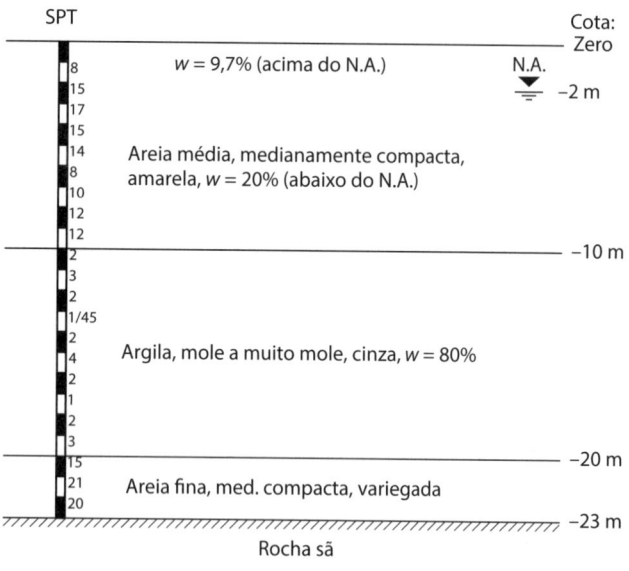

Fig. 1.4 Perfil geotécnico B

Solução:

Neste exercício, os pesos específicos não são fornecidos diretamente. O peso específico saturado da areia amarela pode ser calculado por meio de uma relação matemática com outros índices físicos:

$$\gamma_{sat} = \frac{\gamma_s + e \cdot \gamma_w}{1+e}$$

O peso específico dos sólidos é obtido em laboratório, a partir de ensaio com picnômetro. No entanto, se não há disponibilidade de resultados de ensaios, é possível arbitrar-se γ_s = 26,5 kN/m³, que é uma média de uma faixa típica: de 26 kN/m³ a 27 kN/m³. Alguns solos podem apresentar valores de γ_s bem inferiores a 26 kN/m³, tais como solos com matéria orgânica. Areias micáceas podem ter valores de γ_s superiores a 27 kN/m³.

O índice de vazios só pode ser obtido por correlação matemática com outros índices físicos:

$$e = \frac{G_s \cdot w}{S}$$

em que G_s = 2,65, tendo em vista que foram arbitrados γ_s = 26,5 kN/m³ e γ_w = 10 kN/m³. Assim, com S = 100%, tem-se a seguinte sequência de cálculos:

$$e = \frac{2,65 \times 0,2}{1} = 0,53$$

$$\gamma_{sat} = \frac{26,5 + 0,53 \times 10}{1+0,53} = 20,78 \text{ kN/m}^3$$

Assumindo que a compacidade da areia tem pequena variação, sendo medianamente compacta, acima e abaixo do nível d'água, com um mesmo índice de vazios, o peso específico total pode ser calculado com a seguinte relação:

$$\gamma_t = \frac{\gamma_s(1+w)}{(1+e)} = \frac{26,5(1+0,097)}{1+0,53} = 19,00 \text{ kN/m}^3$$

Para a camada de argila, a marcha de cálculos é idêntica à descrita para a camada de areia amarela (abaixo do N.A.):

$$e = \frac{2,65 \times 0,8}{1} = 2,12$$

$$\gamma_{sat} = \frac{26,5 + 2,12 \times 10}{1+2,12} = 15,29 \text{ kN/m}^3$$

Finalmente, com todos os pesos específicos conhecidos, são apresentados na Tab. 1.1 os cálculos de σ, u e σ'.

Tab. 1.1 Tensões totais, poropressões e tensões efetivas

Cota (m)	σ (kPa)	u (kPa)	σ' (kPa)
-2	2 × 19 = 38	0	38 - 0 = 38
-10	38 + 8 × 20,78 = 204,24	$8\gamma_w = 80$	204,24 - 80 = 124,24
-20	204,24 + 10 × 15,29 = 357,14	$18\gamma_w = 180$	357,14 - 180 = 177,14

O exercício não solicitou apenas os cálculos das tensões efetivas. Todavia, se fosse o caso, as tensões efetivas poderiam ser calculadas diretamente com o uso dos pesos específicos submersos ($\gamma_{sat} - \gamma_w$), nesse caso de água parada (hidrostático). Um exemplo desse cálculo, para a cota –20 m, é o seguinte:

$$\sigma' = 2 \times 19 + 8(20,78 - 10) + 10(15,29 - 10) = 177,14 \text{ kPa}$$

Para os cálculos realizados, foram usados índices físicos que são facilmente obtidos com ensaios em amostras amolgadas, extraídas ao longo de uma sondagem Standard Penetration Test (SPT). No entanto, é muito frequente a ausência de tais informações, e, com isso, os pesos específicos podem ser estimados a partir das Tabs. 1.2 e 1.3, de Godoy (1972), com base nos números de golpes do SPT (N_{SPT}).

Tab. 1.2 Pesos específicos de solos arenosos

N_{SPT}	Compacidade da areia	Peso específico (kN/m³)		
		Seca	Úmida	Saturada
< 4	Fofa	16	18	19
5 a 8	Pouco compacta			
9 a 18	Medianamente compacta	17	19	20
19 a 40	Compacta	18	20	21
> 40	Muito compacta			

Fonte: Godoy (1972).

Tab. 1.3 Pesos específicos de solos argilosos

N_{SPT}	Consistência	Peso específico (kN/m³)
< 2	Muito mole	13
3 a 5	Mole	15
6 a 10	Média	17
11 a 19	Rija	19
> 20	Dura	21

Fonte: Godoy (1972).

A sondagem SPT, em síntese, consiste em uma escavação inicial com 1 m de profundidade e posterior cravação de um amostrador-padrão, que avança a partir de golpes aplicados por um martelo de 65 kg, caindo de uma altura de 75 cm (Fig. 1.5). Durante o processo de cravação, são contados os números de golpes (N1, N2 e N3) para avanços sucessivos de 15 cm, sendo que o N_{SPT} é idealmente igual a N2 + N3. Na sequência, a sondagem avança com escavação até os 2 m de profundidade, onde o procedimento de cravação do amostrador é repetido, e, assim, a sondagem segue com sucessivas escavações intercaladas de cravações do amostrador.

A Fig. 1.4 apresenta os números de golpes do SPT ao longo da profundidade, para a cravação dos 30 cm finais do amostrador. Cabe uma ressalva para a cravação aos 13 m de profundidade, dentro da camada de argila, pois foi necessário apenas um golpe para o avanço de 45 cm; trata-se de um solo muito mole.

Exercício 1.4

Usando o perfil descrito na Fig. 1.4, calcule as tensões efetivas existentes às cotas −10 m e −20 m, com as seguintes hipóteses:

a) Nível d'água rebaixado para a cota −4 m, com um peso específico total de 19 kN/m³ (acima do N.A.) e com os pesos específicos saturados obtidos no Exercício 1.3.

b) Com o nível d'água freático à cota −2 m e com um artesianismo, verificado por piezômetro com a ponta localizada à cota −20 m. O nível d'água artesiano atingiu a cota +6 m, existindo, portanto, uma coluna d'água de 26 m.

Solução:

a) Adotando o cálculo direto da tensão efetiva, com o uso dos pesos específicos submersos, têm-se:
- para a cota −10 m: $\sigma' = 4 \times 19 + 6(20,78 - 10)$ = 140,68 kPa;
- para a cota −20 m: $\sigma' = 4 \times 19 + 6(20,78 - 10) + 10(15,29 - 10)$ = 193,58 kPa.

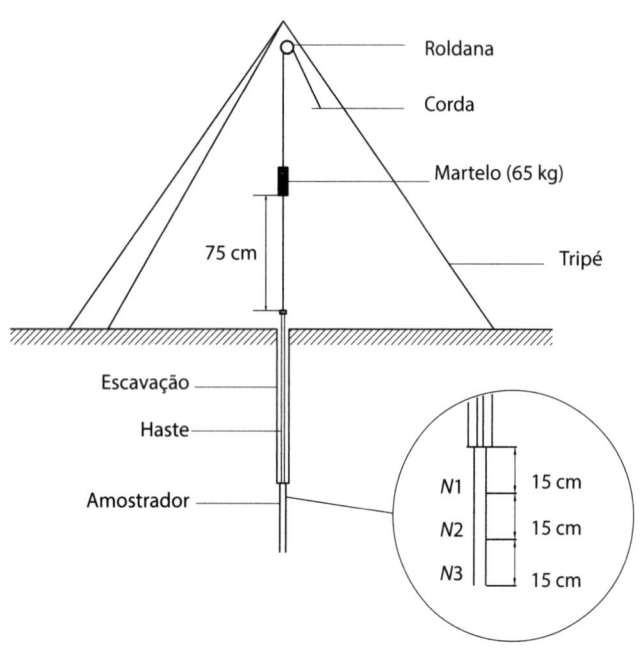

Fig. 1.5 Sondagem SPT

Portanto, ocorrem aumentos de tensões efetivas, com um acréscimo de 16,44 kPa. Com o aumento da tensão efetiva, são gerados recalques (deslocamentos verticais) das camadas submetidas ao acréscimo. Fisicamente, em virtude da redução da poropressão, é promovido um aumento de tensão entre sólidos, retratado pelo aumento de tensão efetiva, com o consequente deslocamento relativo de partículas.

A Fig. 1.6 ilustra um possível cenário de patologias (trincas) em uma edificação geradas por uma escavação com rebaixamento do lençol. A escavação em si é capaz de provocar deslocamentos do solo que a envolve, tendo o rebaixamento como agravante.

b) Para a cota −10 m, tem-se a mesma tensão efetiva apresentada na Tab. 1.1, haja vista que o artesianismo não altera a posição do nível d'água freático na camada de areia amarela. O artesianismo provoca alteração da tensão efetiva à cota −20 m:

$$\sigma = 2 \times 19 + 8 \times 20,78 + 10 \times 15,29 = 357,14 \text{ kPa}$$
$$u = 26 \cdot \gamma_w = 260 \text{ kPa}$$
$$\sigma' = 357,14 - 260 = 97,14 \text{ kPa}$$

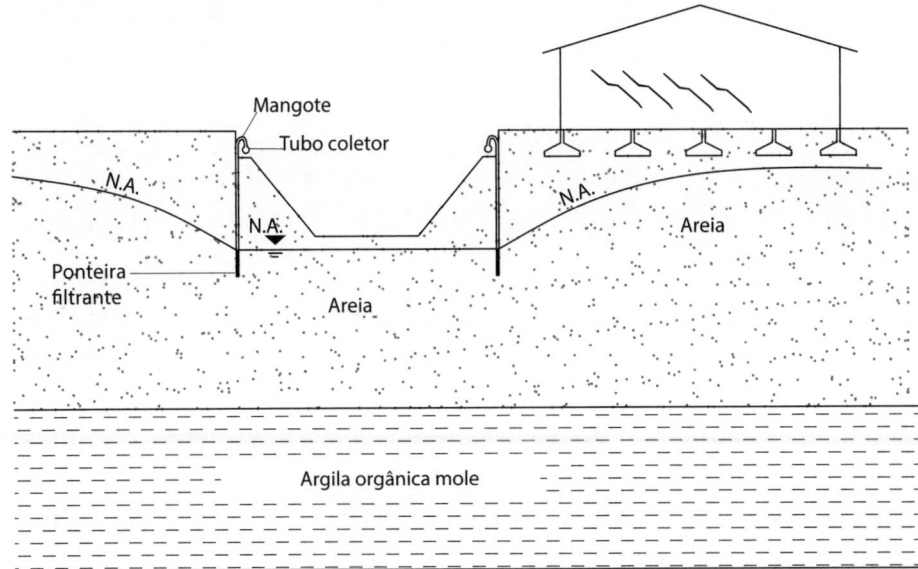

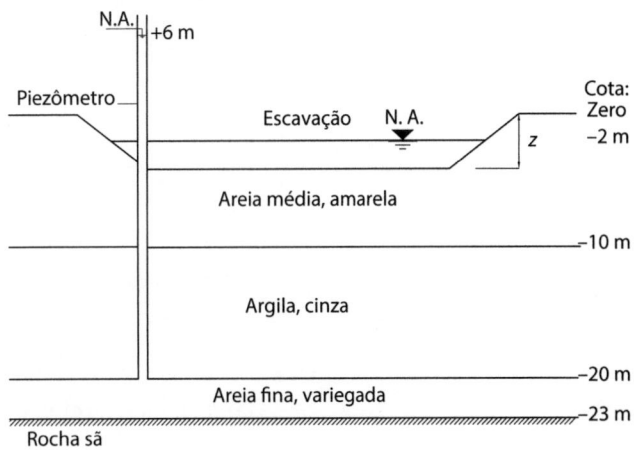

Fig. 1.6 Trincas geradas por escavação e rebaixamento do lençol

Nesse caso, não é possível o cálculo direto de σ′, usando pesos específicos submersos, pois com o artesianismo é gerado fluxo através da camada de argila (caso hidrocinético). Nota-se que houve uma redução da tensão efetiva com o artesianismo. Tal redução poderia anular a tensão efetiva, com σ = u, gerando a chamada ruptura hidráulica. Para tanto, a poropressão necessária teria que ser de 357,14 kPa, com uma altura de coluna d'água, no piezômetro, de aproximadamente 36 m. Uma escavação de grandes dimensões, reduzindo a tensão total, também poderia gerar a ruptura hidráulica da camada de argila, de acordo com a Fig. 1.7.

Fig. 1.7 Esquema de escavação para ruptura hidráulica

A profundidade (z) de escavação (Fig. 1.7) para provocar a ruptura hidráulica é facilmente calculada, fazendo σ = u:

$$(z-2)\gamma_w + (10-z)20{,}78 + 10 \times 15{,}29 = 260 \therefore z = 7{,}49 \text{ m}$$

Essa situação, correspondente à condição de tensão efetiva nula em areias, será vista no Cap. 4, que soluciona problemas relacionados a fluxos unidimensional e bidimensional. Tal fenômeno é chamado de areia movediça.

Exercício 1.5

Em um perfil geotécnico, tem-se uma camada de areia fina superficial com o nível d'água freático localizado a 1,5 m de profundidade; todavia, encontrou-se solo saturado a partir dos 50 cm de profundidade (Fig. 1.8). Explique a existência dessa saturação e calcule a tensão total, a poropressão e a tensão efetiva existentes a 0,5 m, sabendo que o peso específico total da areia fina é 18 kN/m³.

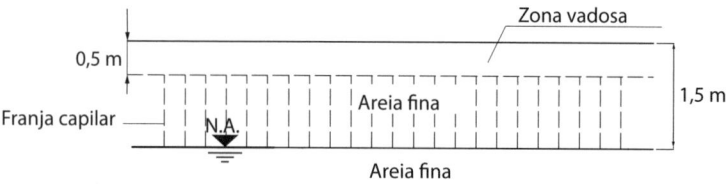

Fig. 1.8 Ascensão capilar

Solução:

Ao longo de canalículos irregulares, formados pelos poros interligados do solo, é possível uma ascensão capilar mantida pela chamada tensão superficial, que gera uma força capilar. Esses aspectos são explicados com detalhes no Cap. 4. O fato é que, acima do nível d'água, tem-se uma franja de saturação por capilaridade, cuja altura depende das dimensões dos poros do solo e, consequentemente, das dimensões de suas partículas. Acima da zona de saturação capilar, ocorre solo não saturado, constituindo a zona vadosa.

Considerando que a ascensão capilar é de 1 m, com base nas informações do enunciado, tem-se a 0,5 m a seguinte poropressão:

$$u = -h_{capilar} \cdot \gamma_W = -1 \text{ m} \times 10 \text{ kN/m}^3 = -10 \text{ kPa}$$

Nota-se que a poropressão é negativa e, assim, no nível d'água a poropressão é nula (referência de engenharia), abaixo do N.A. a poropressão é positiva e acima do N.A. a poropressão é inferior à pressão atmosférica.

A tensão total é calculada com o conceito visto:

$$\sigma = 0,5 \times 18 = 9 \text{ kPa}$$

Finalmente, a tensão efetiva é a seguinte:

$$\sigma' = \sigma - u = 9 - (-10) = 19 \text{ kPa}$$

Se eventualmente houver uma elevação do nível d'água freático, atingindo o nível analisado (z = 0,5 m), a tensão efetiva sofrerá uma redução, igualando-se à tensão total. Com redução de tensão efetiva, o solo experimenta um aumento de sua deformabilidade e uma redução de resistência ao cisalhamento.

Tensões no solo geradas por carregamentos externos | 2

O cálculo de tensões verticais no solo geradas por carregamentos externos (acréscimos de tensões) é particularmente relevante para previsões de recalques em projetos geotécnicos de fundações. A estimativa de tensões horizontais provocadas também por carregamentos externos é utilizada com frequência em análises de empuxos em obras de contenção.

No primeiro exercício, apresenta-se o uso do método simplificado 2:1 para cálculo de acréscimo de tensão vertical ($\Delta\sigma$). O caráter simplificado do método fica claro em exercícios posteriores, que utilizam soluções baseadas na teoria da elasticidade para previsões de $\Delta\sigma$, com equações tradicionais da literatura geotécnica.

Exercício 2.1

Um edifício com 15 pavimentos (Fig. 2.1) será construído em um terreno com o perfil geotécnico apresentado na Fig. 1.4, com pilares incidindo em radier retangular ($B = 20$ m e $L = 30$ m em planta) assentado à cota –2 m. Considerando que a soma das cargas permanentes com as cargas acidentais resulta em 12 kPa por pavimento, calcule $\Delta\sigma$ à cota –15 m.

Observação: haverá um pavimento de subsolo e uma consequente escavação com geometria idêntica àquela descrita para o radier.

Solução:

Segundo o método simplificado 2:1, as tensões aplicadas no meio se espraiam, com a área de aplicação da força Q aumentando a uma razão 2:1. Assim, Q permanece constante, aplicando tensões que diminuem com a profundidade (z), tendo em vista que as dimensões B e L da área

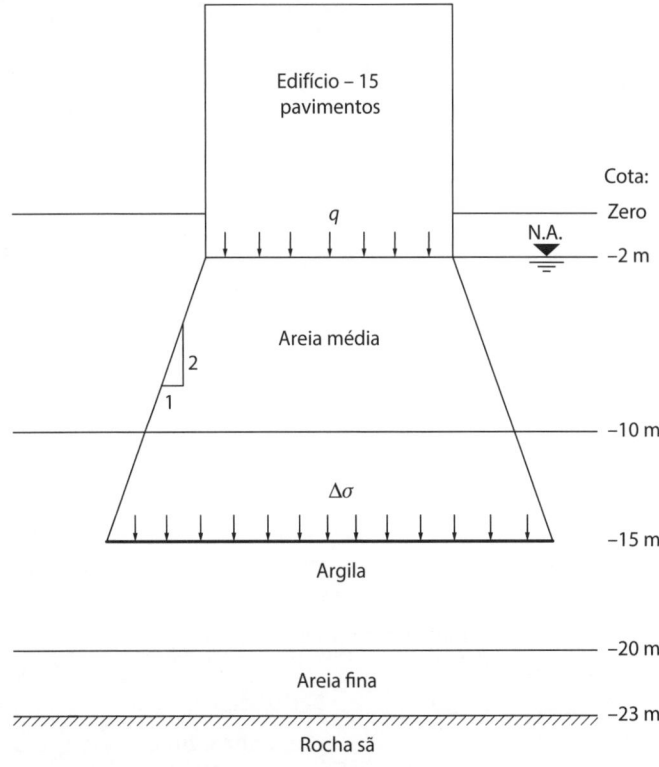

Fig. 2.1 Perfil geotécnico B solicitado por edifício com 15 pavimentos

com tensão aplicada (q) aumentam, ficando com dimensões B + z e L + z para o cálculo de $\Delta\sigma$.

O primeiro passo, portanto, é o cálculo da carga (Q) aplicada pelo edifício (N = 15 pavimentos):

$$Q = N \cdot A \cdot q_{pavimento} = 15 \times 20 \times 30 \times 12 = 108.000 \text{ kN}$$

Como há escavação, é necessário subtrair da carga (Q) o alívio (V):

$$V = V_t \cdot \gamma_t = 20 \times 30 \times 2 \times 19 = 22.800 \text{ kN}$$

Assim, o acréscimo ($\Delta\sigma$) à cota –15 m (z = 13 m) fica:

$$\Delta\sigma = \frac{Q-V}{(B+z)(L+z)} = \frac{108.000 - 22.800}{(20+13)(30+13)} = 60 \text{ kPa}$$

Verifica-se, desse modo, que a tensão aplicada à cota –2 m (q = 15 × 12 – 2 × 19 = 142 kPa) torna-se 60 kPa em z = 13 m. A equação para cálculo de $\Delta\sigma$ também pode ser escrita com o seguinte formato:

$$\Delta\sigma = \frac{q \cdot B \cdot L}{(B+z)(L+z)}$$

Exercício 2.2

Usando as soluções de Boussinesq (1885) e de Westergaard (1938), a partir da teoria da elasticidade, calcule o acréscimo de tensão no ponto P descrito na Fig. 2.2.

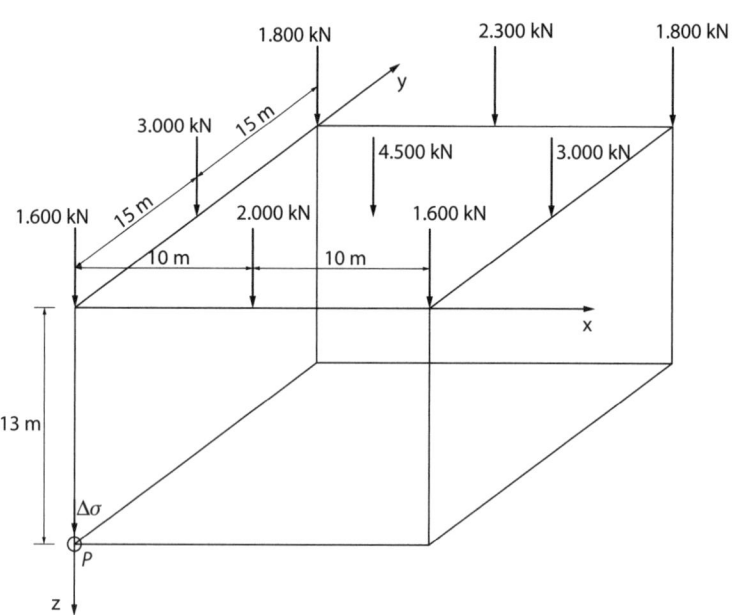

Fig. 2.2 Posições das cargas e do ponto P

Solução:

Considerando uma carga pontual (Q) aplicada na superfície de um semiespaço infinito, homogêneo, isotrópico e elástico, Boussinesq (1885) obteve a equação mostrada a seguir para o cálculo de $\Delta\sigma$ em um ponto com coordenadas z e r, que são respectivamente a profundidade e a distância radial em relação ao eixo do carregamento (Fig. 2.3).

$$\Delta\sigma = \frac{3 \cdot Q}{2 \cdot \pi \cdot z^2 \left[1 + \left(\frac{r}{z}\right)^2\right]^{\frac{5}{2}}}$$

Neste exercício, as nove cargas pontuais apresentadas geram acréscimos de tensão no ponto P. Tomando como exemplo a carga de 4.500 kN, tem-se z = 13 m e r = 18 m, com o seguinte acréscimo:

$$\Delta\sigma = \frac{3 \times 4.500}{2 \cdot \pi \cdot 13^2 \left[1 + \left(\frac{\sqrt{10^2 + 15^2}}{13}\right)^2\right]^{\frac{5}{2}}} = 0{,}87 \text{ kPa}$$

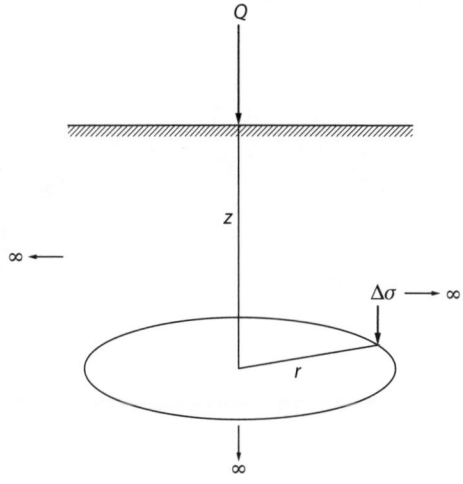

Fig. 2.3 Variáveis para o cálculo de $\Delta\sigma$, com a solução de Boussinesq

Para a superposição de efeitos dos nove carregamentos, pode ser implementada uma planilha automática, definindo-se as coordenadas, em planta, do ponto P e de todas as cargas pontuais aplicadas. Com essas coordenadas, a planilha pode desenvolver os cálculos das distâncias radiais, usando o esquema mostrado na Fig. 2.4.

$$r = \sqrt{(x2 - x1)^2 + (y2 - y1)^2}$$

Nesse esquema, as coordenadas x1 e y1 podem ser as coordenadas de P, e x2 e y2 podem ser as coordenadas de uma determinada carga pontual.

A Tab. 2.1 mostra os valores das cargas, suas coordenadas, as distâncias radiais em relação ao ponto P, as coordenadas do ponto P e os acréscimos de tensão com base na equação de Boussinesq. Esse esquema de cálculo é favorável à pesquisa de acréscimos de tensão em outras posições para o ponto P, ou seja, modificando-se suas coordenadas todos os cálculos são automaticamente refeitos.

A Tab. 2.2 exemplifica a modificação da posição do ponto P para o eixo da carga de 4.500 kN, permanecendo em z = 13 m.

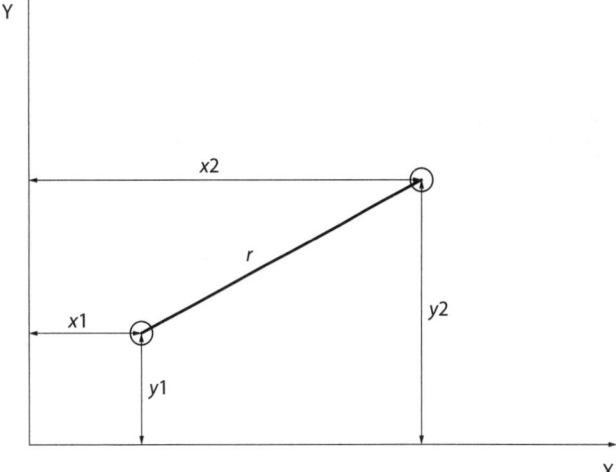

Fig. 2.4 Esquema para cálculo de r

Westergaard (1938) admitiu um semiespaço infinito armado com lâminas rígidas horizontais, com espessuras infinitesimais, que anulam o deslocamento horizontal do material idealizado. Com base na teoria da elasticidade, a expressão de Westergaard é a seguinte:

$$\Delta\sigma = \frac{Q}{\pi \cdot z^2 \left[1 + 2\left(\frac{r}{z}\right)^2\right]^{\frac{3}{2}}}$$

Tab. 2.1 Planilha para cálculos de $\Delta\sigma$, com P em $x = 0$, $y = 0$ e $z = 13$ m (Boussinesq)

Coordenadas do ponto P		
x (m)	y (m)	z (m)
0	0	13

Carga (kN)	Coordenadas		r	$\Delta\sigma$
	x (m)	y (m)	(m)	(kPa)
1.600	0	0	0,00	4,52
2.000	10	0	10,00	1,77
1.600	20	0	20,00	0,22
3.000	0	15	15,00	1,02
4.500	10	15	18,03	0,87
3.000	20	15	25,00	0,18
1.800	0	30	30,00	0,05
2.300	10	30	31,62	0,05
1.800	20	30	36,06	0,02
			Σ	8,70

Tab. 2.2 Planilha para cálculos de $\Delta\sigma$, com P em $x = 10$, $y = 15$ e $z = 13$ m (Boussinesq)

Coordenadas do ponto P		
x (m)	y (m)	z (m)
10	15	13

Carga (kN)	Coordenadas		r	$\Delta\sigma$
	x (m)	y (m)	(m)	(kPa)
1.600	0	0	18,03	0,31
2.000	10	0	15,00	0,68
1.600	20	0	18,03	0,31
3.000	0	15	10,00	2,65
4.500	10	15	0,00	12,71
3.000	20	15	10,00	2,65
1.800	0	30	18,03	0,35
2.300	10	30	15,00	0,78
1.800	20	30	18,03	0,35
			Σ	20,80

Nota-se que as variáveis independentes necessárias para o cálculo de $\Delta\sigma$ são as mesmas da solução de Boussinesq, ou seja: Q, r e z. Adotando o mesmo esquema de cálculo mostrado para o ponto P com coordenadas $x = 0$, $y = 0$ e $z = 13$ m, são apresentados na Tab. 2.3 os resultados obtidos a partir da solução de Westergaard.

Comparando-se os resultados apresentados nas Tabs. 2.1 e 2.3, verifica-se que o valor de $\Delta\sigma$ obtido a partir da solução de Boussinesq é conservador em relação ao valor de $\Delta\sigma$ de Westergaard. Em muitas situações práticas, visando à previsão de recalques de argilas moles, é razoável a adoção da solução de Westergaard, haja vista que tais solos são frequentemente entremeados com lâminas de areia, que restringem deformações horizontais, de maneira semelhante ao modelo de lâminas rígidas horizontais e infinitesimais.

Tab. 2.3 Planilha para cálculos de $\Delta\sigma$, com P em $x = 0$, $y = 0$ e $z = 13$ m (Westergaard)

Coordenadas do ponto P		
x (m)	y (m)	z (m)
0	0	13

| Carga (kN) | Coordenadas | | r | $\Delta\sigma$ |
	x (m)	y (m)	(m)	(kPa)
1.600	0	0	0,00	3,01
2.000	10	0	10,00	1,17
1.600	20	0	20,00	0,22
3.000	0	15	15,00	0,81
4.500	10	15	18,03	0,79
3.000	20	15	25,00	0,23
1.800	0	30	30,00	0,09
2.300	10	30	31,62	0,09
1.800	20	30	36,06	0,05
			Σ	6,46

Exercício 2.3

Calcule os acréscimos de tensão nos pontos A, B, C e D mostrados na Fig. 2.5, gerados pela sapata S5, com balanços iguais (Fig. 2.6), solicitada por um pilar com 4.500 kN de carga vertical e com dimensões de 25 cm × 140 cm, em planta. A tensão admissível adotada para o projeto da sapata foi de 300 kPa, com a qual o solo subjacente sofre deslocamentos admissíveis e tem-se um fator de segurança adequado com relação à ruptura do sistema solo/fundação.

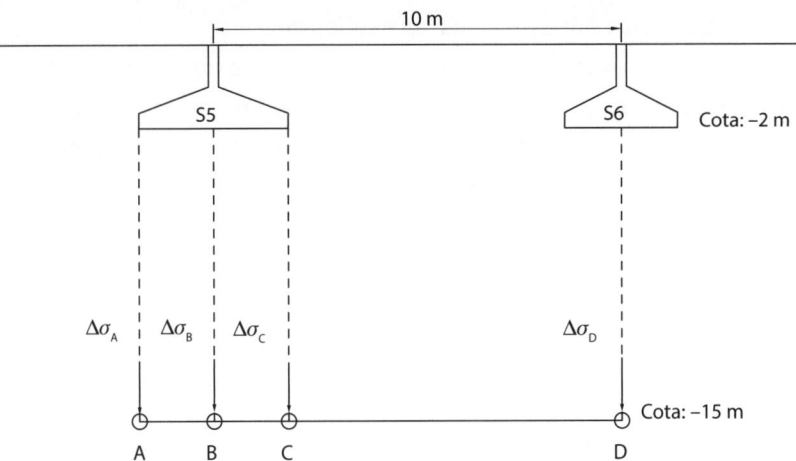

Fig. 2.5 Pontos para cálculos de acréscimos

Solução:

Inicialmente, o enunciado descreve que a sapata S5 tem balanços iguais. Tradicionalmente, as fundações diretas denominadas sapatas isoladas são dimensionadas com balanços iguais ($x = y$, Fig. 2.6). Sabendo que B e L são, respectivamente, a menor dimensão e a maior dimensão da sapata (em planta) e que b e l são, respectivamente, a menor dimensão e a maior dimensão do pilar (em planta), vem a seguinte condição geométrica:

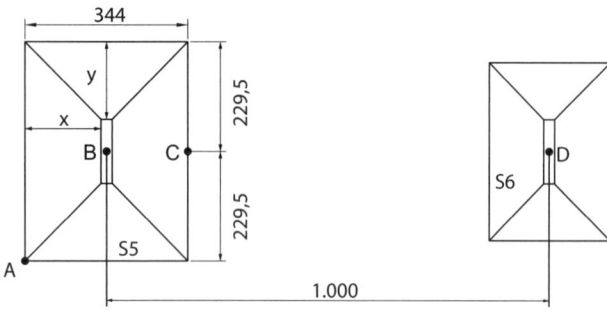

Fig. 2.6 Planta de sapatas e pontos (dimensões em cm)

$$x = y \therefore \frac{B-b}{2} = \frac{L-l}{2} \therefore B - b = L - l$$

Como a sapata é dimensionada para aplicar uma determinada tensão admissível no solo, tem-se a dedução a seguir. A força Q (carga incidente no pilar) está acrescida de 5%, para levar-se em consideração o peso próprio do elemento estrutural de fundação (sapata).

$$\sigma_{adm} = \frac{Q \cdot 1{,}05}{A} = \frac{Q \cdot 1{,}05}{B \cdot L} = \frac{Q \cdot 1{,}05}{B(B-b+l)} \therefore B^2 + B(-b+l) - \frac{Q \cdot 1{,}05}{\sigma_{adm}} = 0$$

A solução positiva da equação quadrática é a dimensão B da sapata:

$$B = \frac{b - l + \sqrt{(-b+l)^2 + 4 \cdot Q \cdot 1{,}05 / \sigma_{adm}}}{2}$$

Assim, para o presente exercício, têm-se:

$$B = \frac{0{,}25 - 1{,}4 + \sqrt{(-0{,}25 + 1{,}4)^2 + 4 \times 4.500 \times 1{,}05 / 300}}{2} = 3{,}44 \text{ m}$$

$$L = B - b + l = 3{,}44 - 0{,}25 + 1{,}4 = 4{,}59 \text{ m}$$

Normalmente, em projeto, essas dimensões B e L são apresentadas arredondadas para mais, múltiplas de cinco, em centímetros. A sapata ficaria então com 345 cm × 460 cm, no entanto as dimensões de 344 cm × 459 cm serão mantidas para efeitos comparativos em exercícios subsequentes.

Para os cálculos dos acréscimos de tensões, é necessário o uso da equação de Newmark, de 1935, obtida para um ponto P situado na projeção do vértice de uma área retangular com carga (q) uniformemente distribuída (Fig. 2.7).

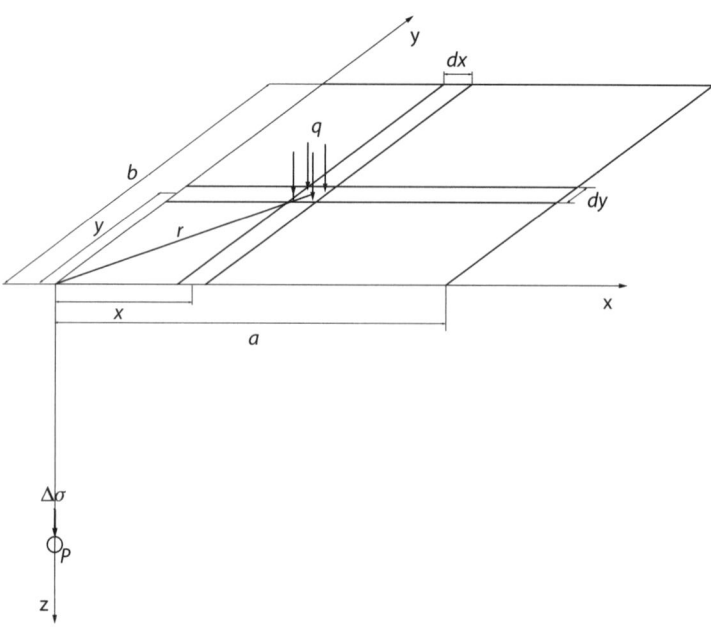

Fig. 2.7 Esquema para a integral de Newmark

Com o esquema ilustrado, Newmark desenvolveu uma integral dupla para a equação de Boussinesq, com a carga pontual aplicada no elemento infinitesimal com dimensões dx e dy, ficando com a seguinte equação, cujas variáveis independentes necessárias para o cálculo de $\Delta\sigma$ são $m = a/z$ ou b/z, $n = b/z$ ou a/z, e q:

$$\Delta\sigma = \int_0^b \int_0^a \frac{3 \cdot q \cdot dx \cdot dy}{2 \cdot \pi \cdot z^2 \left[1 + \left(\frac{x^2 + y^2}{z^2}\right)\right]^{\frac{5}{2}}}$$

$$= \frac{q}{4 \cdot \pi} \left[\frac{2 \cdot m \cdot n\sqrt{m^2 + n^2 + 1}}{m^2 + n^2 + 1 + m^2 \cdot n^2} \cdot \frac{m^2 + n^2 + 2}{m^2 + n^2 + 1} \right.$$

$$\left. + \operatorname{arctg} \frac{2 \cdot m \cdot n\sqrt{m^2 + n^2 + 1}}{m^2 + n^2 + 1 - m^2 \cdot n^2} \right]$$

Assim, para o ponto A, com $m = 3,44/13$, $n = 4,59/13$ e $q = 300$ kPa, tem-se:

$$\Delta\sigma_A = q \cdot f(m,n) = 300 \times 0,038382 = 11,51 \text{ kPa}$$

em que: $f(m,n) = \dfrac{1}{4\pi} \left[\dfrac{2mn\sqrt{m^2 + n^2 + 1}}{m^2 + n^2 + 1 + m^2 \times n^2} \times \dfrac{m^2 + n^2 + 2}{m^2 + n^2 + 1} + \operatorname{arctg} \dfrac{2mn\sqrt{m^2 + n^2 + 1}}{m^2 + n^2 + 1 - m^2 \times n^2} \right]$

Para o ponto B, situado na projeção do centro da sapata, faz-se necessária uma divisão fictícia da área total da sapata em quatro retângulos iguais com vértices em B, de acordo com a ilustração da Fig. 2.8.

Assim, basta calcular o acréscimo que será gerado por um retângulo e, posteriormente, multiplicar o resultado por quatro, contemplando a superposição de efeitos.

$$\Delta\sigma_B = 4 \cdot q \cdot f\left(m = \frac{1,72}{13}, n = \frac{2,295}{13}\right) = 4 \times 300 \times 0,010718 = 12,86 \text{ kPa}$$

Para o ponto C, é possível dividir a área total em dois retângulos iguais com vértices em C (Fig. 2.9).

Dessa forma, o acréscimo em C fica:

$$\Delta\sigma_C = 2 \cdot q \cdot f\left(m = \frac{2,295}{13}, n = \frac{3,44}{13}\right) = 2 \times 300 \times 0,020573 = 12,34 \text{ kPa}$$

O ponto D está fora da área carregada, sob a sapata S6. Tal cálculo é relevante para um projeto em fundações diretas, pois o recalque de uma determinada camada de solo será influenciado por uma superposição de acréscimos gerados por todas as sapatas em um determinado ponto. Nesse caso particular, será calculada apenas a parcela gerada pela sapata S5 na projeção do centro da sapata S6, à cota –15 m ($z = 13$ m). Se a obra tiver nove sapatas, por exemplo, a análise de recalque será feita com a superposição de nove valores de $\Delta\sigma$.

Assim, para o cálculo de $\Delta\sigma$ em D, é necessário gerar uma área carregada fictícia (dois retângulos iguais com 11,72 m × 2,295 m) com vértices em D; no entanto, como uma parte não tem carregamento (dois retângulos iguais com

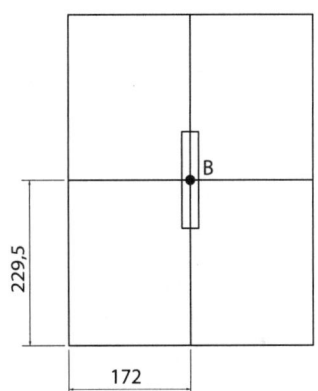

Fig. 2.8 Esquema para cálculo de $\Delta\sigma$ no ponto B (dimensões em cm)

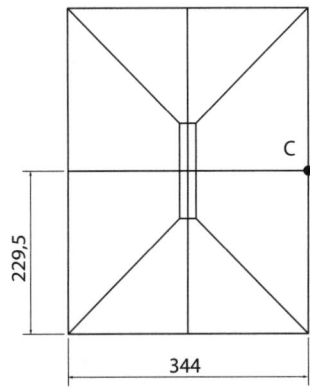

Fig. 2.9 Esquema para cálculo de $\Delta\sigma$ no ponto C (dimensões em cm)

8,28 m × 2,295 m) e não gera acréscimo em D, tal influência tem que ser subtraída (Fig. 2.10).

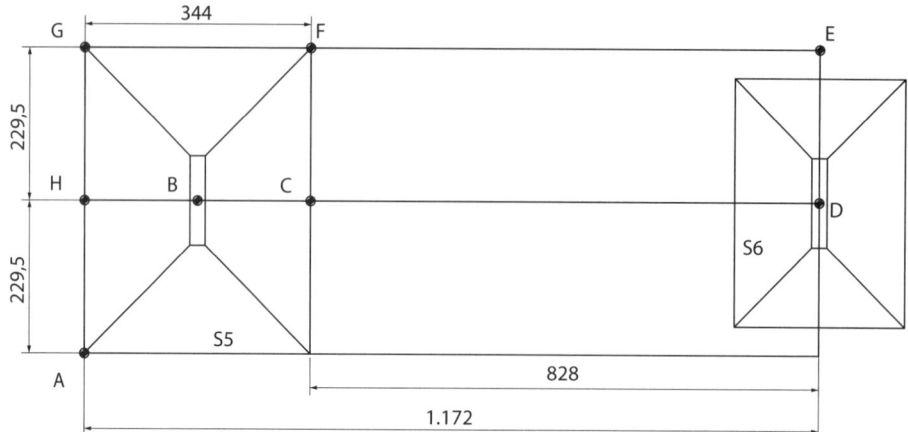

Fig. 2.10 Esquema para cálculo de Δσ no ponto D (dimensões em cm)

Portanto, o cálculo de Δσ em D fica:

$$\Delta\sigma_D = 2 \cdot q \left[f\left(m = \frac{2{,}295}{13}, n = \frac{11{,}72}{13}\right) - f\left(m = \frac{2{,}295}{13}, n = \frac{8{,}28}{13}\right) \right]$$
$$= 2 \times 300(0{,}0469 - 0{,}0400) = 4{,}14 \text{ kPa}$$

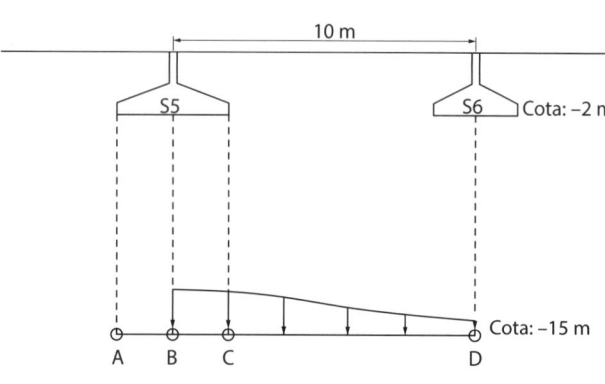

Fig. 2.11 Variação de Δσ no alinhamento dos pontos B, C e D

Como ilustra a Fig. 2.11, o acréscimo de tensão não varia apenas com a profundidade, decrescendo gradativamente com o afastamento horizontal em relação ao eixo da carga aplicada. Verifica-se, portanto, o caráter simplificado do método 2:1, cujo acréscimo tem um valor único para uma determinada profundidade e anula-se abruptamente em um ponto vizinho à área de espraiamento. Ao tomar o radier do Exercício 2.1 como exemplo, com os pontos A, B, C, D, E e F (Fig. 2.12), à cota –15 m, têm-se os seguintes acréscimos:

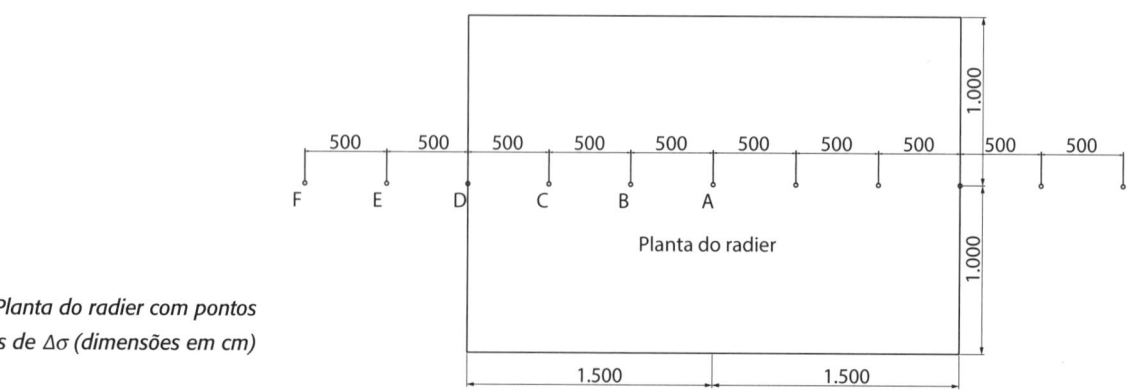

Fig. 2.12 Planta do radier com pontos para cálculos de Δσ (dimensões em cm)

$$\Delta\sigma_A = 4 \cdot q \cdot f\left(m=\frac{10}{13}, n=\frac{15}{13}\right) = 4 \times 142 \times 0{,}16356 = 92{,}9 \text{ kPa}$$

$$\Delta\sigma_B = 2 \cdot q\left[f\left(m=\frac{20}{13}, n=\frac{10}{13}\right) + f\left(m=\frac{10}{13}, n=\frac{10}{13}\right)\right] = 2 \times 142\,(0{,}173 + 0{,}141)$$
$$= 89{,}18 \text{ kPa}$$

$$\Delta\sigma_C = 2 \cdot q\left[f\left(m=\frac{25}{13}, n=\frac{10}{13}\right) + f\left(m=\frac{5}{13}, n=\frac{10}{13}\right)\right] = 2 \times 142\,(0{,}177 + 0{,}089)$$
$$= 75{,}54 \text{ kPa}$$

$$\Delta\sigma_D = 2 \cdot q \cdot f\left(m=\frac{30}{13}, n=\frac{10}{13}\right) = 2 \times 142 \times 0{,}179 = 50{,}84 \text{ kPa}$$

$$\Delta\sigma_E = 2 \cdot q\left[f\left(m=\frac{35}{13}, n=\frac{10}{13}\right) - f\left(m=\frac{5}{13}, n=\frac{10}{13}\right)\right] = 2 \times 142\,(0{,}180 - 0{,}089)$$
$$= 25{,}84 \text{ kPa}$$

$$\Delta\sigma_F = 2 \cdot q\left[f\left(m=\frac{40}{13}, n=\frac{10}{13}\right) - f\left(m=\frac{10}{13}, n=\frac{10}{13}\right)\right] = 2 \times 142\,(0{,}180 - 0{,}141)$$
$$= 11{,}08 \text{ kPa}$$

A Fig. 2.13 apresenta os valores dos acréscimos calculados com base na equação de Newmark e também o resultado obtido com o método simplificado 2:1, cujo valor único de $\Delta\sigma$ é aproximadamente uma média dos valores calculados a partir da teoria da elasticidade.

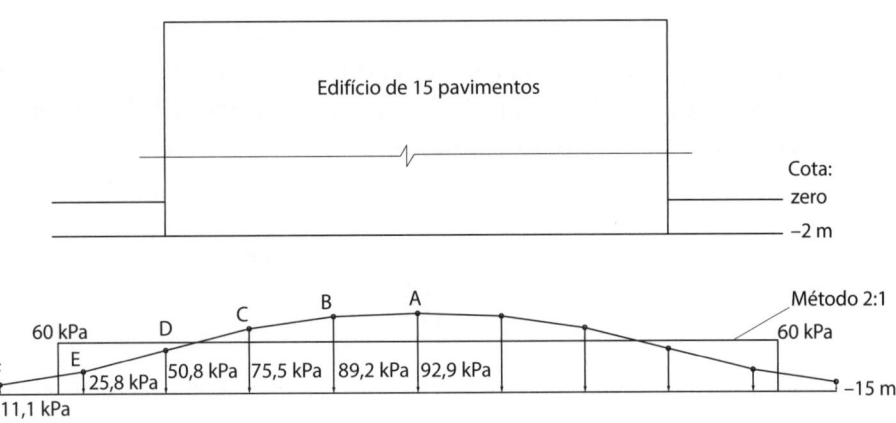

Fig. 2.13 Gráfico com os valores de $\Delta\sigma$

Exercício 2.4

Simplifique o cálculo de $\Delta\sigma$ para o ponto D mostrado na Fig. 2.5 do exercício anterior, usando diretamente a solução de Boussinesq para carga pontual.

Solução:

O esquema apresentado na Fig. 2.14 será utilizado para o cálculo solicitado, com a carga pontual igual à carga no pilar acrescida de 5%, para levar-se em consideração o peso próprio da sapata.

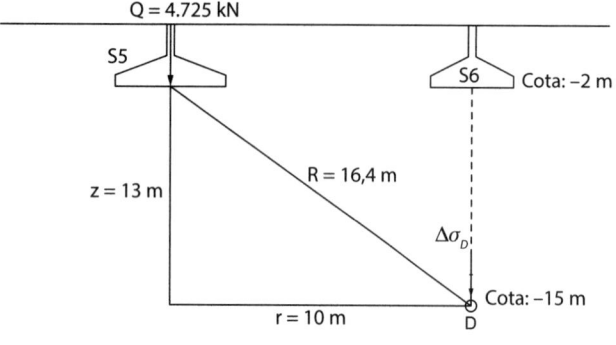

Fig. 2.14 Esquema para o cálculo de $\Delta\sigma$ por Boussinesq

Assim, com a posição do ponto, definida por z e r, e com a carga pontual, tem-se:

$$\Delta\sigma_D = \frac{3 \times 4.725}{2 \cdot \pi \cdot 13^2 \left[1 + \left(\frac{10}{13}\right)^2\right]^{\frac{5}{2}}} = 4{,}18 \text{ kPa}$$

Comparando o valor calculado por meio da equação de Newmark (4,14 kPa) com o acréscimo obtido diretamente a partir da solução de Boussinesq (4,18 kPa), verifica-se que a diferença é insignificante perante todas as hipóteses simplificadoras adotadas por Boussinesq e, consequentemente, por Newmark. Assim, para o ponto D, a conversão da carga uniformemente distribuída em carga pontual não gera alteração significativa no valor de $\Delta\sigma$.

Essa condição de pequena diferença nos valores de $\Delta\sigma$ pode ser verificada a partir de uma análise paramétrica, quando a distância R (Fig. 2.14) for maior ou igual a três vezes a maior dimensão (L) da carga retangular uniformemente distribuída. Nesse caso particular, 3L = 13,77 m e R = 16,4 m, o que satisfaz à condição de erro desprezível.

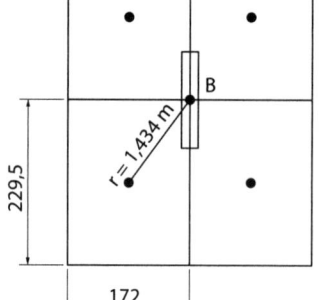

Fig. 2.15 Sapata, em planta, dividida em quatro partes

Para o cálculo de $\Delta\sigma$ no eixo da sapata S5, tem-se R = z = 13 m, ou seja, R < 3L. Dessa forma, a simplificação, ou melhor, a consideração da carga distribuída como pontual, deve passar pela divisão fictícia da sapata em partes menores. Tal divisão pode ser, eventualmente, em quatro partes iguais (Fig. 2.15) com quatro cargas pontuais (Q/4), assim 3L = 6,89 m e R = 13,08 m. Desse modo, o acréscimo gerado por cada parte da sapata é:

$$\Delta\sigma_B = \frac{3 \times \frac{4.725}{4}}{2 \cdot \pi \cdot 13^2 \left[1 + \left(\frac{1{,}434}{13}\right)^2\right]^{\frac{5}{2}}} = 3{,}238 \text{ kPa}$$

Como as quatro partes são idênticas, $\Delta\sigma_B = 4 \times 3{,}238 = 12{,}95$ kPa. Esse valor é muito próximo ao obtido com a equação de Newmark (12,86 kPa).

Exercício 2.5

Com as informações dos exercícios anteriores, calcule o acréscimo de tensão no ponto situado no eixo da carga de 4.500 kN, mostrada na Fig. 2.2, aos 13 m de profundidade. Contemple o uso de sapatas para as cargas existentes, incidentes a partir dos pilares descritos na planta de locação apresentada na Fig. 2.16. A tensão admissível para o projeto das sapatas é de 300 kPa.

Solução:

Este exercício está dividido em duas partes. Na primeira, são dimensionadas sapatas, para os respectivos pilares, com base na tensão admissível informada no enunciado. Tais sapatas devem ficar com balanços iguais, de acordo com o modo de dimensionamento apresentado no Exercício 2.3. Na segunda parte são realizados os cálculos dos acréscimos de tensões, usando a conversão de cargas distribuídas em pontuais, segundo o critério apresentado no Exercício 2.4.

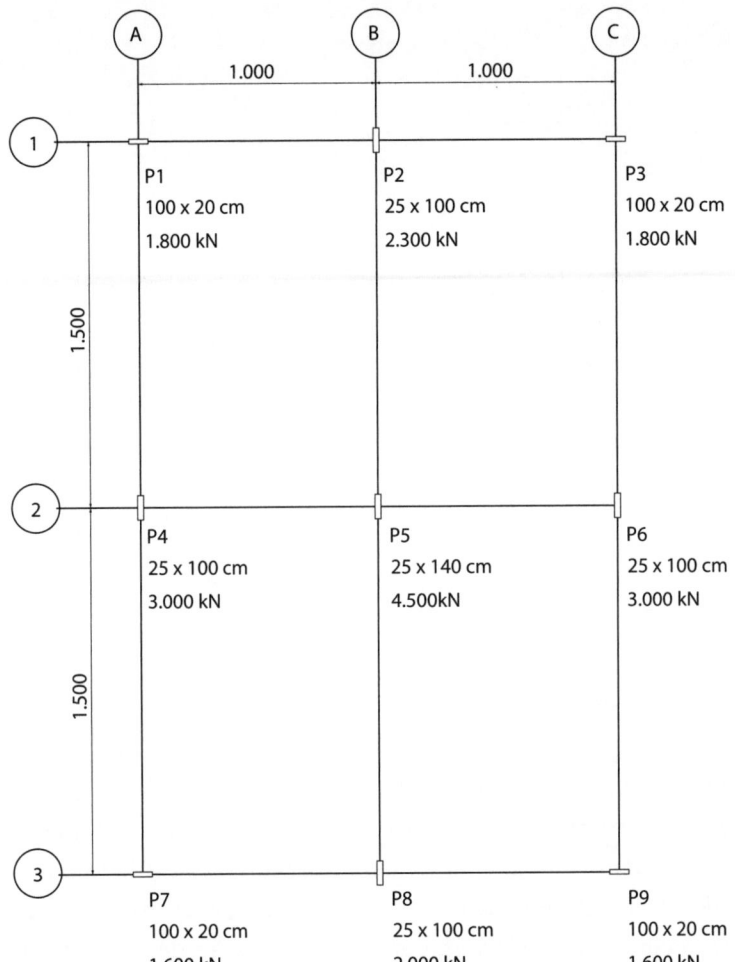

Fig. 2.16 Planta de locação e cargas nos pilares (cotas em cm)

A Tab. 2.4 mostra as dimensões das sapatas, em centímetros, obtidas com as cargas dos pilares acrescidas de 5%. A Fig. 2.17 ilustra as sapatas em planta.

Tab. 2.4 Sapatas com balanços iguais

Pilar	Dimensões		Carga	Sapata	Dimensões	
	b (cm)	l (cm)	(kN)		B (cm)	L (cm)
P1	20	100	1.800	S1	214	294
P2	25	100	2.300	S2	249	324
P3	20	100	1.800	S3	214	294
P4	25	100	3.000	S4	289	364
P5	25	140	4.500	S5	344	459
P6	25	100	3.000	S6	289	364
P7	20	100	1.600	S7	200	280
P8	25	100	2.000	S8	230	305
P9	20	100	1.600	S9	200	280

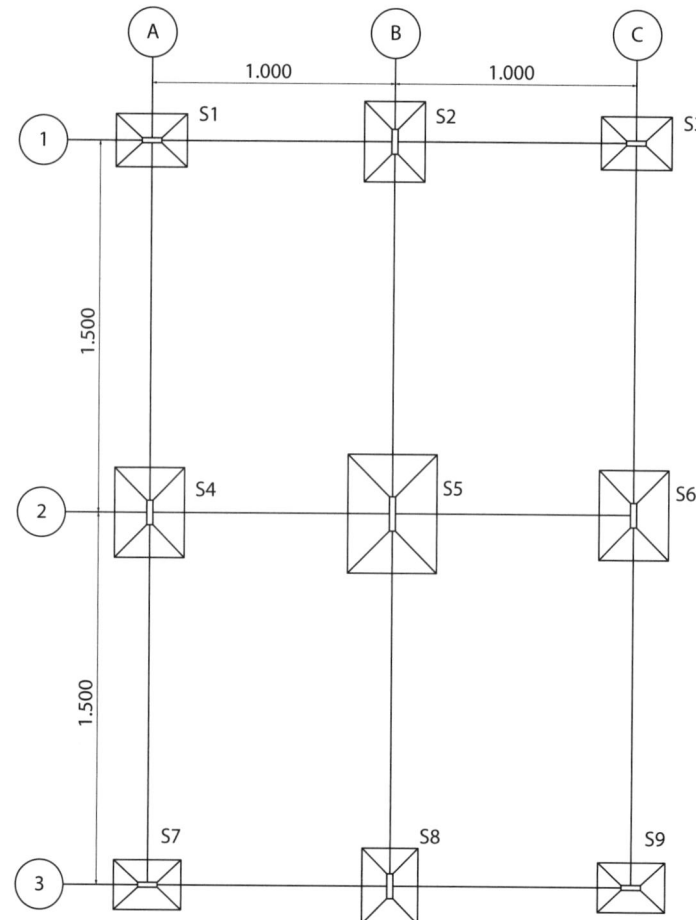

Fig. 2.17 Planta de sapatas (cotas em cm)

Com as distâncias radiais dos centros de todas as sapatas para o ponto situado na projeção do centro da sapata S5, aos 13 m de profundidade, é possível o cálculo das distâncias R (hipotenusa do triângulo formado pelos catetos r e z). Os valores de R devem ser comparados com 3L, e, assim, se R > 3L a carga distribuída pode ser considerada pontual e a solução de Boussinesq pode ser usada diretamente. A Tab. 2.5 apresenta as comparações e os cálculos dos acréscimos.

Tab. 2.5 Acréscimos na projeção do centro da sapata S5 ($z = 13$ m)

Sapata	r (m)	R (m)	3L	R > 3L	Δσ (kPa)
S1	18,0	22,2	8,8	Sim	0,37
S2	15,0	19,8	9,7	Sim	0,82
S3	18,0	22,2	8,8	Sim	0,37
S4	10,0	16,4	10,9	Sim	2,78
S5	0,0	13,0	13,8	Não	-
S6	10,0	16,4	10,9	Sim	2,78
S7	18,0	22,2	8,4	Sim	0,32
S8	15,0	19,8	9,1	Sim	0,71
S9	18,0	22,2	8,4	Sim	0,32
				Σ	8,49

Para a sapata S5, é necessário o artifício de divisão da carga distribuída, detalhado no exercício anterior, por meio do qual se tem um acréscimo de 12,95 kPa. Somando todas as contribuições, o acréscimo que a obra gera no ponto em foco é aproximadamente 8,49 kPa + 12,95 kPa = 21,44 kPa.

Exercício 2.6

Calcule acréscimos de tensão em dois pontos, A e B, situados respectivamente a 5 m e a 10 m de profundidade, na projeção do centro de uma área quadrada com 50 m de lado e com uma carga uniformemente distribuída de 40 kPa.

Solução:

O artifício para o cálculo de $\Delta\sigma$ usando a equação de Newmark consiste em dividir a área em quatro partes iguais, para um ponto situado na projeção do centro do carregamento, como está descrito no Exercício 2.3. Assim, para os pontos A e B, têm-se:

$$\Delta\sigma_A = 4 \cdot q \cdot f\left(m = \frac{25}{5}, n = \frac{25}{5}\right) = 4 \times 40 \times 0{,}2486 = 39{,}8 \text{ kPa}$$

$$\Delta\sigma_B = 4 \cdot q \cdot f\left(m = \frac{25}{10}, n = \frac{25}{10}\right) = 4 \times 40 \times 0{,}2401 = 38{,}4 \text{ kPa}$$

Nota-se, portanto, uma variação discreta do valor de $\Delta\sigma$ com a profundidade, ou seja, a carga aplicada (40 kPa) mantém-se praticamente inalterada com o avanço da profundidade analisada. Isso ocorre para cargas distribuídas com grandes dimensões em planta em relação a pequenas profundidades, situação típica para aterros sobre solos moles.

A característica em foco, $\Delta\sigma = q$, pode ser verificada também a partir da equação de Love (1929), desenvolvida para cálculos de acréscimos em pontos situados sob o centro de uma área circular uniformemente carregada, com raio R:

$$\Delta\sigma = q\left\{1 - \left[\frac{1}{1+\left(\frac{R}{z}\right)^2}\right]^{\frac{3}{2}}\right\}$$

Com a tendência para infinito da razão entre R e z, tem-se a tendência $\Delta\sigma = q$.

Exercício 2.7

Em um projeto de fundações para um tanque de água cilíndrico com 10 m de altura, ficou definido que o acréscimo de tensões pode atingir um valor máximo de 20 kPa, aos 5 m de profundidade, para que o recalque permaneça dentro de um limite admissível. Calcule a capacidade volumétrica máxima para o tanque, desprezando o peso próprio de sua estrutura (base, cobertura e paredes).

Solução:

Como a base do tanque é circular e o valor máximo de $\Delta\sigma$ ocorre em um ponto sob o centro da área carregada, a equação de Love deve ser usada, com uma manipulação algébrica para obtenção do raio R:

$$\Delta\sigma = q\left\{1 - \left[\frac{1}{1+\left(\frac{R}{z}\right)^2}\right]^{\frac{3}{2}}\right\} \therefore R = z \cdot \sqrt{\frac{1}{\left(1-\frac{\Delta\sigma}{q}\right)^{\frac{2}{3}}} - 1}$$

A tensão transmitida (q) ao solo, sem considerar alívio de tensões em virtude de escavação, ou seja, com o tanque ($h = 10$ m) construído a partir da superfície do terreno, é $h\gamma_w = 10\gamma_w = 100$ kPa. Assim, a razão entre $\Delta\sigma$ e q é igual a 20%, com o seguinte cálculo de R:

$$R = 5 \times \sqrt{\frac{1}{(1-0,2)^{\frac{2}{3}}} - 1} = 2 \text{ m}$$

Finalmente, com um raio de 2 m, tem-se o seguinte volume máximo admissível:

$$V = \pi \cdot R^2 \cdot h = \pi \cdot 2^2 \times 10 \cong 126 \text{ m}^3$$

Exercício 2.8

Uma condição usual para a definição da profundidade z, que deve ser especificada para uma investigação geotécnica adequada, é aquela onde o valor de $\Delta\sigma_{máx}$ é igual a 10% da tensão efetiva de campo. No perfil geotécnico B, a sondagem SPT avançou até o impenetrável (rocha sã). Assim, com base no critério típico de paralisação de uma investigação, verifique se esse avanço é realmente necessário para a obra descrita no Exercício 2.1.

Solução:

No topo da rocha (cota –23 m), tem-se:

$$\sigma' = 2 \times 19 + 8 \times 10,78 + 10 \times 5,29 + 3 \times 10 = 207,14 \text{ kPa}$$

Observação: o peso específico saturado (20 kN/m³) da camada de areia fina variegada, existente entre as cotas –20 m e –23 m, foi extraído da tabela de Godoy (1972), com base na compacidade relativa inferida a partir dos números de golpes corrigidos do SPT (N'_{SPT}). A correção do N_{SPT} pode ser feita por meio da equação mostrada a seguir, de Liao e Whitman (1986). Essa medida visa suprimir a influência da tensão confinante no valor do N_{SPT}, para destacar apenas a influência da compacidade relativa, que tem relação intrínseca com o peso específico.

$$N'_{SPT} = N_{SPT} \cdot \sqrt{\frac{100}{\sigma'}}$$

Os outros pesos específicos constam na análise realizada no Exercício 1.3.

O acréscimo de tensão máximo no topo da rocha é:

$$\Delta\sigma_{máx} = 4 \cdot q \cdot f\left(m = \frac{10}{21}, n = \frac{15}{21}\right) = 4 \times 142 \times 0,101 = 57,37 \text{ kPa}$$

A razão entre $\Delta\sigma_{máx}$ e σ' é de aproximadamente 28%, então a sondagem SPT teoricamente teria que atingir uma profundidade superior à profundidade do impenetrável, o que só é possível com o uso de sondagem rotativa. No entanto, a experiência do projetista e seu conhecimento acerca da geologia local devem servir de base para a exigência de sondagem rotativa. Por exemplo, em alguns bairros da orla da cidade de Vila Velha (ES) é frequente a presença de uma areia concrecionada a pequena profundidade, iniciando entre 5 m e 6 m, que em muitos casos é intransponível pela sondagem SPT; no entanto, esse solo de alta resistência pode estar sobrejacente a uma camada de argila mole, haja vista que o perfil é de solo sedimentar. Assim, para obras de grande porte, é fundamental avançar na camada de areia concrecionada com rotativa e depois prosseguir com a investigação de camadas inferiores com a sondagem SPT. Trata-se de uma investigação com sondagem mista, pois começa com a sondagem SPT, depois avança com a rotativa e, na sequência, é retomada a sondagem SPT.

Considerando que o perfil geotécnico B é de solo sedimentar sobrejacente a 3 m de solo residual jovem (areia fina, variegada), que tem como base e origem uma rocha magmática (granito) ou metamórfica (gnaisse), a investigação dessa rocha com sondagens rotativas é relevante para situações especiais, para um projeto em estacas raiz, por exemplo, com engastamento das estacas na rocha.

3 | Previsões de recalques

O presente capítulo está dividido em duas partes bem definidas. A primeira apresenta exercícios associados a previsões de deslocamentos verticais dos solos, os chamados recalques (ρ), solicitados por fundações diretas, usando elementos estruturais tradicionais: sapatas e radiers. Na segunda parte, apresenta-se um exercício que solicita a estimativa do recalque de um aterro apoiado em solo mole.

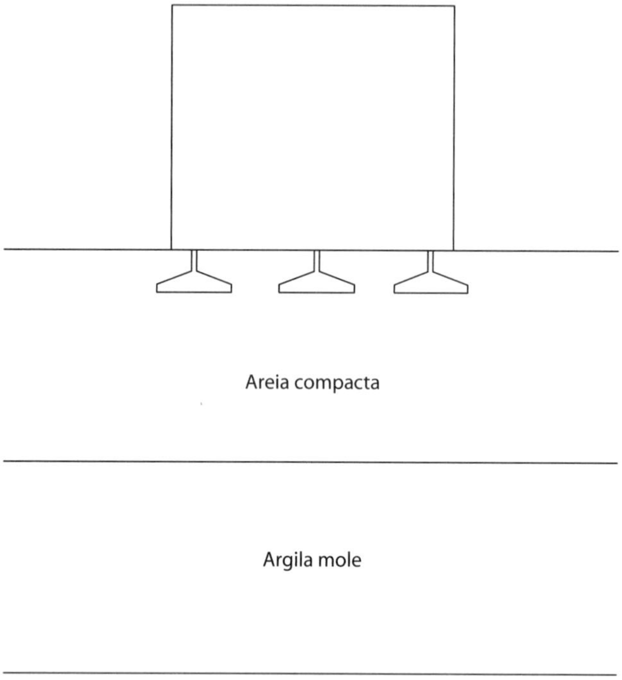

Em projetos geotécnicos de fundações diretas, duas abordagens são observadas: uma é frequentemente aplicada em casos semelhantes ao ilustrado na Fig. 3.1, em que a viabilidade da fundação direta passa pela estimativa dos recalques da camada de solo mole, subjacente à camada de assentamento das fundações. A outra abordagem é referente a recalques do solo solicitado diretamente pelas fundações, que na Fig. 3.1 é a camada superficial de areia compacta. Esta última abordagem visa principalmente à definição da tensão admissível necessária para dimensionamento, em planta, de fundações diretas com sapatas.

Com relação a aterros sobre solos moles, uma série de patologias pode surgir em pavimentos, muros, piscinas, residências etc., cujas construções são apoiadas em um carregamento elevado e com grande área em planta, o aterro em si, que, solicitando um solo de alta compressibilidade, pode gerar deformações significativas.

Fig. 3.1 Perfil geotécnico solicitado por fundações diretas

Neste capítulo, os exercícios visam apresentar conceitos para a previsão de um determinado recalque. Todavia, sua evolução com o tempo será alvo de análise no Cap. 5.

Exercício 3.1

Estime o recalque máximo da camada de argila mole a muito mole mostrada na Fig. 2.1, solicitada pelo edifício de 15 pavimentos. Os parâmetros de compressibilidade da camada de argila foram obtidos com base em uma série de resultados de ensaios de adensamento edométrico. No gráfico apresentado na Fig. 3.2, têm-se os valores médios dos parâmetros de compressibilidade, correspondentes a ensaios em corpos de prova moldados a partir de amostras retiradas do meio da camada (cota –15 m). Verifique também a viabilidade do uso de radier para a obra em questão.

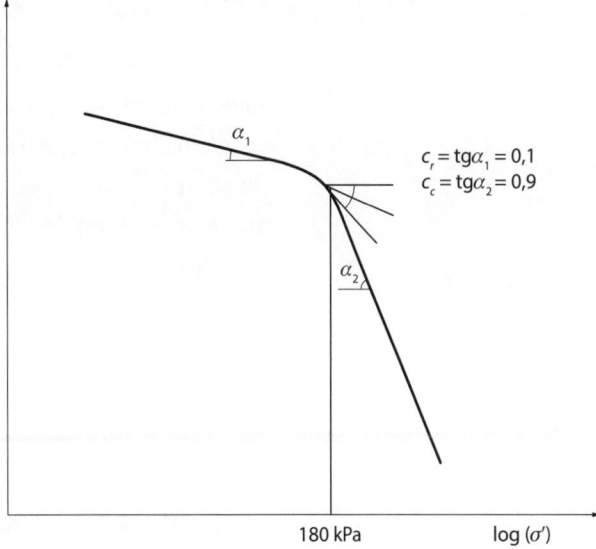

Fig. 3.2 Gráfico $e \times \log(\sigma')$

Solução:

Para a resolução deste exercício, é necessária uma equação para cálculo de recalque, que pode ser definida usando-se o modelo do ensaio de adensamento edométrico, ou seja, sem deformação horizontal. Nesse ensaio, um corpo de prova cilíndrico é moldado dentro de um anel metálico, que posteriormente é inserido em uma célula, ficando em contato com pedras porosas saturadas, no topo e na base (Fig. 3.3). A célula de adensamento é posicionada em uma prensa para aplicações de cargas. O ensaio transcorre com incrementos de tensões, em que tipicamente é aplicada uma determinada tensão no corpo de prova, que se desloca verticalmente (recalca), ao longo de 24 h. Esse deslocamento é medido gradativamente, com o decorrer do tempo, com o uso de um extensômetro. Após o primeiro estágio de carregamento, outros estágios são aplicados sucessivamente, com o mesmo procedimento inicial.

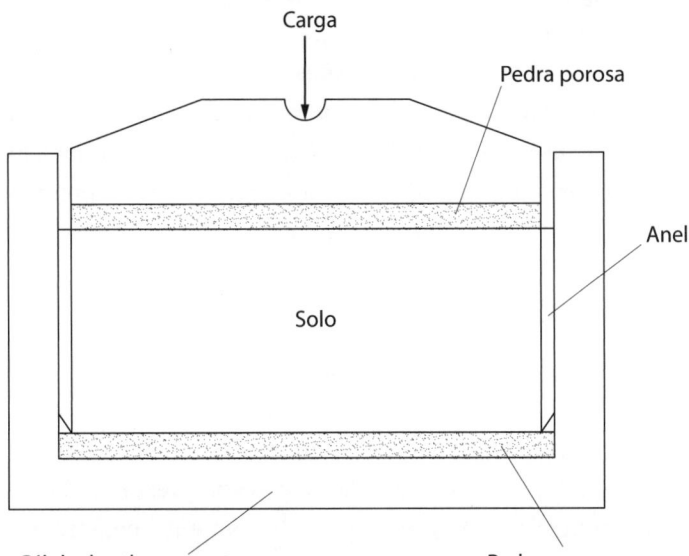

Fig. 3.3 Célula do ensaio de adensamento edométrico

Com deslocamento horizontal nulo, para que ocorram recalque e variação de volume total é necessária uma variação do volume de vazios do corpo de prova. Assim, a variação de volume total (ΔV) é:

$$\Delta V = V_{ti} - V_{tf} = V_{vi} + V_s - V_{vf} - V_s = V_{vi} - V_{vf} = e_i \cdot V_s - e_f \cdot V_s = \Delta e \cdot V_s$$

em que V_{ti} é o volume total inicial, V_{tf} é o volume total final, V_{vi} é o volume de vazios inicial, V_{vf} é o volume de vazios final, V_s é o volume de sólidos, e_i é o índice de vazios inicial, e_f é o índice de vazios final e Δe é a variação de índice de vazios. Do ponto de vista geométrico, com a área A da seção transversal do corpo de prova, a variação de volume total é: $\Delta V = \rho \cdot A$. Assim, $\Delta e \cdot V_s = \rho \cdot A$.

Como

$$V_{ti} = A \cdot H_i = V_s + e_i \cdot V_s = V_s(1 + e_i) \therefore V_s = \frac{A \cdot H_i}{(1 + e_i)}$$

tem-se

$$\Delta e \cdot \frac{A \cdot H_i}{1 + e_i} = \rho \cdot A \therefore \rho = \frac{H_i \cdot \Delta e}{1 + e_i}$$

em que H_i é a espessura inicial do corpo de prova.

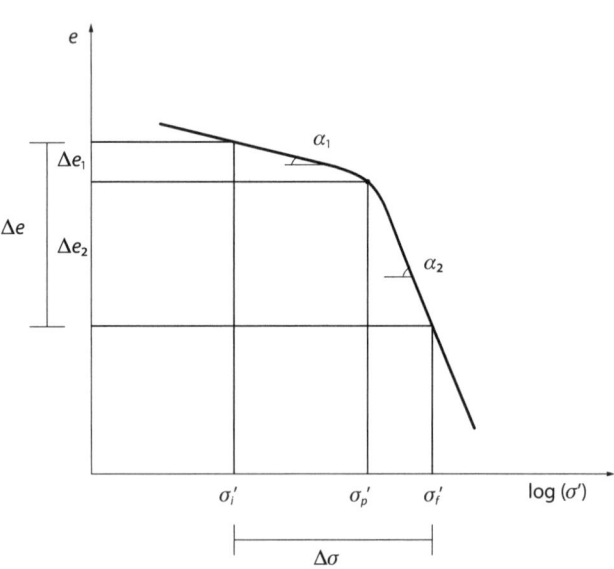

Fig. 3.4 Variação do índice de vazios com a tensão efetiva

O gráfico mostrado na Fig. 3.4, que ilustra a variação do índice de vazios com o aumento da tensão efetiva, pode ser dividido em duas retas: uma com inclinação suave (α_1), a chamada reta de recompressão, e outra com inclinação maior (α_2), denominada reta virgem. A transição entre as duas retas é especialmente conhecida na Mecânica dos Solos como tensão de pré-adensamento (σ_p') ou de sobreadensamento. Esses termos – reta de recompressão, reta virgem e tensão de pré-adensamento – têm significados físicos que serão detalhados no próximo exercício.

Tomando duas tensões efetivas (Fig. 3.4), uma inicial (σ_i') e outra final ($\sigma_f' = \sigma_i' + \Delta\sigma$), sendo $\sigma_f' > \sigma_p'$, a variação de índice de vazios (Δe) pode ser dividida em duas – uma correspondente à reta de recompressão (Δe_1) e outra referente à reta virgem (Δe_2):

$$\Delta e = \Delta e_1 + \Delta e_2 = \text{tg}(\alpha_1)\left[\log(\sigma_p') - \log(\sigma_i')\right] + \text{tg}(\alpha_2)\left[\log(\sigma_f') - \log(\sigma_p')\right]$$

$$= C_r \cdot \log\left(\frac{\sigma_p'}{\sigma_i'}\right) + C_c \cdot \log\left(\frac{\sigma_i' + \Delta\sigma}{\sigma_p'}\right)$$

As inclinações das retas de recompressão e virgem, representadas respectivamente por tgα_1 e tgα_2, são os coeficientes ou índices de recompressão (C_r) e de compressão (C_c), que, juntamente com a tensão de pré-adensamento, constituem os chamados parâmetros de compressibilidade do solo. Dessa forma, a equação para cálculo de recalque fica:

$$\rho = \frac{H_i \cdot \Delta e}{1 + e_i} = \frac{H_i}{1 + e_i}\left[C_r \cdot \log\left(\frac{\sigma_p'}{\sigma_i'}\right) + C_c \cdot \log\left(\frac{\sigma_i' + \Delta\sigma}{\sigma_p'}\right)\right]$$

Com acréscimo de tensão insuficiente para conduzir a tensão efetiva final para a reta virgem ($\sigma_f' < \sigma_p'$), o recalque será apenas de recompressão:

$$\rho = \frac{H_i \cdot C_r}{1 + e_i} \log\left(\frac{\sigma_i' + \Delta\sigma}{\sigma_i'}\right)$$

Têm-se, então, duas equações para cálculo de recalque com a mesma fundamentação, ou seja, para a ocorrência do recalque é necessária uma variação de índice de vazios mediante uma variação de tensão efetiva. Fica assim definido o chamado recalque primário.

Voltando à situação de campo, com foco na camada de interesse (Fig. 3.5), a tensão efetiva inicial ou de campo, anterior à construção, varia linearmente com a profundidade, sendo que valores correspondentes às cotas –10 m e –20 m foram obtidos no Exercício 1.3, cujo valor médio no centro da camada em análise é (124,24 + 177,14)/2. O acréscimo de tensão também varia com a profundidade, de maneira aproximadamente linear, com o valor médio próximo ao meio da camada de interesse ($\Delta\sigma_{máx}$, calculado no Exercício 2.3). O acréscimo máximo de tensão é utilizado porque o exercício solicita o recalque máximo da camada de argila, que ocorre no eixo que passa pelo centro do radier.

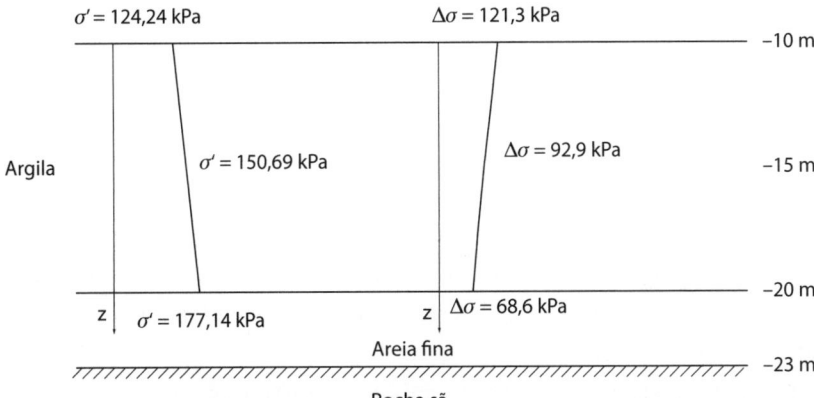

Fig. 3.5 Variações de σ' e $\Delta\sigma$ ao longo da camada de argila

Usando os valores médios de σ' e de $\Delta\sigma_{máx}$ como representantes da camada de interesse, é possível calcular o recalque máximo, sem erro significativo, com a equação referente a $\sigma_f' > \sigma_p'$, haja vista que $\sigma_f' = \sigma_i' + \Delta\sigma = 150,69 + 92,9 = 243,59$ kPa e $\sigma_p' = 180$ kPa.

$$\rho_{máx} = \frac{10}{1+2,12}\left[0,1 \cdot \log\left(\frac{180}{150,69}\right) + 0,9 \cdot \log\left(\frac{243,59}{180}\right)\right] = 0,404 \text{ m} = 40,4 \text{ cm}$$

Com um procedimento diferente, dividindo a camada de argila em duas partes, com espessuras de 5 m, os valores médios de σ' nas subcamadas, às cotas –12,5 m e –17,5 m, são os seguintes:

$$\sigma'_{-12,5m} = 2 \times 19 + 8 \times 10,78 + 2,5 \times 5,29 = 137,465 \text{ kPa}$$
$$\sigma'_{-17,5m} = 2 \times 19 + 8 \times 10,78 + 7,5 \times 5,29 = 163,915 \text{ kPa}$$

Os valores dos acréscimos máximos, às cotas –12,5 m e –17,5 m, são:

$$\Delta\sigma_{-12,5m} = 4 \cdot q \cdot f\left(m = \frac{10}{10,5}, n = \frac{15}{10,5}\right) = 4 \times 142 \times 0,188546 = 107,09 \text{ kPa}$$

$$\Delta\sigma_{-17,5m} = 4 \cdot q \cdot f\left(m = \frac{10}{15,5}, n = \frac{15}{15,5}\right) = 4 \times 142 \times 0,140719 = 79,93 \text{ kPa}$$

Para a estimativa das tensões de pré-adensamento nas subcamadas, é necessário o conhecimento da razão de sobreadensamento (RSA), que é a razão entre a tensão de pré-adensamento e a tensão efetiva de campo. Como a amostra foi extraída do meio da camada de argila:

$$RSA = \frac{\sigma_p'}{\sigma_i'} = \frac{180}{150,69} = 1,195$$

Com a razão de sobreadensamento obtida para a cota –15 m, é possível estimar os valores de σ_p' para as cotas –12,5 m e –17,5 m:

$$\sigma_p' = 1,195 \times 137,465 = 164,27 \text{ kPa}$$
$$\sigma_p' = 1,195 \times 163,915 = 195,88 \text{ kPa}$$

As duas parcelas de recalques ficam com os seguintes valores:

$$\rho_{máx1} = \frac{5}{1+2,12}\left[0,1 \cdot \log\left(\frac{164,27}{137,465}\right) + 0,9 \cdot \log\left(\frac{137,465 + 107,09}{164,27}\right)\right] = 0,262 \text{ m} = 26,2 \text{ cm}$$

$$\rho_{máx2} = \frac{5}{1+2,12}\left[0,1 \cdot \log\left(\frac{195,88}{163,915}\right) + 0,9 \cdot \log\left(\frac{163,915 + 79,93}{195,88}\right)\right] = 0,150 \text{ m} = 15,0 \text{ cm}$$

Com tais valores, o recalque da camada de 10 m de espessura é 41,2 cm, muito próximo ao previsto sem a subdivisão da camada (ρ = 40,4 cm). Nesse âmbito, deve ser tomada uma decisão com relação à viabilidade da fundação direta escolhida (radier), que passa pela comparação entre o recalque previsto e o chamado recalque admissível.

É considerado admissível um recalque máximo de 10 cm para radier apoiado em argila, segundo Burland, Broms e Mello (1977). No caso deste exercício, tem-se uma situação de radier apoiado em uma camada de areia sobrejacente à camada de argila. Essa camada de areia funciona como um espesso radier, uniformizando os recalques do solo mole, e, assim, além do elemento estrutural (radier) propriamente dito, existe também uma camada competente que funciona como um "radier natural".

Finalmente, o recalque previsto (41,2 cm) é superior ao admissível (10 cm), o que inviabiliza o uso de radier. Desse modo, o emprego de fundação profunda (estaqueamento) é imperativo para o edifício de 15 pavimentos analisado.

O recalque previsto neste exercício usou acréscimos de tensões obtidos com a equação de Newmark, que é resultante da integração da solução de Boussinesq. Utilizando-se o método 2:1, o recalque fica evidentemente inferior ao recalque máximo de 41,2 cm, pois o acréscimo é aproximadamente uma média dos acréscimos em um determinado nível. Substituindo, então, o valor obtido pela equação de Newmark pelo valor de 60 kPa, encontrado no Exercício 2.1, o recalque da camada de argila fica:

$$\rho_{máx} = \frac{10}{1+2,12}\left[0,1\cdot\log\left(\frac{180}{150,69}\right) + 0,9\cdot\log\left(\frac{150,69+60}{180}\right)\right] = 0,222 \text{ m} = 22,2 \text{ cm}$$

Conclui-se que, mesmo usando o método simplificado 2:1, tem-se um recalque superior ao admissível, o que inviabiliza a fundação em radier. Com isso, uma análise prévia de recalque, com um cálculo simplificado, já indicaria a necessidade de fundação profunda para o edifício em questão.

Exercício 3.2

Quais são os significados físicos dos termos reta de recompressão, reta virgem e tensão de pré-adensamento? Explique com os valores utilizados no exercício anterior.

Solução:

Utilizando o perfil geotécnico B, é possível imaginar a presença de uma camada superior, acima da cota zero, com 1,63 m de espessura e 18 kN/m³ de peso específico total (camada hachurada da Fig. 3.6). Continuando com o exercício de imaginação, supondo que essa camada hachurada foi removida por processo erosivo ou ação antrópica, fica registrado que no passado, à cota –15 m, atuava a seguinte tensão efetiva:

$$\sigma' = 1,63\times 18 + 2\times 19 + 8(20,78-10) + 5(15,29-10) = 180 \text{ kPa}$$

O solo tem um comportamento elastoplástico com endurecimento, então, tomando como base a cota –15 m, é possível imaginar a situação descrita na Fig. 3.7. No passado, a camada de argila sofreu um pré-adensamento, com uma tensão pretérita de 180 kPa, cujo valor foi o máximo de sua história. Após um alívio de tensões, a camada experimentou uma pequena expansão, com ligeiro aumento do índice de vazios (recuperação elástica), sendo que uma parcela significativa de variação do índice de vazios ocorrida com o processo de sedimentação, antes de se atingir a tensão de 180 kPa, ficou permanente (deformação plástica).

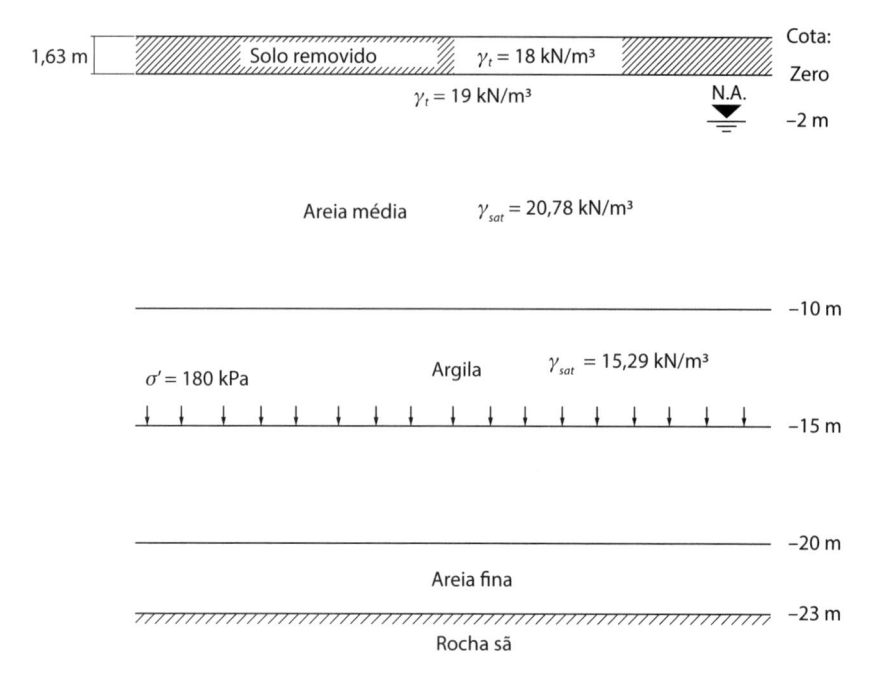

Fig. 3.6 Perfil geotécnico B com camada adicional

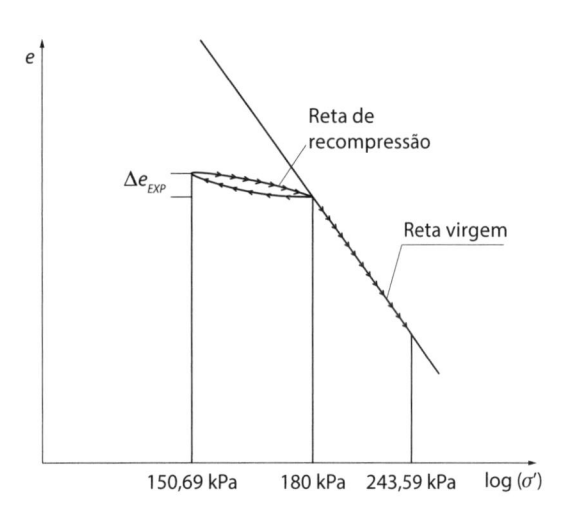

Perfil (da cota zero para baixo):
- 1,63 m — Solo removido, $\gamma_t = 18$ kN/m³ — Cota Zero
- $\gamma_t = 19$ kN/m³ — N.A. a −2 m
- Areia média, $\gamma_{sat} = 20{,}78$ kN/m³ — até −10 m
- Argila, $\gamma_{sat} = 15{,}29$ kN/m³, $\sigma' = 180$ kPa — de −10 m a −15 m
- Areia fina — de −20 m a −23 m
- Rocha sã

Fig. 3.7 Histórico de tensões na camada de argila (eixos: e vs $\log(\sigma')$; Reta de recompressão e Reta virgem; tensões 150,69 kPa, 180 kPa, 243,59 kPa; Δe_{EXP})

Com a execução da obra descrita no exercício anterior (edifício de 15 pavimentos), a camada de argila experimenta uma recompressão, entre as tensões de 150,69 kPa e 180 kPa. O termo *reta de recompressão* fica assim justificado fisicamente, tendo em vista que houve uma compressão pretérita até 180 kPa de tensão efetiva e, no momento anterior à obra, havia uma tensão menor (150,69 kPa), gerada por um alívio. A camada de argila, até o momento da obra, nunca havia sofrido tensões superiores a 180 kPa (cota −15 m). Assim, entre 180 kPa e 243,59 kPa (tensão efetiva final), a camada sofre compressão virgem, em virtude do ineditismo de tais tensões.

Finalmente, a tensão pretérita de 180 kPa, revelada a partir dos resultados do ensaio de adensamento edométrico, é chamada de *tensão de pré-adensamento*, pois atuou em momento anterior, pré-adensando o solo. O alívio de tensões imaginado ocorreu em função da remoção de uma determinada camada, entretanto poderia também ter sido gerado pela simples variação da posição do nível d'água no terreno. Como observado no Exercício 1.4, um rebaixamento do nível d'água, natural ou artificial, provoca aumento de tensões efetivas e, posteriormente, com o retorno à posição original ou superior, têm-se um alívio de tensões e um consequente pré-adensamento.

É importante observar que essa tensão de cedência, transição da reta de recompressão para a reta virgem, pode ser gerada sem o alívio de tensões, apenas por um processo de envelhecimento do solo, cujo fenômeno será visto em exercícios posteriores, tornando a terminologia *tensão de pré-adensamento* inapropriada. Um agente cimentante também pode ser o responsável por uma tensão σ_p' superior a σ_i'. Nesse caso, a cedência está relacionada com a resistência oferecida pelo agente cimentante existente entre partículas (óxido de ferro, carbonato de cálcio, sílica coloidal, entre outros) e, assim, o termo *pré-adensado* também não condiz com o fenômeno físico que está atrelado a uma ação química.

O fato é que, se existe $\sigma_p' > \sigma_i'$, o solo é chamado tradicionalmente de pré-adensado ou sobreadensado, com uma razão de sobreadensamento (RSA) superior a 1. Na situação em que $\sigma_p' = \sigma_i'$, o solo é denominado normalmente adensado, com RSA = 1. Se for revelado, a partir de ensaio, $\sigma_p' < \sigma_i'$, é porque o solo está em processo de adensamento, assunto que será visto no capítulo que analisa a evolução dos recalques com o tempo.

Para finalizar este exercício, é possível concluir que um modelo elástico linear não é ideal para a mecânica dos solos. Para solos que sofrem apenas recalque de recompressão, é razoável o uso de um modelo elástico não linear, hiperbólico por exemplo. No entanto, para a situação vista no exercício anterior, com recalques de recompressão e ao longo da reta virgem, é necessário o conhecimento da tensão efetiva inicial, de campo, e também é fundamental conhecer o histórico de tensões do solo, revelado com a curva $e \times \log(\sigma')$.

Nota-se, por outro lado, que, para calcular o deslocamento de um pilar elástico linear, basta conhecer sua geometria, a carga aplicada e o módulo de elasticidade do material que o constitui, ou seja, não é necessário qualquer conhecimento sobre o histórico de tensões daquela estrutura.

Exercício 3.3

Calcule o número máximo de pavimentos para as configurações de radier e perfil geotécnico mostradas no Exercício 3.1, tomando como base os seguintes critérios:

a) Recalque máximo admissível de 10 cm para a camada de argila mole a muito mole.
b) Um recalque diferencial de 4 cm, tomando como base os eixos que passam pelos pontos A e D (Fig. 2.12).

Solução:

a) A incógnita-chave para solucionar este exercício é o acréscimo de tensão máximo que gera um recalque de 10 cm, cujo valor é facilmente calculado com uma manipulação algébrica da equação do recalque:

$$\rho = \frac{H_i}{1+e_i}\left[C_r \cdot \log\left(\frac{\sigma_p'}{\sigma_i'}\right) + C_c \cdot \log\left(\frac{\sigma_i' + \Delta\sigma}{\sigma_p'}\right)\right] \therefore \Delta\sigma = \sigma_p' \cdot 10^{\left[\frac{\frac{\rho(1+e_i)}{H_i} - Cr \cdot \log\left(\frac{\sigma_p'}{\sigma_i'}\right)}{C_c}\right]} - \sigma_i'$$

$$\Delta\sigma = 180 \times 10^{\left[\frac{\frac{0,1(1+2,12)}{10} - 0,1 \cdot \log\left(\frac{180}{150,69}\right)}{0,9}\right]} - 150,69 = 40,45 \text{ kPa}$$

Com o valor de $\Delta\sigma$ capaz de gerar um recalque de 10 cm, é possível calcular a tensão incidente correspondente:

$$\Delta\sigma_A = 4 \cdot q \cdot f\left(m = \frac{10}{13}, n = \frac{15}{13}\right) = q \cdot 0{,}654 = 40{,}45 \text{ kPa} \therefore q = 61{,}85 \text{ kPa}$$

A tensão incidente é o número de pavimentos (N) multiplicado pela tensão típica (12 kPa por pavimento). Como há escavação, deve-se subtrair da carga do edifício a tensão de alívio (altura de escavação multiplicada pelo peso específico total do solo escavado):

$$q = N \cdot 12 - 2 \times 19 = 61{,}85 \text{ kPa} \therefore N = 8{,}3$$

Finalmente, têm-se 8 pavimentos, de acordo com o critério estabelecido no item a.

b) Se uma edificação tem problemas de recalques significativos uniformes, ou seja, recalca por igual ($\rho1 = \rho2 = \rho3$, Fig. 3.8A), alguns inconvenientes são provocados, geralmente associados a instalações e à estética. Todavia, patologias em alvenarias e até mesmo na estrutura (fissuras ou trincas) ocorrem em virtude de redistribuições de esforços cortantes e momentos fletores, geradas por recalques diferenciais ($\rho1 < \rho2 > \rho3$, Fig. 3.8B).

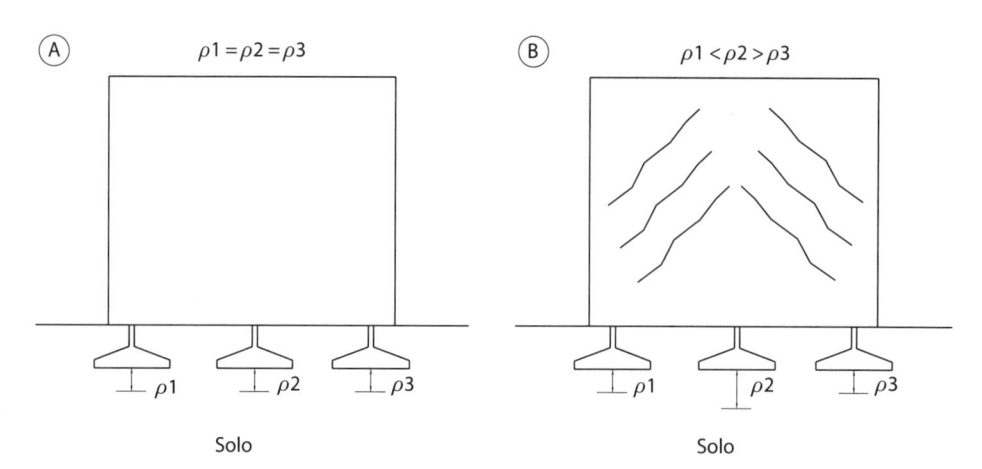

Fig. 3.8 Situações de recalques (A) uniformes e (B) diferenciais

Além das patologias citadas, inclinações excessivas de edificações (Fig. 3.9), oriundas de recalques diferenciais, constituem um sério problema de desconforto visual, com uma sensação de provável tombamento da edificação. Essa situação extremamente grave é notória para vários edifícios da orla da cidade de Santos (SP), que sofreram recalques diferenciais significativos, conduzindo a consequentes desvalorizações imobiliárias. Trata-se de um caso emblemático para a engenharia geotécnica brasileira, que reforça a necessidade de um projeto adequado de fundações, tendo em vista que a solução de um problema semelhante ao dos prédios "tortos" de Santos é extremamente onerosa e pode eventualmente tornar-se inviável.

Tipicamente, os recalques são diferenciais, pois mesmo que exista uma distribuição uniforme de cargas, via radier, os acréscimos de tensões variam de maneira radial em relação ao eixo do carregamento. Além disso, principalmente em perfis formados por solos sedimentares, ocorrem heterogeneidades, que podem se manifestar com variações das espessuras das camadas e/ou de seus parâmetros geomecânicos. A Fig. 3.10 ilustra essas variações com duas situações. A primeira mostra uma duna de areia, suprimida por transporte eólico, gerando diferentes tensões de pré-adensamento nos pontos A e B. A outra situação apresenta uma variação da espessura da camada de solo mole em um perfil de solo sedimentar marinho.

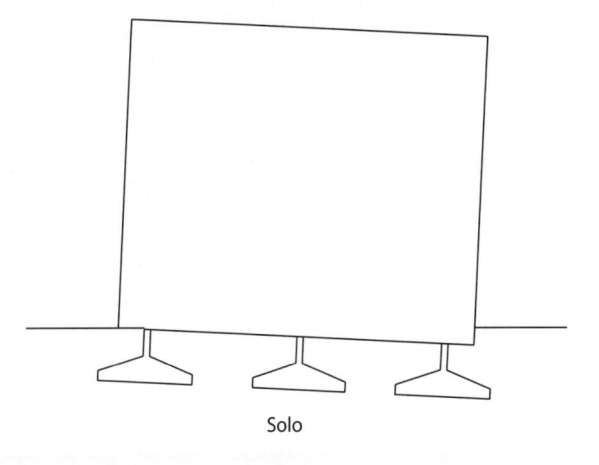

Fig. 3.9 Situação de recalque diferencial, com edifício inclinado

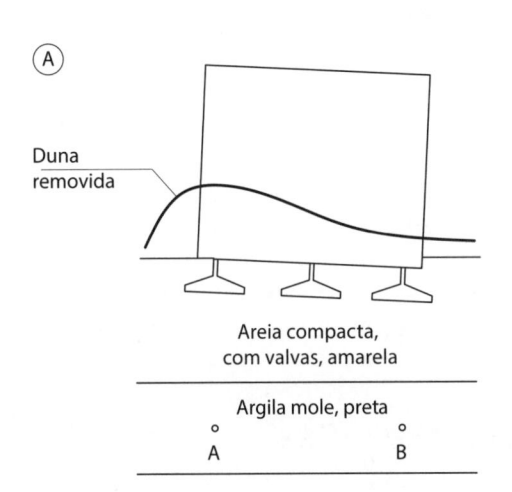

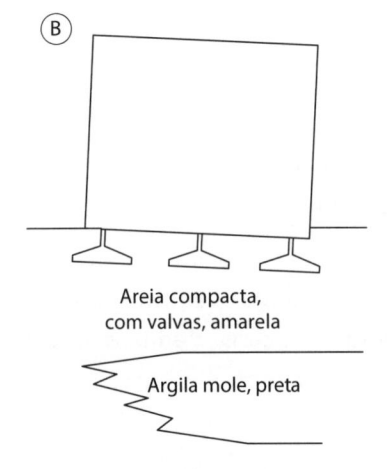

Fig. 3.10 Heterogeneidades e consequentes recalques diferenciais: (A) duna de areia removida e (B) variação da espessura do solo mole

Voltando ao que solicita o item b deste exercício, nota-se que a solução é semelhante àquela adotada para o item a, que consiste na obtenção da carga (q) que, aplicada, terá a capacidade de provocar um recalque diferencial de 4 cm. Assumindo que para o eixo referente ao ponto A ocorrerão recalques de recompressão e compressão e, para o eixo do ponto D, haverá apenas recalque de recompressão, vem:

$$\rho_A - \rho_D = \frac{10}{1+2,12}\left[0,1 \cdot \log\left(\frac{180}{150,69}\right) + 0,9 \cdot \log\left(\frac{150,69 + 0,654 \cdot q}{180}\right)\right]$$

$$- \frac{10}{1+2,12}\left[0,1 \cdot \log\left(\frac{150,69 + 0,358 \cdot q}{150,69}\right)\right] = 0,04 \text{ m}$$

$$\therefore q = 51,7 \text{ kPa}$$

Com esse valor de 51,7 kPa de tensão aplicada, tem-se N = 7,5 pavimentos, ou seja, com esse critério de recalque diferencial de 4 cm (Fig. 3.11), o número admissível de pavimentos é igual a 7.

Fig. 3.11 Recalque diferencial de 4 cm entre os eixos que passam por A e D

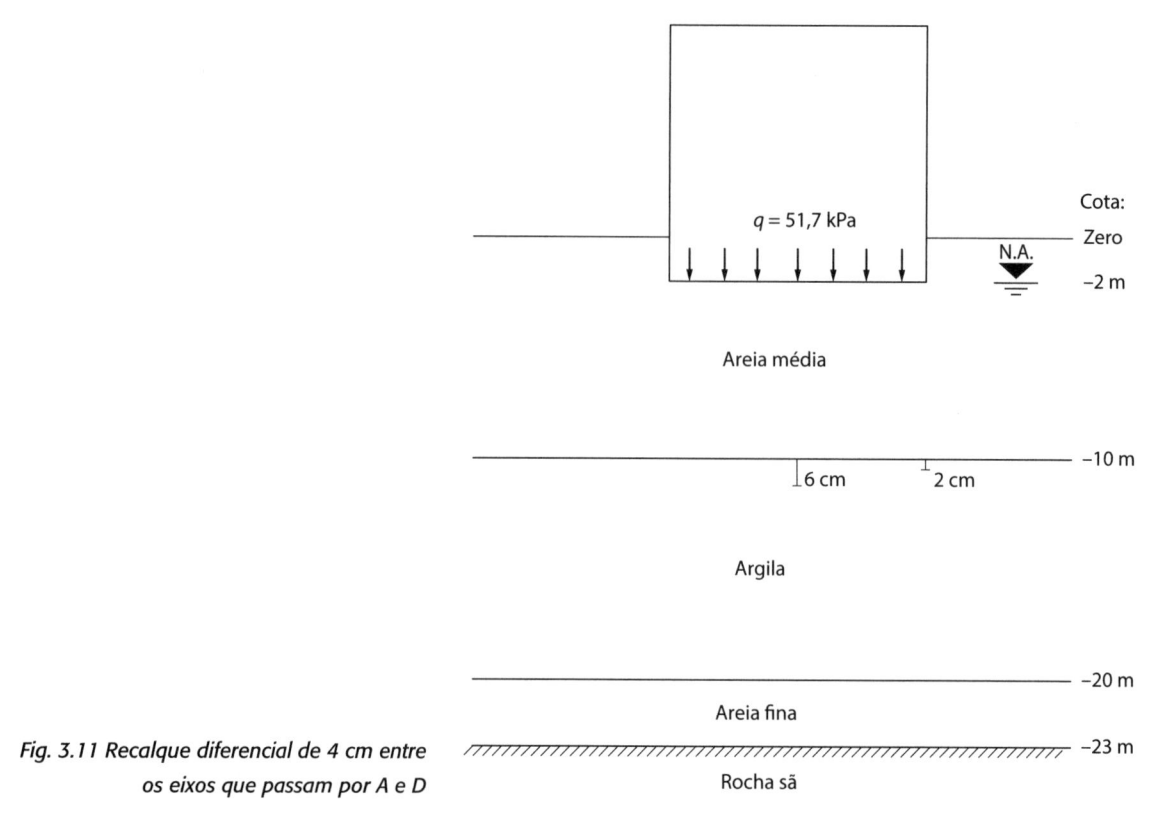

Se houvesse uma heterogeneidade de tensões de pré-adensamento, com solo normalmente adensado para o ponto A e pré-adensado, com $\sigma_p' = 180$ kPa, para o ponto D, a carga q admissível seria:

$$\rho_A - \rho_D = \frac{10}{1+2,12}\left[0,9 \cdot \log\left(\frac{150,69 + 0,654 \cdot q}{150,69}\right)\right]$$

$$-\frac{10}{1+2,12}\left[0,1 \cdot \log\left(\frac{150,69 + 0,358 \cdot q}{150,69}\right)\right] = 0,04 \text{ m} \therefore q = 7,9 \text{ kPa}$$

Dessa forma, com uma tensão admissível de 7,9 kPa, o número admissível de pavimentos é igual a 3, segundo o critério de recalque diferencial admissível do item b. Fica evidente, portanto, o efeito da heterogeneidade no recalque diferencial.

Exercício 3.4

Calcule o recalque máximo da camada de argila do perfil geotécnico B para a obra descrita no Exercício 2.5, com as sapatas assentadas à cota –2 m (Fig. 3.12). Verifique a viabilidade do uso de sapatas para a obra.

Observação: para as estimativas dos parâmetros de compressibilidade, use correlações empíricas referentes ao local da obra, em Vitória (ES).

Solução:

Para o cálculo do recalque, com as equações desenvolvidas no Exercício 3.1, têm-se disponíveis: a tensão efetiva inicial e o acréscimo máximo de tensão, ambos no meio da camada de argila, a espessura da camada e o índice de vazios inicial. Neste exercício, não há disponibilidade de resultados de ensaios de adensamento edométrico, situação corriqueira em projetos geotécnicos. Sendo assim, torna-se necessária a estimativa dos parâmetros de compressibilidade a partir de equações empíricas existentes na literatura.

Para a tensão de pré-adensamento, destacam-se as informações do livro de Massad (2009) acerca de solos marinhos da Baixada Santista, que revelam um leve pré-adensamento para camadas de argila com formação fluviolagunar, com razões de sobreadensamento entre 1,1 e 2,5. Essas camadas pesquisadas estão a profundidades inferiores a 50 m e com índice de vazios entre 2 e 4. Adotando RSA = 1,2, típico para camadas de argila encontradas subjacentes a camadas superficiais de areia em Vitória, tem-se a seguinte tensão de pré-adensamento:

$$\sigma'_p = RSA \cdot \sigma'_i = 1,2 \times 150,69 = 180,83 \text{ kPa}$$

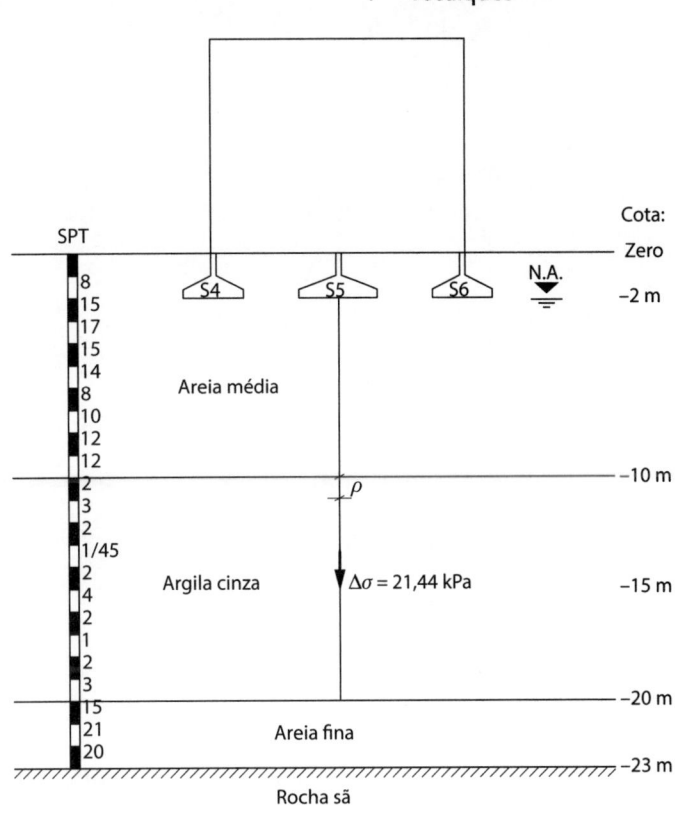

Fig. 3.12 Perfil geotécnico B solicitado por sapatas

O índice de recompressão é tipicamente igual a 15% do índice de compressão, que pode ser estimado a partir da equação empírica de Castello e Polido (1986) para argilas de Vitória:

$$C_c = 0,014 \cdot w - 0,17 = 0,014 \times 80 - 0,17 = 0,95$$
$$C_r = 0,15 \times 0,95 = 0,14$$

Na literatura geotécnica, existem várias outras equações para o índice de compressão, destacando-se a equação de Terzaghi e Peck (1948), com base no limite de liquidez (LL), que é a umidade-limite entre o estado plástico e o estado líquido viscoso do solo, obtida tradicionalmente com o uso do aparelho de Casagrande (ensaio de limite de liquidez):

$$C_c = 0,009(LL - 10)$$

Outras equações são apresentadas na Tab. 3.1, todas com base no LL.

Tab. 3.1 Equações empíricas para o índice de compressão

Autores	Solo	Equação
Mello e Teixeira (1960 apud Hachich et al., 1996)	Argilas de Santos (SP)	$C_c = 0,01(LL - 10)$
Coutinho (1988 apud Hachich et al., 1996)	Argilas orgânicas do Recife (PE)	$C_c = 0,015(LL - 10)$
Vargas (1978 apud Hachich et al., 1996)	Siltes arenoargilosos (solo residual de gnaisse)	$C_c = 0,0042(LL + 39)$

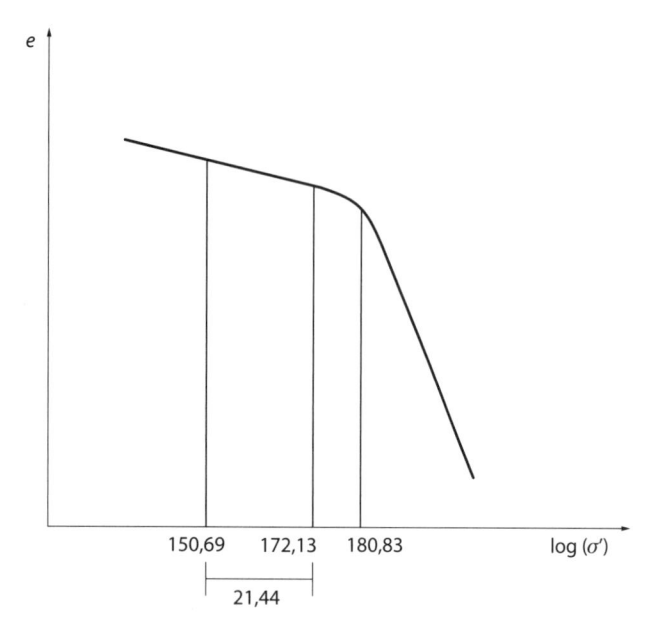

Fig. 3.13 Análise gráfica da variação do índice de vazios com Δσ (σ' em kPa)

Com todos os dados pertinentes à previsão do recalque, é válida uma análise gráfica para visualização do comportamento do solo para a situação em tela (Fig. 3.13).

Assim, o recalque máximo é de recompressão:

$$\rho_{máx} = \frac{10}{1+2,12}\left[0,14 \cdot \log\left(\frac{172,13}{150,69}\right)\right] = 0,026 \text{ m} = 2,6 \text{ cm}$$

A viabilidade do uso de sapatas é frequentemente inferida comparando-se o recalque previsto com o admissível. Nesse caso, as sapatas estão apoiadas à cota –2 m, em uma camada superficial de areia com 8 m de espessura, entre as cotas –2 m e –10 m (início da camada de argila), e, dessa forma, tal camada funciona uniformizando os recalques da camada de argila, com função semelhante à de um radier. Nesse cenário, é razoável a adoção do recalque máximo admissível de 10 cm, usado no Exercício 3.1.

Conclui-se, portanto, que o recalque previsto é admissível e a fundação em sapatas é viável para a obra em questão, cujas cargas sugerem a solicitação de um edifício com aproximadamente três pavimentos. Por curiosidade, a carga total do edifício em questão é 22.680 kN, que, se dividida pela área de 20 m × 30 m, geraria uma tensão de 37,8 kPa, assim como o acréscimo máximo e o recalque da camada de argila indicados a seguir:

$$\Delta\sigma_A = 4 \cdot q \cdot f\left(m = \frac{10}{13}, n = \frac{15}{13}\right) = 4 \times 37,8 \times 0,16356 = 24,73 \text{ kPa}$$

$$\rho_{máx} = \frac{10 \times 0,14}{1+2,12} \cdot \log\left(\frac{150,69+24,73}{150,69}\right) = 0,03 \text{ m} = 3,0 \text{ cm}$$

Verifica-se, então, que a consideração de uma carga distribuída em um radier promove um acréscimo próximo ao obtido com pilares apoiados em sapatas isoladas.

Exercício 3.5

Duas situações contrastantes foram observadas nos Exercícios 3.1 e 3.4, uma com recalque máximo elevado e consequente inviabilização do uso de fundação direta, outra com recalque máximo pequeno, de recompressão, que indica a viabilidade do uso de fundação direta. Neste último caso, é pertinente uma questão: existe outro recalque, além do recalque primário previsto, que seria gerado por um fenômeno físico diferente dos estudados até o momento?

Análise:

Os recalques primários são geralmente os mais significativos em previsões comportamentais de solos moles. Não obstante, a literatura geotécnica apresenta outros tipos de recalques: um com o volume total do solo constante, ou seja, com a solicitação o solo sofre uma distorção de sua forma e desloca-se verticalmente, sem variação do índice de vazios, sendo chamado de recalque imediato ou não drenado, que ocorre para solos saturados. Outra forma ocorre sem variação de tensão efetiva, com uma fluência (*creep*) do solo, desenvolvendo-se assim o chamado recalque secundário. Este último tem essa denominação pois se considera que ele ocorre após o recalque primário, apesar de fisicamente eles acontecerem em paralelo.

A adoção de um modelo edométrico para os exercícios apresentados é razoável, principalmente para os pontos de recalques máximos da camada de solo compressível, no eixo que passa pelo centro da obra, tendo em vista que a magnitude de acréscimos de tensões em pontos vizinhos ao analisado faz com que o deslocamento horizontal do solo seja desprezível. Com isso, recalques imediatos são desprezíveis.

Os recalques secundários geralmente têm maior magnitude para solos que contêm matéria orgânica, que não é o caso da argila mole a muito mole descrita no perfil geotécnico B. Existem dois modelos para o cálculo do recalque secundário: um modelo admite que o recalque secundário não tem fim, de modo que, para sua previsão, são necessários o tempo para se processar o adensamento primário (associado ao recalque primário), um tempo superior ao anterior, geralmente o tempo de vida útil da obra, e um parâmetro do solo, o chamado coeficiente de adensamento secundário, além da espessura e do índice de vazios correspondentes ao final do recalque primário. O outro modelo admite que o recalque secundário tem fim e, para sua previsão, é necessário o conhecimento de uma razão de sobreadensamento gerada pelo envelhecimento do solo (RSA_{sec}).

A Fig. 3.14 mostra a variação de índice de vazios para recalques secundários referentes às situações dos Exercícios 3.1 e 3.4. Para a curva correspondente ao Exercício 3.1, tem-se uma tensão efetiva final de 243,59 kPa, na reta virgem, que permanece constante com a evolução do recalque secundário, o que pode ser constatado a partir de ensaios de adensamento edométrico, inclusive com a

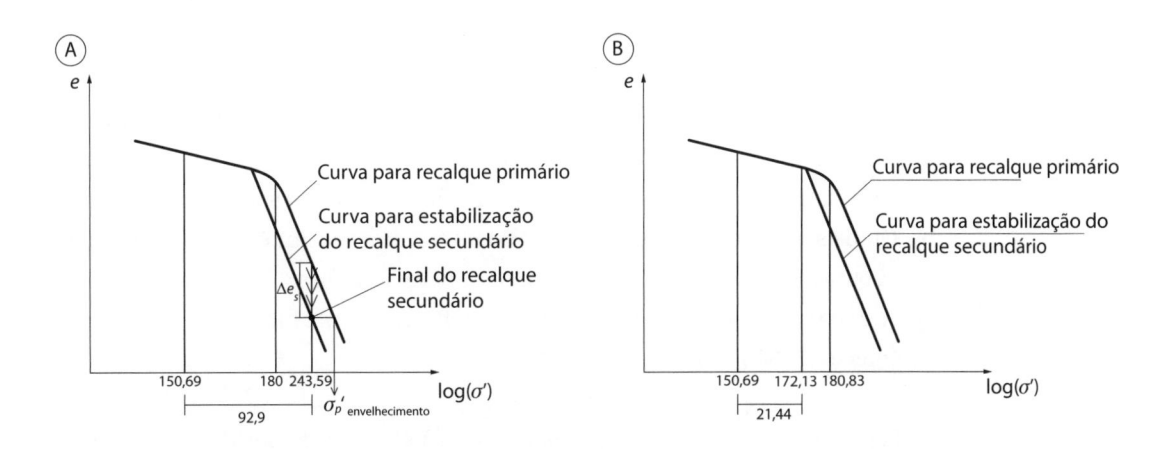

Fig. 3.14 Gráficos de e × log(σ') correspondentes aos Exercícios (A) 3.1 e (B) 3.4

obtenção de várias curvas $e \times \log(\sigma')$ para diversos tempos. A RSA_{sec} é a razão entre a tensão de sobreadensamento por envelhecimento (correspondente à curva de estabilização do recalque secundário) e a tensão efetiva correspondente ao final do recalque primário. Nesse caso, o recalque secundário pode ser estimado facilmente com base na seguinte equação, desprezando a variação de índice de vazios de recompressão (entre a tensão efetiva final e a tensão de sobreadensamento por envelhecimento):

$$\rho_{sec} = \frac{H_f \cdot C_c}{1+e_f}\left[\log(\sigma'_{P_{env.}}) - \log(\sigma'_f)\right] = \frac{H_f \cdot C_c}{1+e_f} \cdot \log(RSA_{sec})$$

em que H_f e e_f são respectivamente a espessura final e o índice de vazios final relacionados ao final aproximado do recalque primário. Resultados de muitas pesquisas mostram que a razão de sobreadensamento por envelhecimento deve ficar entre 1,3 e 2, dependendo do teor de matéria orgânica no solo. As faixas são: para argilas e siltes inorgânicos, tem-se $1,3 < RSA_{sec} < 1,6$; para argilas e siltes orgânicos, tem-se $1,5 < RSA_{sec} < 1,8$; e para argilas e siltes muito orgânicos e turfas, tem-se $1,7 < RSA_{sec} < 2$.

O recalque secundário, de acordo com Martins (2005 apud Almeida; Marques, 2014), é o seguinte:

$$\rho_{sec} = \frac{0,15 \cdot C_c \cdot H_f}{1+e_f}$$

Martins considera uma recompressão ($C_r = 0,15C_c$) e 1,5 para RSA_{sec}.

Para a situação do Exercício 3.4, se forem reveladas as curvas da Fig. 3.14 a partir de ensaios de adensamento, fica evidente que o recalque secundário é nulo, pois a curva para recalques primários coincide com a curva para estabilização de recalques secundários.

Exercício 3.6

Nos exercícios anteriores, ficou em evidência a camada de argila do perfil geotécnico B e seus recalques, que podem inviabilizar o uso de fundações diretas para uma determinada obra, o que não aconteceu para a situação analisada no Exercício 3.4, com a constatação de um possível uso de sapatas para a edificação. Utilizando esse Exercício 3.4, agora com foco na camada de areia superficial, que será solicitada diretamente pelas sapatas, vêm três perguntas:

a) A tensão adotada para o dimensionamento das sapatas (300 kPa) é admissível com relação a recalques admissíveis? Para tal análise, use a sapata S5.
b) Quais seriam as tensões correspondentes a um recalque de 2,5 cm para as sapatas S1 e S4? Use a sondagem SP-2 para a análise.
c) A sapata S5 poderia ser assentada a 1,5 m de profundidade, com uma tensão de 300 kPa?

As Figs. 3.15 e 3.16 mostram os resultados da sondagem (perfil geotécnico B), com foco na camada de areia, e a posição dos três furos de sondagem, definidos para o exercício em questão. A sondagem em tela (Fig. 3.15) é a sondagem SP-2 (em planta, na Fig. 3.16), com a qual foram obtidos os menores valores de N_{SPT}.

Solução:

a) Neste caso, é fundamental uma equação para a estimativa do recalque da areia, que ocorrerá de maneira imediata e drenada, em função de dois aspectos: sua alta permeabilidade e sua baixa compressibilidade. Esses aspectos, que serão estudados em capítulo específico, fazem com que a taxa de dissipação de excessos de poropressões com o decorrer do tempo seja alta em relação à velocidade de carregamento. Uma comparação entre o recalque estimado e o recalque adotado como admissível permite responder esta questão.

A partir de evidências experimentais, soluções determinísticas da teoria da elasticidade linear e resultados numéricos através do método dos elementos finitos, Schmertmann (1970) apresentou um método para estimar o recalque de fundações diretas apoiadas em areias, que posteriormente (Schmertmann; Hartman; Brown, 1978) sofreu pequenas adequações. O método baseou-se na seguinte equação:

$$\Delta\sigma = q \cdot I_z$$

O fator de influência (I_z) é semelhante à função de m e n vista na equação de Newmark, ou seja, ele dita o quanto da tensão aplicada (q) incide em uma determinada profundidade. Aplicando a lei de Hooke ($\Delta\sigma = \varepsilon \cdot E$), tem-se para uma i-ésima camada com espessura Δz_i (Fig. 3.17) o seguinte desenvolvimento:

$$\varepsilon_i \cdot E_i = q \cdot I_{zi} \therefore \frac{\rho_i}{\Delta z_i} \cdot E_i = q \cdot I_{zi} \therefore \rho_i = \frac{q \cdot I_{zi} \cdot \Delta z_i}{E_i}$$

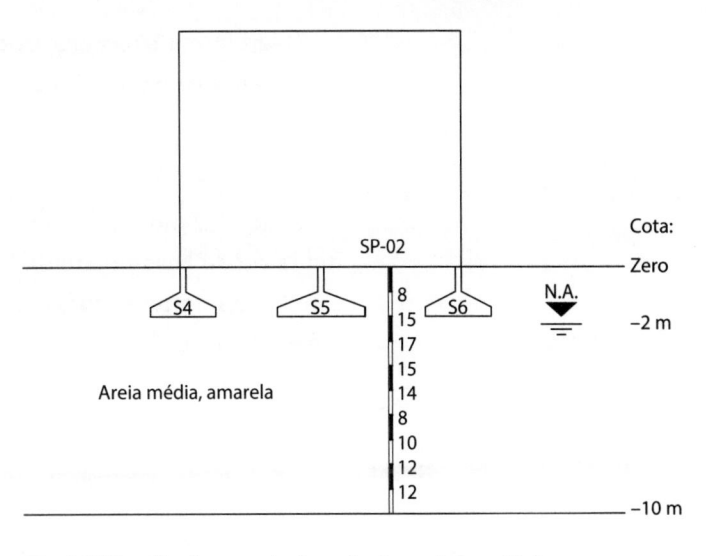

Fig. 3.15 Detalhe da camada de areia da sondagem SP-2

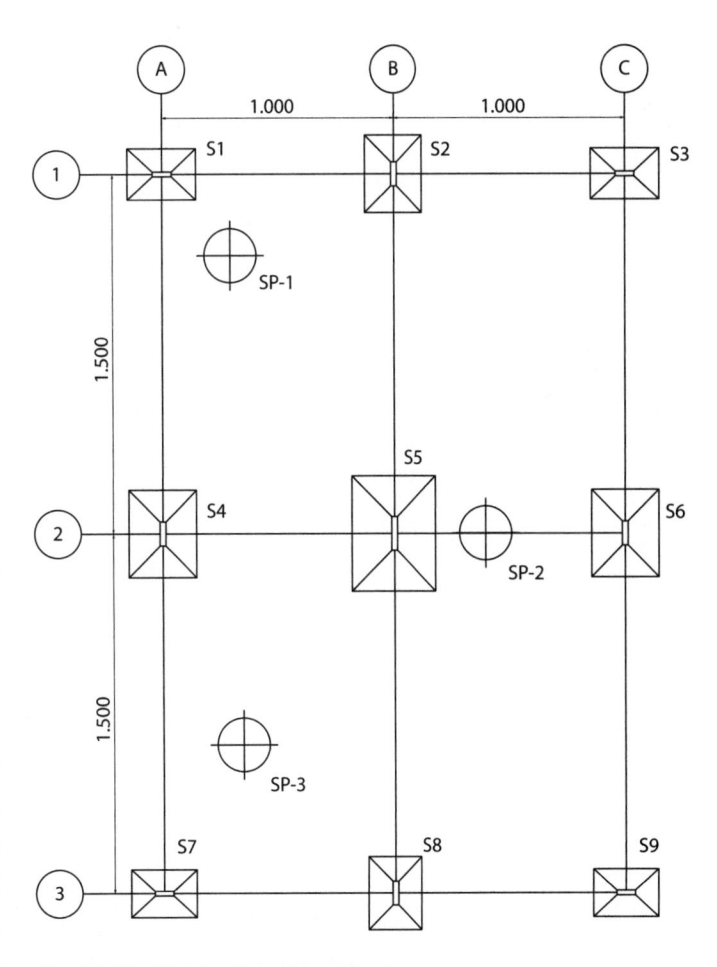

Fig. 3.16 Posição dos furos de sondagem

Dessa forma, o recalque é o somatório dos recalques correspondentes a uma série de camadas com diferentes módulos de elasticidade ou de deformabilidade (E_i):

$$\rho = \sum_{i=1}^{n} \rho_i \therefore \rho = q \sum_{i=1}^{n} \frac{I_{zi} \cdot \Delta z_i}{E_i}$$

A Fig. 3.17 mostra o gráfico com a variação de I_z com a profundidade para uma fundação de base quadrada ou circular, com dimensão B. A influência se inicia com $I_z = 0,1$, torna-se máxima em B/2 e se anula a uma profundidade $2 \cdot B$. O valor máximo de I_z é:

$$I_{zpico} = 0,5 + 0,1 \cdot \sqrt{\frac{q}{\sigma'_{vp}}}$$

Para o caso de fundação embutida no solo, condição fundamental de projeto, o valor de q deve ser substituído por q', que é a chamada tensão líquida ($q - \sigma'_{v,0}$), em que $\sigma'_{v,0}$ é a tensão efetiva à profundidade de assentamento da fundação.

Schmertmann (1970) propôs, ainda, duas correções para o recalque e, dessa forma, o recalque final passou a ser:

$$\rho_f = \rho \cdot C_1 \cdot C_2$$

A primeira correção se deve ao embutimento da sapata no solo:

$$C_1 = 1 - 0,5 \cdot \frac{\sigma'_{v,0}}{q'}$$

A segunda se deve a deformações viscosas (*creep*):

$$C_2 = 1 + 0,2 \log\left(\frac{t}{0,1}\right)$$

em que t é o considerado tempo (em anos) que decorre a partir da incidência do carregamento.

Voltando ao exercício, verifica-se que não há disponibilidade de módulos de elasticidade para o cálculo do recalque. Tais módulos de elasticidade, com condições de contorno satisfatórias, teoricamente teriam que ser obtidos em laboratório, todavia a moldagem de corpos de prova indeformados de areia é tarefa difícil e de rara execução. Tendo em vista a dificuldade de se realizarem ensaios de laboratório, é tradicional a obtenção dos módulos de elasticidade a partir de correlações empíricas com resultados de ensaios de campo, com destaque para correlações de E com a resistência de ponta do Cone Penetration Test (CPT).

O CPT consiste na cravação de uma ponteira cônica no solo, com padrões de geometria e velocidade de avanço. Do CPT têm-se duas medidas ao longo

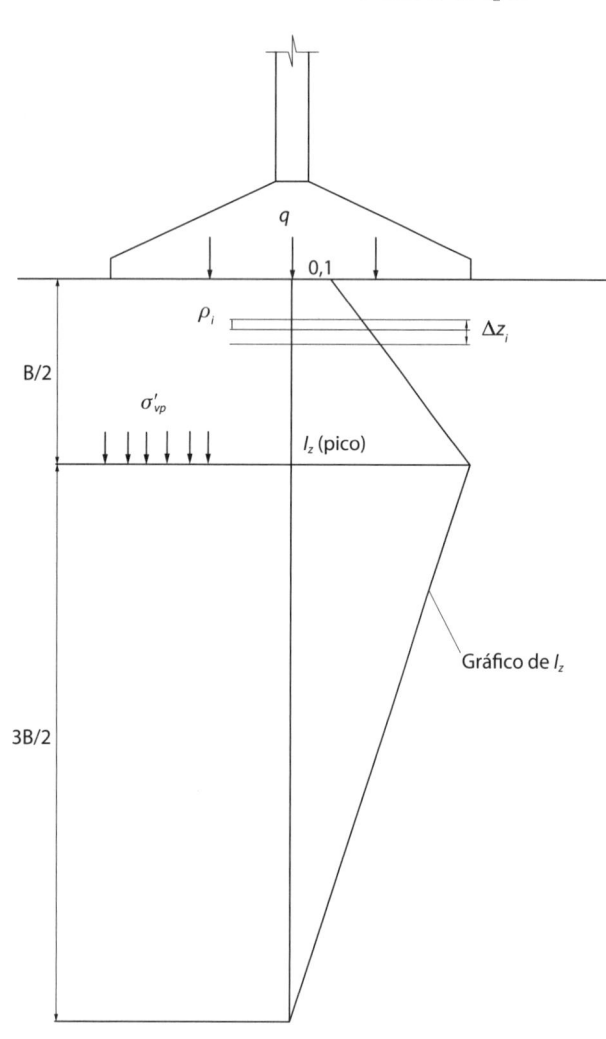

Fig. 3.17 Gráfico de I_z

da profundidade, que são f_s e q_c, respectivamente denominadas resistência lateral e resistência de ponta. As correlações empíricas são tipicamente lineares:

$$E = \alpha \cdot q_c$$

Segundo Schmertmann, Hartman e Brown (1978), o valor de α para sapatas circulares ou quadradas é igual a 2,5 e, para o caso de sapatas corridas, α é igual a 3,5. No entanto, os autores indicam que, em virtude de um evidente sobreadensamento, o recalque previsto através de seu método deve ser reduzido à metade, o que corresponde à utilização de $\alpha = 5$ para sapatas quadradas e circulares e $\alpha = 7$ para sapatas corridas.

Conduto (2001) apresenta os valores de α mostrados na Tab. 3.2, para alguns tipos de solo.

Tab. 3.2 Valores típicos de α

Descrição	Classificação	α
Areia limpa, normalmente adensada, sem envelhecimento (< 100 anos)	SW ou SP	2,5-3,5
Areia limpa, normalmente adensada, envelhecida (> 3.000 anos)	SW ou SP	3,5-6,0
Areia limpa, sobreadensada	SW ou SP	6,0-10,0
Areia siltosa ou argilosa, normalmente adensada	SM ou SC	1,5
Areia siltosa ou argilosa, sobreadensada	SM ou SC	3,0

em que SW = areia bem graduada, SP = areia mal graduada, SM = areia siltosa e SC = areia argilosa.
Fonte: Conduto (2001).

No presente exercício, têm-se disponíveis apenas os números de golpes da sondagem SPT, que podem ser transformados em resistência de ponta do CPT, por meio de correlação empírica, para estimativas de módulos de elasticidade. A correlação entre q_c e N_{SPT} é:

$$q_c = k \cdot N_{SPT}$$

Danziger (1982) apresenta valores para k, com base em dados obtidos para diversos tipos de solos do Rio de Janeiro. Especificamente para areias, o valor indicado por Danziger é 0,6 MPa. Assim, tomando os valores $\alpha = 5$ e $k = 0,6$ MPa, os módulos de elasticidade para a zona de influência da sapata podem ser obtidos com a multiplicação do N_{SPT} por 3 MPa.

Voltando à questão, o primeiro passo é o dimensionamento de uma sapata quadrada para o pilar P5, que gera a maior sapata da obra, em virtude da carga incidente de 4.500 kN. Sabe-se que a sapata S5 é retangular e respeita o critério de sapatas com balanços iguais, no entanto é dimensionada quadrada para o uso do método de Schmertmann, Hartman e Brown (1978), ou seja, trata-se de uma área quadrada equivalente com a seguinte dimensão B:

$$q = \frac{Q \cdot 1,05}{B^2} \therefore B = \sqrt{\frac{Q \cdot 1,05}{q}} = \sqrt{\frac{4.500 \times 1,05}{300}} = 4 \text{ m}$$

Com a dimensão B da sapata, é possível traçar o diagrama de I_z (Fig. 3.18) com alcance de 8 m. Terzaghi, Peck e Mesri (1996) sugerem que a profundidade de alcance para sapatas retangulares seja:

$$z = 2 \cdot B\left[1 + \log(L/B)\right]$$

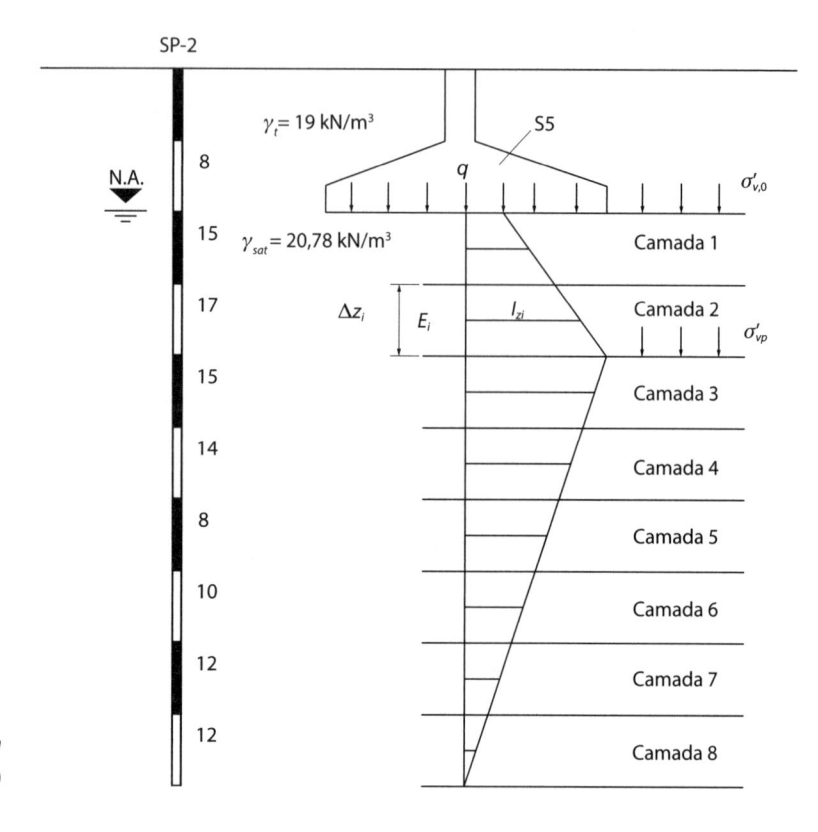

Fig. 3.18 Gráfico de Schmertmann, Hartman e Brown (1978)

Nesse caso, com os valores de L e B, tem-se o seguinte alcance:

$$z = 2 \times 3{,}44\left[1 + \log(4{,}59/3{,}44)\right] = 7{,}7 \text{ m}$$

Portanto, o alcance de 8 m, correspondente ao uso de uma sapata quadrada equivalente, é próximo ao sugerido por Terzaghi, Peck e Mesri (1996).

O gráfico de I_z começa na profundidade de assentamento da sapata, assume um valor de pico à cota –4 m e se anula à cota –10 m. O valor de pico é:

$$I_{zpico} = 0{,}5 + 0{,}1 \cdot \sqrt{\frac{q'}{\sigma'_{vp}}} = 0{,}5 + 0{,}1 \times \sqrt{\frac{300 - 2 \times 19}{2 \times 19 + 2 \times 10{,}78}} = 0{,}71$$

Duas equações lineares podem ser escritas para os cálculos dos valores de I_{zi} nas profundidades médias (z_i) das camadas apresentadas na Fig. 3.18. A primeira é correspondente a profundidades menores ou iguais a B/2:

$$I_{zi} = 0{,}1 + \frac{z_i(I_{zp} - 0{,}1)}{0{,}5 \cdot B}$$

A outra equação é para profundidades z_i superiores a B/2:

$$I_{zi} = I_{zp} - \frac{(z_i - 0,5 \cdot B)I_{zp}}{1,5 \cdot B}$$

A Tab. 3.3 mostra os valores de I_{zi}, os módulos de elasticidade (E_i) e os valores de $I_{zi} \cdot \Delta z_i/E_i$ para as oito camadas definidas na Fig. 3.18.

Tab. 3.3 Cálculo de $\Sigma I_{zi} \cdot \Delta z_i/E_i$

Camada	z_i (m)	I_{zi}	N_{SPT}	E_i (MPa)	$I_{zi} \cdot \Delta z_i/E_i$ (m/MPa)
1	0,5	0,25	15	45	0,006
2	1,5	0,56	17	51	0,011
3	2,5	0,65	15	45	0,014
4	3,5	0,53	14	42	0,013
5	4,5	0,41	8	24	0,017
6	5,5	0,30	10	30	0,010
7	6,5	0,18	12	36	0,005
8	7,5	0,06	12	36	0,002
				Σ	0,077

Para a previsão do recalque, são necessários os fatores de correção:

$$C_1 = 1 - 0,5 \cdot \frac{\sigma'_{v,0}}{q'} = 1 - 0,5 \times \frac{2 \times 19}{300 - 2 \times 19} = 0,93$$

$$C_2 = 1 + 0,2 \cdot \log\left(\frac{t}{0,1}\right) = 1 + 0,2 \cdot \log\left(\frac{5}{0,1}\right) = 1,34$$

Finalmente, tem-se que o recalque para cinco anos de *creep* é:

$$\rho_f = q' \cdot C_1 \cdot C_2 \sum_{i=1}^{n} \frac{I_{zi} \cdot \Delta z_i}{E_i} = 0,262 \times 0,93 \times 1,34 \times 0,077 = 0,025 \text{ m} = 2,5 \text{ cm}$$

De acordo com Terzaghi e Peck (1948), o recalque máximo admissível é de 2,5 cm para fundação direta isolada em areia. Com tal recalque máximo, é provável que os recalques diferenciais fiquem abaixo de um limite admissível de 2 cm.

No presente exercício, foi usada a maior sapata (S5) aplicando tensão no solo retratado pela sondagem SP-2, com os menores valores de N_{SPT}. Assim, o recalque previsto de 2,5 cm é o recalque máximo para essa obra, fato que ficará evidente com base em recalques de sapatas menores, que serão calculados no item b.

Portanto, admitindo que o recalque da sapata S5 é o máximo, conclui-se que a tensão adotada de 300 kPa é admissível.

b) As sapatas S1 e S4 têm respectivamente cargas de 1.800 kN e 3.000 kN incidentes em seus pilares. Para a obtenção da tensão correspondente a um determinado recalque, é necessário um processo de tentativas, arbitrando-se tensões e calculando-se recalques pelo método de Schmertmann, Hartman e Brown (1978). As Tabs. 3.4 e 3.5 mostram os resultados para as sapatas S1 e S4.

Tab. 3.4 Pesquisa da tensão correspondente a $\rho_f = 2{,}5$ cm para a sapata S1

Tensão (kPa)	B (m)	ρ_f (cm)
300	2,5	1,4
400	2,2	1,7
500	1,9	2,0
600	1,8	2,4
650	1,7	2,5

Tab. 3.5 Pesquisa da tensão correspondente a $\rho_f = 2{,}5$ cm para a sapata S4

Tensão (kPa)	B (m)	ρ_f (cm)
300	3,2	2,0
400	2,8	2,4
430	2,7	2,5

Compilando os três resultados obtidos para as sapatas S1, S4 e S5, tem-se o gráfico apresentado na Fig. 3.19, que mostra um decréscimo da tensão correspondente a um recalque de 2,5 cm, com o aumento da dimensão B da sapata. Em outras palavras, verifica-se que, para um mesmo furo de sondagem e para uma mesma tensão, com o aumento da carga incidente no pilar e consequentemente da dimensão B, ocorre recalque máximo para a sapata com a maior dimensão B. Tal comportamento pode ser explicado pelo alcance do gráfico de I_z, que é $2 \cdot B$, ou seja, quanto maior for o valor de B, maior será a espessura para cálculo do recalque.

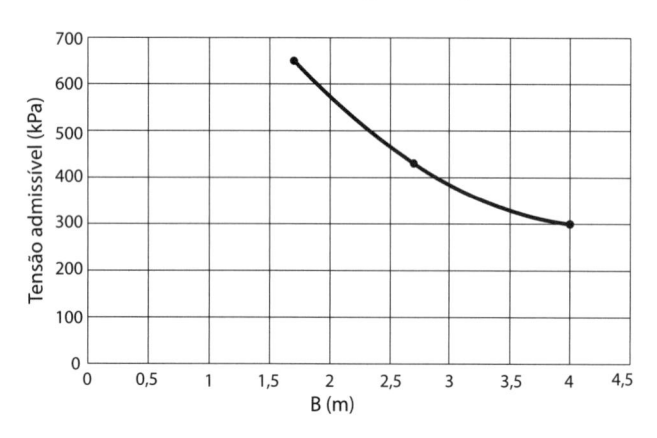

Fig. 3.19 Variação da tensão correspondente a $\rho_f = 2{,}5$ cm

Para o exercício em foco, como a sondagem SP-2 é a que apresenta os menores valores de N_{SPT}, fica ainda mais realçada a existência de recalque máximo para a sapata S5. Todavia, se eventualmente a sondagem SP-1 tivesse os piores valores de N_{SPT}, as sapatas em sua proximidade poderiam sofrer recalques superiores ao recalque de S5, então seria fundamental uma análise localizada de recalques.

c) É evidente que a modificação da profundidade de embutimento da sapata no solo influencia a magnitude do recalque. A Fig. 3.20 mostra uma possível especificação de projeto, com a sapata assentada à cota –1,5 m.

As camadas apresentam-se com diferentes espessuras, visando ao uso de apenas um módulo de elasticidade para cada intervalo Δz_i. Além disso, a transição (pico de I_z) ocorre em um intervalo com um mesmo módulo de elasticidade e, assim, é conveniente a divisão mostrada na Fig. 3.20. A Tab. 3.6 é semelhante à Tab. 3.3, entretanto possui duas colunas adicionais, uma com as diferentes espessuras Δz_i e outra com as profundidades z, que são as distâncias entre a cota de assentamento e a base de cada camada.

Os valores de I_{zp}, C_1 e C_2 são respectivamente: 0,72; 0,95 e 1,34. Com isso, o recalque é:

$$\rho_f = q' \cdot C_1 \cdot C_2 \sum_{i=1}^{n} \frac{I_{zi} \cdot \Delta z_i}{E_i} = 0{,}2715 \times 0{,}95 \times 1{,}34 \times 0{,}078 = 0{,}027 \text{ m} = 2{,}7 \text{ cm}$$

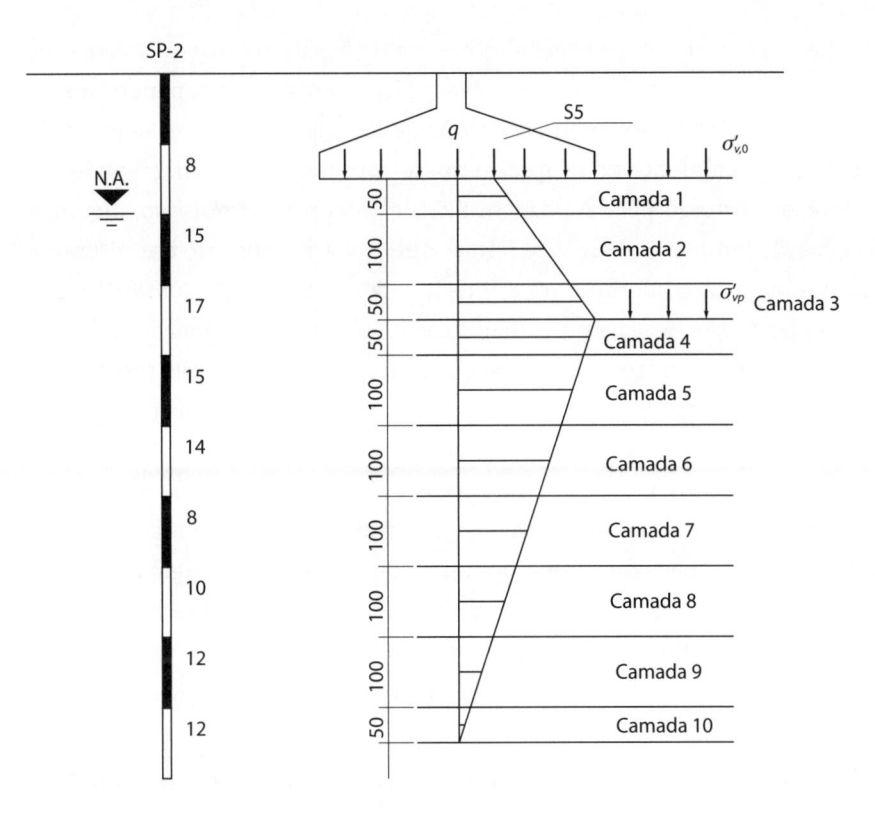

Fig. 3.20 Gráfico de Schmertmann, Hartman e Brown (1978) para a nova profundidade de embutimento

Tab. 3.6 Cálculo de $\Sigma I_{zi} \cdot \Delta z_i / E_i$

Camada	Δz_i (m)	z (m)	z_i (m)	I_{zi}	N_{SPT}	E_i (MPa)	$I_{zi} \cdot \Delta z_i / E_i$ (m/MPa)
1	0,5	0,5	0,25	0,18	8	24	0,004
2	1,0	1,5	1,00	0,41	15	45	0,009
3	0,5	2,0	1,75	0,65	17	51	0,006
4	0,5	2,5	2,25	0,69	17	51	0,007
5	1,0	3,5	3,00	0,60	15	45	0,013
6	1,0	4,5	4,00	0,48	14	42	0,011
7	1,0	5,5	5,00	0,36	8	24	0,015
8	1,0	6,5	6,00	0,24	10	30	0,008
9	1,0	7,5	7,00	0,12	12	36	0,003
10	0,5	8,0	7,75	0,03	12	36	0,000
						Σ	0,078

Com o recalque calculado, ligeiramente acima do admissível, é prudente uma pequena redução no valor da tensão aplicada para que ela se torne admissível. A definição de uma profundidade de assentamento menor pode ser vantajosa, em função da redução da profundidade de escavação e da redução da altura do pilar. Além disso, a redução da profundidade de assentamento pode ser um artifício para ampliar a profundidade z em relação ao meio da camada de argila subjacente e reduzir, consequentemente, os acréscimos de tensão e os recalques do solo mole.

Exercício 3.7

Antes da execução das sapatas especificadas em um determinado projeto, é prudente a realização de ensaios de campo adicionais para que se tenha um controle mais específico das condições de apoio para as sapatas. É fundamental especificar em projeto a execução de ensaios com penetrômetro dinâmico manual (PDM), nos pontos centrais de locação de todas as sapatas da obra. O solo eventualmente pode apresentar-se com maior deformabilidade em relação àquele retratado pela sondagem SPT de referência. Com isso, algumas modificações de projeto devem ser feitas, que podem consistir em alterar a profundidade de embutimento e/ou a tensão a ser aplicada. Em uma situação mais crítica, pode ser necessária a modificação do tipo de fundação, ou seja, passar da solução em fundação direta para o uso de fundação indireta (profunda).

Tomando como base os números de golpes (N_{pdm}) de um ensaio de PDM (Tab. 3.7) realizado no ponto central de locação da sapata S1 (Fig. 3.16), a partir da superfície do terreno, verifique se é necessária uma modificação de projeto. O PDM em questão é de média energia, com martelo de 30 kg de massa, 50 cm de altura de queda, cabeça de bater + ponteira cônica (10 cm² de área) com 18 kg e hastes com 6 kg/m. Tais características são referentes a um PDM médio, mas existem também penetrômetros leves, pesados e ultrapesados.

Tab. 3.7 Cálculo de $\Sigma I_{zi} \cdot \Delta z_i/E_i$ a partir de resultados de PDM

Profundidade (m)	N_{pdm}	M + M1 + M2 (kg)	q_d (MPa)	E_i (MPa)	z_i (m)	I_{zi}	$I_{zi} \cdot \Delta z_i/E_i$ (m/MPa)
2,0-2,2	45	66	15,0	75	2,1	0,15	0,0004
2,2-2,4	44	66	14,7	74	2,3	0,25	0,0007
2,4-2,6	48	66	16,1	80	2,5	0,35	0,0009
2,6-2,8	43	66	14,4	72	2,7	0,45	0,0012
2,8-3,0	40	72	12,3	61	2,9	0,55	0,0018
3,0-3,2	51	72	15,6	78	3,1	0,65	0,0017
3,2-3,4	53	72	16,2	81	3,3	0,72	0,0018
3,4-3,6	50	72	15,3	77	3,5	0,68	0,0018
3,6-3,8	54	72	16,6	83	3,7	0,64	0,0015
3,8-4,0	55	78	15,6	78	3,9	0,60	0,0015
4,0-4,2	45	78	12,7	64	4,1	0,56	0,0018
4,2-4,4	47	78	13,3	67	4,3	0,52	0,0016
4,4-4,6	43	78	12,2	61	4,5	0,49	0,0016
4,6-4,8	45	78	12,7	64	4,7	0,45	0,0014
4,8-5,0	42	84	11,0	55	4,9	0,41	0,0015
5,0-5,2	40	84	10,5	53	5,1	0,37	0,0014
5,2-5,4	44	84	11,6	58	5,3	0,33	0,0011
5,4-5,6	38	84	10,0	50	5,5	0,29	0,0012
5,6-5,8	41	84	10,8	54	5,7	0,25	0,0009
5,8-6,0	39	90	9,6	48	5,9	0,22	0,0009
6,0-6,2	20	90	4,9	25	6,1	0,18	0,0014
6,2-6,4	21	90	5,2	26	6,3	0,14	0,0011
6,4-6,6	22	90	5,4	27	6,5	0,10	0,0007
6,6-6,8	25	90	6,1	31	6,7	0,06	0,0004
6,8-7,0	24	96	5,5	28	6,9	0,02	0,0002
						Σ	0,031

O ensaio é bem simples, consistindo na cravação da ponteira cônica no solo, a partir de golpes do martelo, com a contagem do número de golpes para se avançar uma determinada espessura, que normalmente é de 20 cm. A Fig. 3.21 mostra o equipamento.

Solução:

A Tab. 3.7 apresenta, além dos números de golpes para intervalos de 20 cm, a marcha de cálculos para a obtenção de $I_{zi} \cdot \Delta z_i / E_i$ do método de Schmertmann, Hartman e Brown (1978). Os módulos de elasticidade ao longo da profundidade podem ser obtidos, neste caso, a partir dos valores de q_d, que são as resistências de ponta do cone, calculadas com base em fórmula dinâmica:

$$q_d = \frac{M^2 \cdot g \cdot h \cdot N_{pdm}}{(M + M1 + M2)s \cdot A}$$

em que M é a massa do martelo, M1 é a massa da cabeça de bater somada à massa da ponteira cônica, M2 é a massa da composição de hastes, s é o avanço da ponteira, A é a área da seção transversal da ponteira, g é a aceleração da gravidade, h é a altura de queda e N_{pdm} é o número de golpes do PDM.

O somatório das massas, que consta na terceira coluna da Tab. 3.7, varia com a profundidade, pois com o decorrer do ensaio vão sendo acopladas hastes adicionais, com o aumento da massa M2. Como o ensaio começa na superfície, ocorre inicialmente um avanço de 80 cm de uma haste com 1 m de comprimento, então se acopla a primeira haste adicional (1 m) e, com isso, aos 80 cm de profundidade tem-se que a massa M2 passa de 6 kg para 12 kg e vai aumentando gradativamente com as adições de novas hastes.

É relevante partir da superfície com o PDM, principalmente para areias, pois a escavação da cava de fundação, com a posterior execução do ensaio, pode revelar valores baixos de números de golpes, haja vista a sensível redução de resistência das areias em face do desconfinamento.

Considerando $q_d = q_c$ e $\alpha = 5$, são calculados os módulos de elasticidade para os intervalos de 20 cm do ensaio. Os valores de I_{zi} são obtidos com as mesmas equações usadas em exercícios anteriores. I_{zp}, C_1 e C_2 são respectivamente: 0,73; 0,93 e 1,34. Com isso, o recalque é:

$$\rho_f = q' \cdot C_1 \cdot C_2 \sum_{i=1}^{n} \frac{I_{zi} \cdot \Delta z_i}{E_i} = 0{,}262 \times 0{,}93 \times 1{,}34 \times 0{,}031 = 0{,}01 \text{ m} = 1 \text{ cm}$$

Como o recalque previsto é inferior ao admissível, não é necessária a revisão do projeto.

Exercício 3.8

Um aterro arenoso com 2 m de espessura ($\gamma_t = 20$ kN/m³) e grandes dimensões em planta será lançado sobre a argila mole mostrada na Fig. 3.22, com perfil traçado a partir de boletins de sondagens SPT e CPTU (piezocone). No gráfico do piezocone, consta o valor médio da resistência de ponta corrigida (q_t),

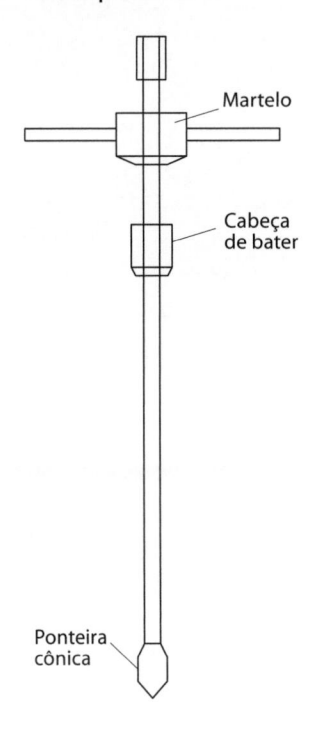

Fig. 3.21 Equipamento para ensaio de PDM

obtido com base em dez furos executados na área destinada ao aterro. Os valores de umidade, limite de liquidez e limite de plasticidade foram obtidos com amostras de sondagens SPT, para cada nível de cravação do amostrador-padrão. Estes são também valores médios resultantes de toda a campanha de sondagens SPT.

Com base nas informações disponíveis:

a) Estime o recalque primário da camada de argila, desconsiderando o efeito de submersão do aterro no valor do acréscimo de tensão.

b) Estime o recalque primário da camada de argila, considerando o efeito de submersão do aterro no valor do acréscimo de tensão.

c) Especifique a espessura necessária de aterro para que, após o recalque primário, sua superfície fique à cota +2 m.

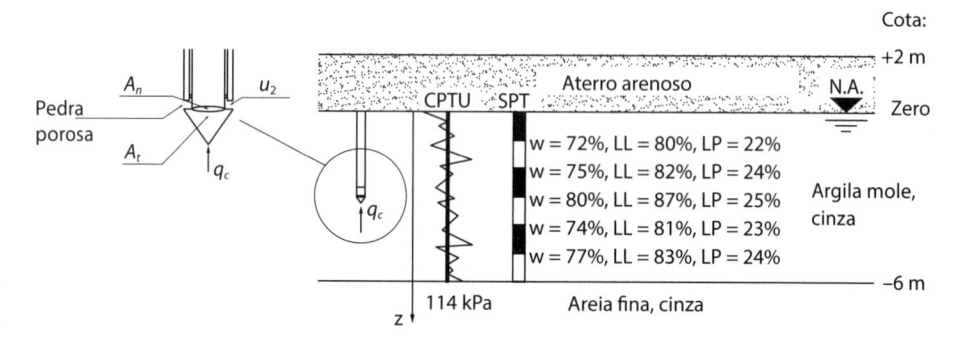

Fig. 3.22 Aterro que será lançado e perfil geotécnico

Solução:

a) Para a previsão do recalque primário solicitado, são pertinentes as seguintes informações:
- a tensão efetiva média inicial da camada de argila mole;
- a espessura inicial da camada, $H_i = 6$ m;
- o índice de vazios inicial da argila mole;
- o acréscimo de tensão;
- os parâmetros de compressibilidade da argila mole.

Para o cálculo da tensão efetiva média inicial da camada de argila mole, é necessário seu peso específico saturado. Com isso, o índice de vazios inicial também é calculado, com o seguinte procedimento:

$$e_i = \frac{G_s \cdot w}{S} = \frac{2{,}65 \times 0{,}756}{1} = 2$$

$$\gamma_{sat} = \frac{\gamma_s + e \cdot \gamma_w}{1+e} = \frac{26{,}5 + 2 \times 10}{1+2} = 15{,}5 \text{ kN/m}^3$$

A densidade real dos grãos foi arbitrada, como foi feito no Exercício 1.2. O valor da umidade é a média dos valores apresentados no perfil de umidades (Fig. 3.22).

Assim, a tensão efetiva média inicial da camada é:

$$\sigma'_i = 3(15{,}5 - 10) = 16{,}5 \text{ kPa}$$

O acréscimo de tensão para uma carga com grandes dimensões em planta é a própria carga q aplicada, que é a espessura (h) do aterro multiplicada pelo seu peso específico total:

$$\Delta\sigma = q = h \cdot \chi = 2 \times 20 = 40 \text{ kPa}$$

Para a obtenção dos parâmetros de compressibilidade, são usadas as informações dos dois tipos de sondagens executadas. Para a estimativa da tensão de sobreadensamento, tem-se a seguinte correlação empírica de Chen e Mayne (1996 apud Schnaid; Odebrecht, 2012):

$$\sigma'_p = 0{,}305(q_t - \sigma)$$

O valor médio de q_t, de acordo com o gráfico da Fig. 3.22, é igual a 114 kPa. Os valores dessa resistência de ponta, com a denominação q_t, são calculados a partir de medições de q_c com o avanço contínuo (velocidade de 20 mm/s) da ponteira cônica do ensaio de CPTU. Uma célula de carga interna é usada para tais medições. Além das medições de q_c, são feitas medições de atrito lateral (f_s) e das poropressões (u_2) geradas com a solicitação. Os valores de u_2 são obtidos por intermédio de uma pedra porosa saturada, localizada na base do cone. A poropressão no solo solicita a água ou óleo (de silicone ou de glicerina ou mineral) existente nos poros da pedra porosa e, assim, é possível a medição de u_2, que atua na área anelar descrita na Fig. 3.22 ($A_t - A_n$). Com isso, a tensão que atua para romper o solo é:

$$q_t \cdot A_t = q_c \cdot A_t + u_2(A_t - A_n) \therefore q_t = q_c + u_2\left(1 - \frac{A_n}{A_t}\right)$$

Voltando ao cálculo da tensão de sobreadensamento, vem:

$$\sigma'_p = 0{,}305(114 - 3 \times 15{,}5) = 20{,}59 \text{ kPa}$$

Como $\sigma_p' > \sigma_i'$, o solo é considerado sobreadensado, com uma razão de sobreadensamento de 1,25. Esse leve sobreadensamento também é indicado pelos valores de umidade e limite de liquidez resultantes dos ensaios de laboratório com as amostras amolgadas do SPT. Com a umidade ligeiramente abaixo do LL, é provável um leve sobreadensamento.

O índice de compressão pode ser estimado com base na correlação empírica de Terzaghi e Peck (1948), a partir do valor médio de LL:

$$C_c = 0{,}009(LL - 10) = 0{,}009(82{,}6 - 10) = 0{,}65$$

Considerando que o índice de recompressão é tipicamente 15% de C_c, tem-se $C_r = 0{,}1$.

Com todas as informações pertinentes para o cálculo do recalque primário, e sabendo que a tensão efetiva final (56,5 kPa) é superior à tensão de sobreadensamento (20,59 kPa), é imperativo o uso da equação completa para ρ:

$$\rho = \frac{H_i}{1+e_i}\left[C_r \cdot \log\left(\frac{\sigma'_p}{\sigma'_i}\right) + C_c \cdot \log\left(\frac{\sigma'_i + \Delta\sigma}{\sigma'_p}\right)\right]$$

$$= \frac{6}{1+2}\left[0{,}1 \cdot \log\left(\frac{20{,}59}{16{,}5}\right) + 0{,}65 \cdot \log\left(\frac{56{,}5}{20{,}59}\right)\right] = 0{,}59 \text{ m} = 59 \text{ cm}$$

Nota-se que os números de golpes das sondagens SPT não foram fornecidos neste exercício, pois o ensaio à percussão não tem sensibilidade para a obtenção de parâmetros de solos moles ou muito moles. Entretanto, as amostras coletadas e caracterizadas são amplamente usadas para estimativas empíricas, principalmente aquelas referentes ao índice de compressão da reta virgem. Contudo, uma investigação dos parâmetros de compressibilidade com ensaios de adensamento seria uma postura mais adequada para o projeto, contanto que as amostras ditas "indeformadas" sejam de boa qualidade.

b) Ao passo que evolui o recalque primário da camada de argila mole, ocorre submersão do solo que compõe o aterro e, com isso, há uma redução da tensão transmitida (q). A espessura que submerge tem justamente o valor do recalque, assim: $q = (h - \rho)\gamma_t + \rho \cdot \gamma_{sub}$. Dessa forma, a equação para a previsão de ρ fica com a incógnita antes e após a igualdade:

$$\rho = \frac{H_i}{1+e_i}\left[C_r \cdot \log\left(\frac{\sigma'_p}{\sigma'_i}\right) + C_c \cdot \log\left(\frac{\sigma'_i + (h-\rho)\gamma_t + \rho \cdot \gamma_{sub}}{\sigma'_p}\right)\right]$$

Com essa configuração, o recalque tem que ser calculado com um processo iterativo, ou seja, arbitra-se um valor inicial de ρ para o lado direito da equação e obtém-se o recalque correspondente (lado esquerdo da equação). Este último recalque deve ser lançado no lado direito da equação e novamente deve ser comparado o valor arbitrado com o valor calculado. Uma convergência entre ambos, com a precisão escolhida, determina o fim do processo de cálculo.

Usando um peso específico submerso de 11 kN/m³ e o recalque calculado no item a, tem-se:

$$\rho = \frac{6}{1+2}\left[0,1 \cdot \log\left(\frac{20,59}{16,5}\right) + 0,65 \cdot \log\left(\frac{16,5 + (2-0,59)20 + 0,59 \times 11}{20,59}\right)\right] = 0,53 \text{ m}$$

Usando o recalque calculado, como arbitrado, tem-se a primeira iteração:

$$\rho = \frac{6}{1+2}\left[0,1 \cdot \log\left(\frac{20,59}{16,5}\right) + 0,65 \cdot \log\left(\frac{16,5 + (2-0,53)20 + 0,53 \times 11}{20,59}\right)\right] = 0,54 \text{ m}$$

Com a segunda iteração, vem o seguinte resultado:

$$\rho = \frac{6}{1+2}\left[0,1 \cdot \log\left(\frac{20,59}{16,5}\right) + 0,65 \cdot \log\left(\frac{16,5 + (2-0,54)20 + 0,54 \times 11}{20,59}\right)\right] = 0,54 \text{ m}$$

Assim, com apenas duas iterações ocorre convergência com arredondamento na segunda casa decimal.

c) É prática usual a definição de uma cota de superfície para um determinado aterro, visando principalmente a um adequado sistema de drenagem pluvial. Neste caso, é necessária a especificação de um aterro com uma altura h que compense o recalque. Com a cota final +2 m, a altura necessária de aterro é 2 m + ρ, que gera o seguinte recalque:

$$\rho = \frac{H_i}{1+e_i}\left[C_r \cdot \log\left(\frac{\sigma'_p}{\sigma'_i}\right) + C_c \cdot \log\left(\frac{\sigma'_i + 2\cdot\gamma_t + \rho\cdot\gamma_{sub}}{\sigma'_p}\right)\right]$$

Novamente, o processo iterativo deve ser aplicado, arbitrando-se inicialmente o recalque estimado no item a:

$$\rho = \frac{6}{1+2}\left[0,1\cdot\log\left(\frac{20,59}{16,5}\right) + 0,65\cdot\log\left(\frac{16,5 + 2\times 20 + 0,59\times 11}{20,59}\right)\right] = 0,65 \text{ m}$$

$$\rho = \frac{6}{1+2}\left[0,1\cdot\log\left(\frac{20,59}{16,5}\right) + 0,65\cdot\log\left(\frac{16,5 + 2\times 20 + 0,65\times 11}{20,59}\right)\right] = 0,66 \text{ m}$$

$$\rho = \frac{6}{1+2}\left[0,1\cdot\log\left(\frac{20,59}{16,5}\right) + 0,65\cdot\log\left(\frac{16,5 + 2\times 20 + 0,66\times 11}{20,59}\right)\right] = 0,66 \text{ m}$$

Com duas iterações, o recalque atinge os 66 cm e o aterro deve ser especificado com 2,66 m.

4 | Fluxo em meios porosos e capilaridade

A Fig. 4.1 mostra um problema clássico da Mecânica dos Solos, que envolve uma análise de estabilidade de um talude de jusante de uma barragem de terra homogênea. As linhas de fluxo apresentadas retratam a trajetória da água que percola através dos poros do solo, em uma configuração bidimensional. O arco de circunferência é referente a uma análise de estabilidade com modelo de ruptura circular, que envolve uma possível zona de movimentação dividida em fatias. Nas bases submersas das fatias, de 2 a 7, têm-se poropressões positivas que influenciam as tensões efetivas e consequentemente as resistências ao cisalhamento usadas na análise de estabilidade. Dessa forma, é fundamental a estimativa de tais poropressões em uma situação de fluxo.

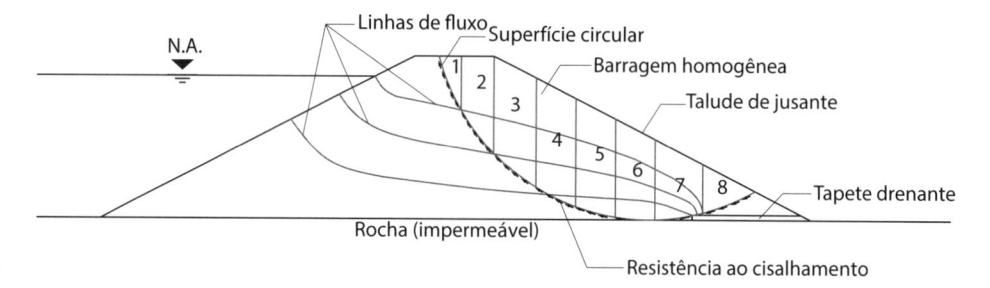

Fig. 4.1 Esquema de fluxo em barragem de terra

De forma geral, para as estimativas das poropressões são necessárias as cargas piezométricas nos pontos de interesse. As cargas piezométricas são obtidas com o conhecimento das cargas total e de elevação, que são apresentadas no primeiro exercício deste capítulo, em situação de fluxo unidimensional. Em exercícios posteriores, conceitos relativos a fluxos bidimensionais são abordados, para cálculos de cargas hidráulicas e de poropressões.

Além das poropressões, uma análise de fluxo visa também à previsão da vazão, que é o volume de fluido que atravessa o meio físico em um determinado intervalo de tempo. A vazão é usada para dimensionamento de um sistema de drenagem adequado, em diversas situações de projeto. A lei de Darcy, de 1856, abordada no segundo exercício, é a base para esse cálculo de vazão.

Para ilustrar a importância da previsão da vazão, no quarto exercício é descrita uma sequência de procedimentos para dimensionamento de um

61

Fluxos em meios porosos e capilaridade

sistema de ponteiras filtrantes, necessário para um rebaixamento temporário de aquífero. Na literatura geotécnica clássica, raramente são abordados fluxos que não envolvam a percolação de água, todavia, no quinto exercício deste capítulo é descrito um problema associado a fluxo de óleo, com algumas terminologias tipicamente usadas na engenharia de petróleo.

Além de poropressões e vazões, com o estudo de fluxo tem-se a base para o desenvolvimento teórico associado ao próximo capítulo, que trabalha com a evolução dos recalques com o tempo, a partir da teoria do adensamento unidimensional de Terzaghi, que envolve fluxo em meio saturado. Essa evolução dos recalques com o tempo é fundamental para previsões comportamentais de argilas moles ou muito moles saturadas, solicitadas por aterros, por exemplo.

Este capítulo tem dois exercícios finais que analisam a questão da ascensão capilar (situação hidrostática) e uma situação de fluxo em meio parcialmente saturado.

Exercício 4.1

Nas Figs. 4.2 e 4.3 têm-se situações de fluxo unidimensional em aparatos com níveis de água constantes. Esses aparatos são chamados de permeâmetros e são usados para a obtenção do coeficiente de permeabilidade de um determinado solo no laboratório. Tal coeficiente será apresentado em exercícios posteriores.

Com base nas informações, apresente um quadro com as cargas de elevação, as cargas de pressão e as cargas totais para os pontos A, B, C e D. Apresente

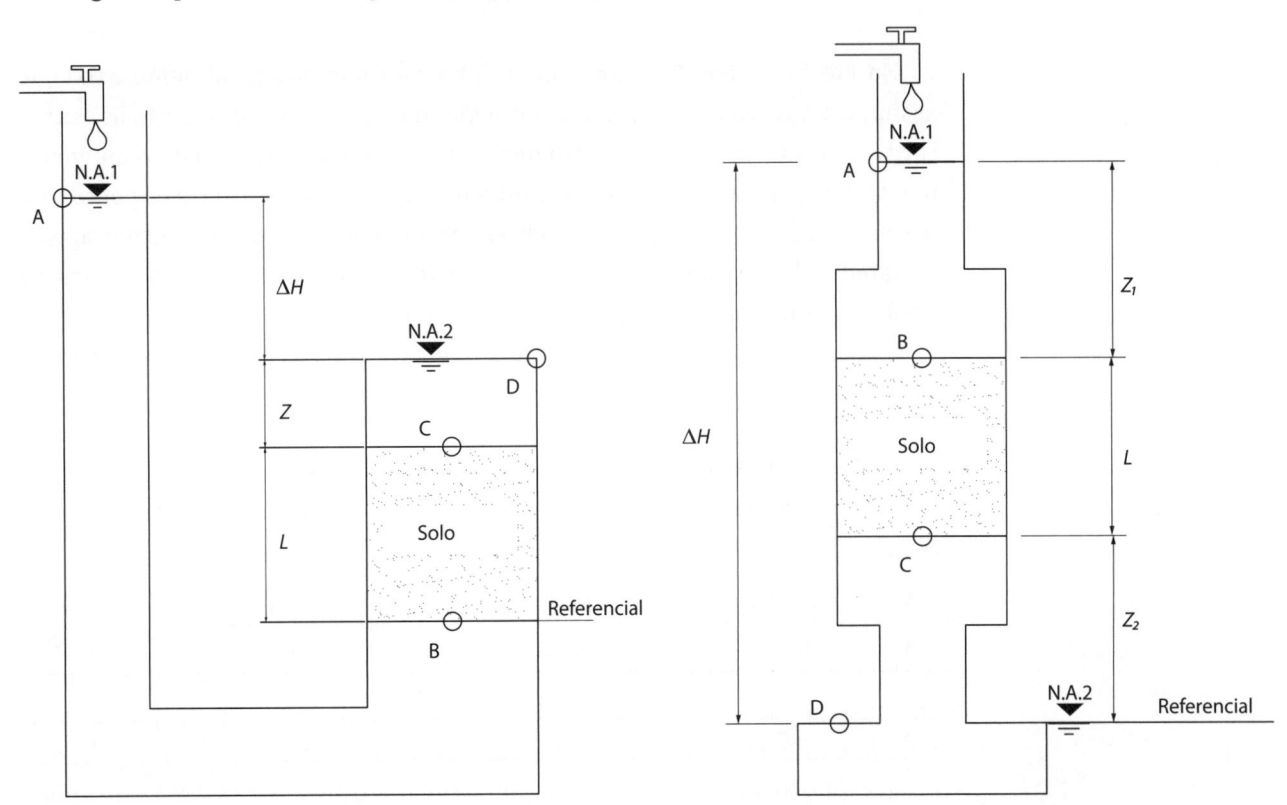

Fig. 4.2 Permeâmetro de carga constante com fluxo ascendente no solo

Fig. 4.3 Permeâmetro de carga constante com fluxo descendente no solo

também duas equações para as tensões efetivas atuantes nos níveis dos planos que passam por B (Fig. 4.2) e C (Fig. 4.3).

Solução:

A primeira informação fundamental para esta análise é que o fluxo só ocorre se houver diferença (ΔH) de cargas totais entre dois pontos, sendo que o fluxo acontece do ponto de maior carga total para o ponto de menor carga total. A carga total (h) é definida pela soma de três parcelas:

- Carga de elevação ou potencial (h_e), referente à energia potencial existente em um determinado ponto. Trata-se da distância vertical entre o ponto analisado e um referencial qualquer.
- Carga de pressão ou piezométrica (h_p), correspondente à energia piezométrica de um determinado ponto. É a altura com a qual o fluido se eleva em um piezômetro, ou simplesmente a relação entre a pressão interna (u) e o peso específico do fluido (γ_f).
- Carga de velocidade ou cinética (h_v), relativa à energia cinética. Seu valor é obtido dividindo-se o quadrado da velocidade (v) por duas vezes a aceleração da gravidade (g).

Tomando como fluido a água, tem-se a seguinte equação:

$$h = h_e + h_p + h_v = h_e + \frac{u}{\gamma_w} + \frac{v^2}{2g}$$

Na Mecânica dos Solos, as velocidades de fluxo são geralmente baixas e, assim, a carga de velocidade é usualmente negligenciada em relação às outras cargas hidráulicas. Outro aspecto que pode ser negligenciado, para o preenchimento dos quadros de cargas, é a ínfima perda de carga total entre os pontos A e B e entre os pontos C e D, zonas onde existe apenas atrito viscoso entre a água e as paredes das tubulações. Perante as perdas que ocorrem através dos solos, as perdas em intervalos de tubulações são desprezíveis.

Passando o plano referencial pelos pontos B e D, respectivamente para as Figs. 4.2 e 4.3, tem-se a Tab. 4.1.

Tab. 4.1 Cargas hidráulicas para as situações das Figs. 4.2 e 4.3

	Fluxo ascendente				Fluxo descendente		
Ponto	h_e	h_p	h	Ponto	h_e	h_p	h
A	L + Z + ΔH	0	L + Z + ΔH	A	$Z_1 + L + Z_2$	0	$Z_1 + L + Z_2$
B	0	L + Z + ΔH	L + Z + ΔH	B	$L + Z_2$	Z_1	$Z_1 + L + Z_2$
C	L	Z	L + Z	C	Z_2	$-Z_2$	0
D	L + Z	0	L + Z	D	0	0	0

A tensão efetiva no plano que passa pelo ponto B da Fig. 4.2, com fluxo ascendente, é:

$$\sigma' = \sigma - u = Z \cdot \gamma_w + L \cdot \gamma_{sat} - h_p \cdot \gamma_w = Z \cdot \gamma_w + L \cdot \gamma_{sat} - (L + Z + \Delta H)\gamma_w$$
$$= L(\gamma_{sat} - \gamma_w) - \Delta H \cdot \gamma_w$$

Se não houvesse fluxo, com diferença de carga total nula, a tensão efetiva em B seria:

$$\sigma' = L(\gamma_{sat} - \gamma_w) = L \cdot \gamma_{sub}$$

A perda de carga total no fluxo ascendente promove redução da tensão efetiva em relação à condição hidrostática (água parada). Fisicamente, essa redução de tensão efetiva ocorre em virtude do atrito viscoso entre a água que percola e os sólidos, o que provoca uma tendência de afastamento de partículas, com redução de tensão entre grãos, que se traduz em redução de σ'.

Eventualmente pode ocorrer $\sigma' = 0$, como foi visto no Exercício 1.4. Essa condição de tensão efetiva nula, em areia, gera o chamado fenômeno de areia movediça, onde o solo se comporta como um líquido, pois, não havendo tensão entre sólidos, não há resistência ao cisalhamento. Igualando a zero a equação referente ao fluxo unidimensional ascendente, tem-se:

$$\sigma' = L \cdot \gamma_{sub} - \Delta H \cdot \gamma_w = 0 \therefore \frac{\Delta H}{L} = \frac{\gamma_{sub}}{\gamma_w} \therefore i = \frac{\gamma_{sub}}{\gamma_w}$$

O símbolo i é chamado de gradiente hidráulico, razão entre ΔH e L. Nesse caso particular de areia movediça, com o gradiente se igualando à razão entre o peso específico submerso e o peso específico da água, i se converte em gradiente hidráulico crítico. Em uma análise de fluxo ascendente, é usual o cálculo de um fator de segurança com relação ao fenômeno de areia movediça, comparando-se o gradiente crítico com o gradiente existente:

$$FS = \frac{i_{crítico}}{i}$$

No permeâmetro da Fig. 4.2, por exemplo, se $i = 0{,}5$ e $\gamma_{sat} = 20$ kN/m³, têm-se um gradiente crítico igual a 1 e um FS = 2. Um fator de segurança adequado com relação ao fenômeno de areia movediça é fundamental para evitar um grave problema em obras geotécnicas, a chamada erosão regressiva (*piping*).

Para o fluxo descendente da Fig. 4.3, a tensão efetiva no plano que passa por C é:

$$\sigma' = \sigma - u = Z_1 \cdot \gamma_w + L \cdot \gamma_{sat} - h_p \cdot \gamma_w = Z_1 \cdot \gamma_w + L \cdot \gamma_{sat} + Z_2 \cdot \gamma_w$$
$$= L \cdot \gamma_{sat} + (Z_1 + Z_2)\gamma_w = L \cdot \gamma_{sat} + (\Delta H - L)\gamma_w$$
$$\sigma' = L \cdot \gamma_{sub} + \Delta H \cdot \gamma_w$$

Nota-se que, com o fluxo descendente, o termo $\Delta H \cdot \gamma_w$ é somado à tensão efetiva correspondente à condição hidrostática. Fisicamente, o atrito viscoso promove uma aproximação de partículas, aumentando a tensão entre grãos, o que gera uma tendência de deformação do solo com redução do índice de vazios. Esse efeito pode ser verificado a partir de um teste simples: basta lançar água sobre um solo arenoso e observar a movimentação dos sólidos, que são carreados, compactando-se o solo. Em compactações de areias, são comuns o lançamento de água e o uso de placa vibratória.

Exercício 4.2

Considere o permeâmetro da Fig. 4.2, com uma torneira lançando água no nível do ponto A e com água saindo por uma torneira ligada ao aparato, no nível do ponto D. Com isso, os dois níveis permanecem constantes e é possível medir a vazão (Fig. 4.4).

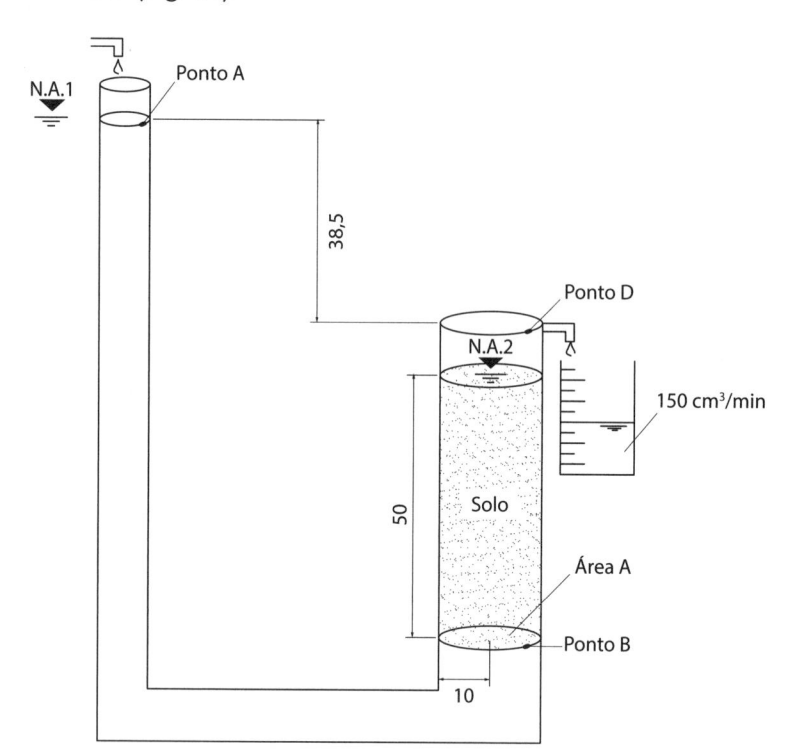

Fig. 4.4 Permeâmetro de carga constante (dimensões em cm)

Com base nos dados mostrados na figura, calcule o coeficiente de permeabilidade para o solo ensaiado.

Solução:

Darcy verificou experimentalmente, em 1856, que a vazão é diretamente proporcional à diferença de carga total (ΔH), diretamente proporcional à área (A) do corpo de prova e inversamente proporcional ao comprimento (L). Definindo um coeficiente k, ficou estabelecida a famosa lei de Darcy:

$$Q \approx \frac{\Delta H}{L} \cdot A \therefore Q = k \cdot \frac{\Delta H}{L} \cdot A = k \cdot i \cdot A$$

Na Mecânica dos Solos, k é conhecido como coeficiente de permeabilidade ou condutividade hidráulica do solo. Esse coeficiente representa a influência do tipo de solo nos valores da vazão e da velocidade de entrada ou saída da água em uma seção de solo com área A. Como a vazão é o volume de água para um dado intervalo de tempo, é também a velocidade multiplicada pela área e, assim, segundo a lei de Darcy, a velocidade equivale a $k \cdot i$.

As proporcionalidades notadas por Darcy são válidas para fluxo laminar, que é uma condição muito frequente na Mecânica dos Solos.

Com os dados do exercício e a lei de Darcy, tem-se o seguinte coeficiente de permeabilidade para o solo ensaiado:

$$Q = k \cdot i \cdot A \therefore k = \frac{Q}{i \cdot A} = \frac{2{,}5 \text{ cm}^3/\text{s}}{\frac{38{,}5}{50} \cdot \pi \cdot 10^2} = 10^{-2} \text{ cm/s} = 10^{-4} \text{ m/s}$$

Sousa Pinto (2006) apresenta alguns valores típicos de coeficientes de permeabilidade (Tab. 4.2). Essa tabela evidencia a influência da granulometria no valor de k. É possível inferir que, com o aumento das dimensões das partículas, ocorre uma redução da superfície específica (razão entre a área superficial dos sólidos e um determinado volume ou massa de solo), com uma redução do efeito do atrito viscoso e uma maior facilidade de percolação, ou seja, com um aumento da permeabilidade. A equação empírica de Hazen, de 1892, exclusiva para areias, também indica a influência do diâmetro das partículas no valor de k:

$$k = C_H \cdot d_{10}^2$$

O valor de d_{10} deve ser extraído da curva granulométrica (Fig. 4.5) e entrar em centímetros na equação de Hazen. O coeficiente empírico C_H varia tipicamente entre 50 e 200, com o coeficiente de permeabilidade ficando em cm/s.

Outros fatores influenciam o coeficiente de permeabilidade. A equação de Taylor, de 1948, é útil para a análise desses fatores:

$$k = C \cdot D^2 \cdot \frac{e^3}{1+e} \cdot \frac{\gamma_f}{\mu_f}$$

em que D é o diâmetro de uma esfera equivalente ao sólido, e é o índice de vazios, C é o coeficiente de tortuosidade, γ_f é o peso específico do fluido e μ_f é a viscosidade do fluido. Dessa forma, uma parte da equação tem relação intrínseca com a geometria do meio poroso, recebendo tipicamente o símbolo k' (permeabilidade efetiva):

$$k = k' \cdot \frac{\gamma_f}{\mu_f}$$

A parcela γ_f/μ_f, relativa ao fluido que percola, varia com o tipo de fluido e com a temperatura.

Tab. 4.2 Valores típicos de permeabilidade

Solo	k (m/s)
Argilas	$< 10^{-9}$
Siltes	10^{-6} a 10^{-9}
Areias argilosas	10^{-7}
Areias finas	10^{-5}
Areias médias	10^{-4}
Areias grossas	10^{-3}

Fonte: Sousa Pinto (2006).

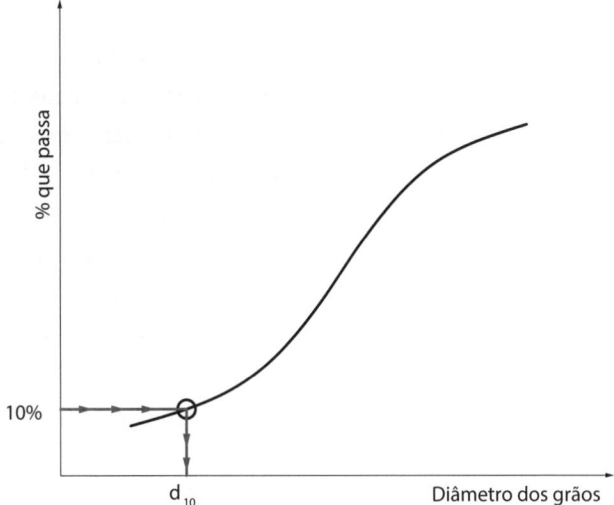

Fig. 4.5 Obtenção de d_{10} a partir da curva granulométrica

Com relação à influência do meio poroso, o quadrado do diâmetro corrobora a equação de Hazen, reforçando a influência da granulometria no valor de k. O índice de vazios tem evidente influência, que pode ser observada com a compactação de um determinado solo, que promove redução das dimensões dos poros, aumento de atrito viscoso e uma consequente redução da permeabilidade.

O coeficiente de tortuosidade funciona ajustando a equação, tendo em vista que Taylor adota um modelo simplificado de fluxo em um canal cilíndrico regular. A irregularidade (Fig. 4.6) dos canalículos formados pelos poros interligados tem influência na anisotropia de permeabilidade frequentemente encontrada nos solos e também na diferença de permeabilidade entre dois solos de mesma granulometria, com iguais índices de vazios, mas com diferentes microestruturas.

A equação de Taylor não é apropriada para a análise de coeficientes de permeabilidade de solos que contenham argilominerais, uma vez que não contempla a presença de uma dupla camada difusa, fortemente aderida ao sólido, a chamada água adsorvida. A água adsorvida é atraída por um desbalanceamento elétrico do argilomineral, não participando do fluxo e, assim, influenciando seu coeficiente de permeabilidade. Considerando dois argilominerais com iguais características de dimensões de partículas, de índices de vazios, de microestruturas e de temperaturas, no entanto com diferentes íons adsorvidos juntamente com a água, eles terão diferentes dimensões para a dupla camada difusa e consequentemente terão diferentes valores de k.

Finalizando este exercício, é pertinente comentar que, além do ensaio usado como base, existe um ensaio clássico de laboratório com permeâmetro de carga variável. No campo, tem-se a possibilidade de ensaio de bombeamento e ensaio com permeâmetro de Guelph, entre outros.

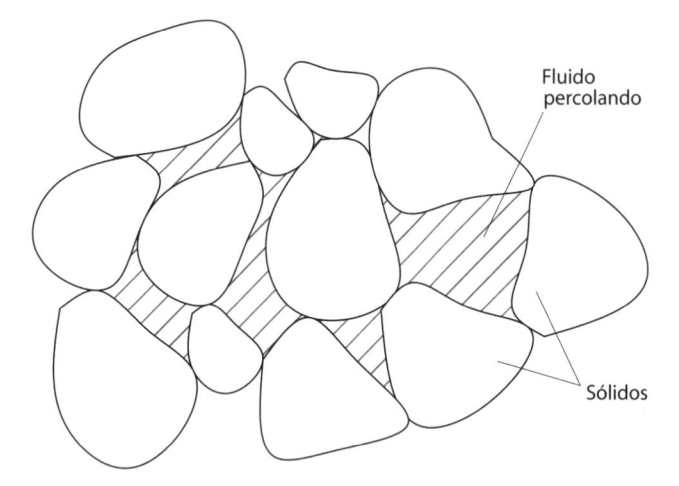

Fig. 4.6 Seção transversal de um meio poroso com suas irregularidades

Exercício 4.3

Apresenta-se na Fig. 4.7 o permeâmetro descrito na Fig. 4.4, todavia com dois solos com diferentes permeabilidades, retratando de maneira simplificada um fluxo em meio heterogêneo com os solos em série.

Com base nas informações dessa figura, calcule:

a) A carga de pressão no ponto C.
b) O coeficiente de permeabilidade k_1.
c) A tensão efetiva no plano que passa pelo ponto C, adotando $\gamma_{sat} = 20$ kN/m³ para a areia 2.
d) O coeficiente de permeabilidade equivalente do meio heterogêneo.

Trace também equipotenciais com livre arbítrio para Δh.

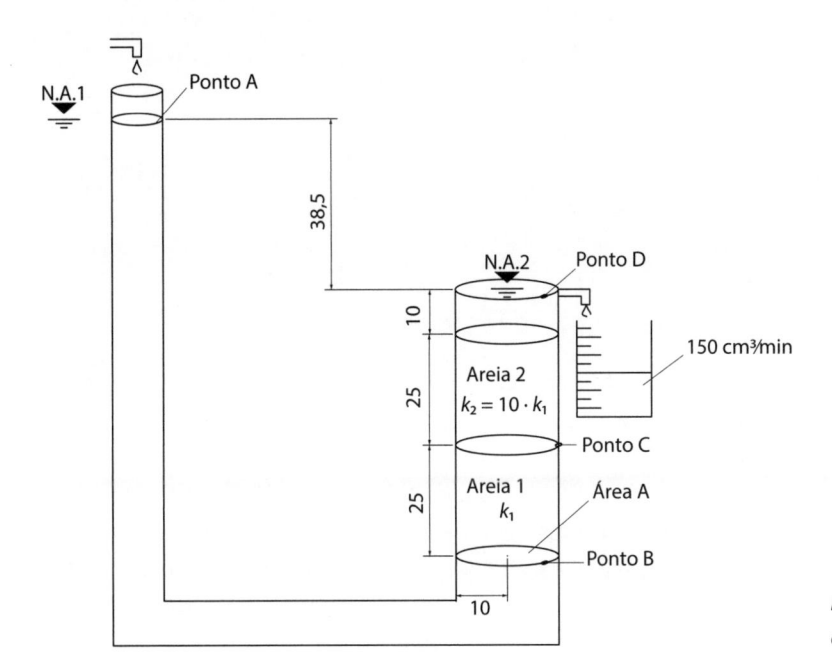

Fig. 4.7 Permeâmetro com dois solos diferentes (dimensões em cm)

Solução:

a) Passando um referencial pelo ponto B, tem-se uma carga total de 98,5 cm em B. Entre os pontos B e C ocorre perda de carga total (Δh_1), com h_C = 98,5 − Δh_1. Com as cargas total e de elevação (25 cm), é possível o cálculo da carga de pressão em C. Portanto, a principal incógnita é Δh_1.

Aplicando o princípio da continuidade do fluxo, em que a vazão no solo 1 é igual à vazão no solo 2, tem-se uma equação que relaciona Δh_1 com Δh_2:

$$k_1 \cdot \frac{\Delta h_1}{L_1} \cdot A_1 = k_2 \cdot \frac{\Delta h_2}{L_2} \cdot A_2 \therefore \Delta h_2 = \frac{k_1}{k_2} \cdot \Delta h_1 = \frac{\Delta h_1}{10}$$

Sabendo que a soma das perdas de carga é 38,5 cm, tem-se:

$$\Delta h_1 + \Delta h_2 = 38,5 \text{ cm} \therefore \Delta h_1 + \frac{\Delta h_1}{10} = 38,5 \text{ cm} \therefore \Delta h_1 = \frac{10}{11} \times 38,5 \text{ cm} = 35 \text{ cm}$$

Dessa forma, h_C = 98,5 − 35 = 63,5 cm, e a carga de pressão é: 63,5 − 25 = 38,5 cm. Então, se um piezômetro fosse instalado no ponto C, uma coluna d'água com 38,5 cm se elevaria.

b) Pelo princípio da continuidade do fluxo:

$$Q = Q_1 = Q_2 \therefore k_1 \cdot \frac{\Delta h_1}{L_1} \cdot A_1 = 2,5 \text{ cm}^3/\text{s} \therefore k_1 = 2,5 \times \frac{25}{35 \cdot \pi \cdot 10^2} = 5,7 \times 10^{-3} \text{ cm/s}$$

c) Tensão efetiva no plano que passa pelo ponto C:

$$\sigma' = \sigma - u = 0,1 \cdot \gamma_w + 0,25 \cdot \gamma_{sat} - 0,385 \cdot \gamma_w = 0,1 \times 10 + 0,25 \times 20 - 0,385 \times 10 = 2,15 \text{ kPa}$$

d) Para a obtenção do coeficiente de permeabilidade equivalente (k_{eq}), deve-se usar novamente o princípio da continuidade do fluxo:

$$Q = Q_1 = Q_2 = k_{eq} \cdot \frac{(\Delta h_1 + \Delta h_2)}{(L_1 + L_2)} \cdot A \therefore k_{eq} = Q \cdot \frac{(L_1 + L_2)}{(\Delta h_1 + \Delta h_2)A}$$

$$Q = Q_1 = k_1 \cdot \frac{\Delta h_1}{L_1} \cdot A \therefore \Delta h_1 = \frac{Q \cdot L_1}{k_1 \cdot A}$$

$$Q = Q_2 = k_2 \cdot \frac{\Delta h_2}{L_2} \cdot A \therefore \Delta h_2 = \frac{Q \cdot L_2}{k_2 \cdot A}$$

$$k_{eq} = \frac{(L_1 + L_2)}{\left(\frac{L_1}{k_1} + \frac{L_2}{k_2}\right)} = \frac{50}{\left(\frac{25}{5{,}7 \times 10^{-3}} + \frac{25}{5{,}7 \times 10^{-2}}\right)} = 10^{-2} \text{ cm/s}$$

Finalmente, o exercício solicita um traçado de equipotenciais, no qual pode ser arbitrada a perda de carga entre equipotenciais. De acordo com os cálculos anteriores, é sugestivo o uso de $\Delta h = 3{,}5$ cm. Sabendo que as linhas equipotenciais representam o lugar geométrico de pontos com iguais cargas totais, é possível estabelecer o desenho mostrado na Fig. 4.8.

Essa figura ilustra claramente a influência das permeabilidades no fluxo através das areias 1 e 2. Mantendo uma perda de carga de 3,5 cm entre equipotenciais, para a areia 1 são necessários dez intervalos de 2,5 cm para atingir-se $\Delta h_1 = 35$ cm, ao passo que para a areia 2 é necessário um intervalo de 25 cm para atingir-se $\Delta h_2 = 3{,}5$ cm. Tal diferença revela uma dificuldade maior de fluxo através da areia 1, tendo em vista que $\Delta h = 3{,}5$ cm ocorre em um décimo do intervalo com o qual o mesmo valor é desenvolvido ao longo da areia 2.

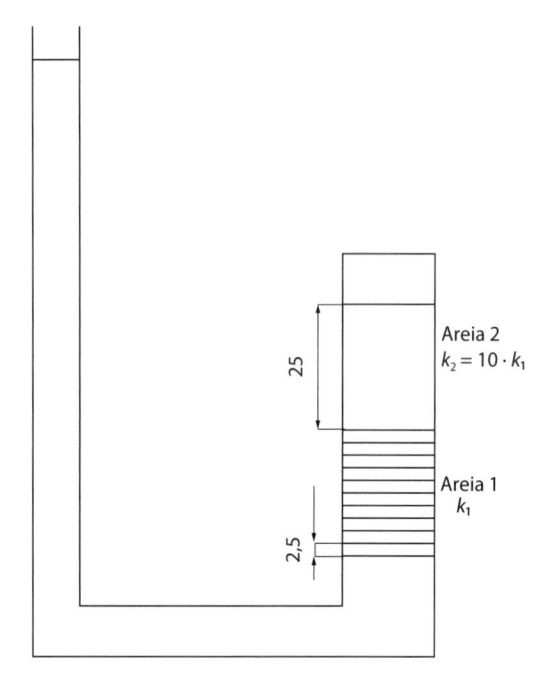

Fig. 4.8 Equipotenciais para as areias 1 e 2

Exercício 4.4

Uma área retangular de 20 m × 30 m será submetida a um rebaixamento temporário de aquífero em um terreno constituído de areia uniforme com $d_{10} = 0{,}1$ mm. O rebaixamento será executado com ponteiras filtrantes, de acordo com o esquema da Fig. 4.9. Estime o número necessário de ponteiras para o rebaixamento descrito.

Solução:

Para o dimensionamento do número necessário de ponteiras, deve-se obter os valores da vazão geral (Q) para a escavação e da vazão por ponteira (Q_p). A vazão geral pode ser deduzida a partir do fluxo radial mostrado na Fig. 4.10.

De acordo com a lei de Darcy:

$$-Q = -k \cdot \frac{dh}{dr} \cdot A = -k \cdot \frac{dz}{dr} 2 \cdot \pi \cdot r \cdot z$$

$$-Q = -k \cdot \frac{dz}{dr} 2\pi \cdot r \cdot z \therefore -\frac{Qdr}{r} = -k 2\pi \cdot z \cdot dz$$

$$\int_{r_1}^{r_2} -\frac{Qdr}{r} = k 2\pi \int_{z_1}^{z_2} -zdz \therefore Q\ln\left(\frac{r_1}{r_2}\right) = 2k\pi \frac{(z_1^2 - z_2^2)}{2}$$

$$Q = \frac{k\pi (z_1^2 - z_2^2)}{\ln\left(\frac{r_1}{r_2}\right)}$$

Fluxos em meios porosos e capilaridade

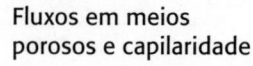

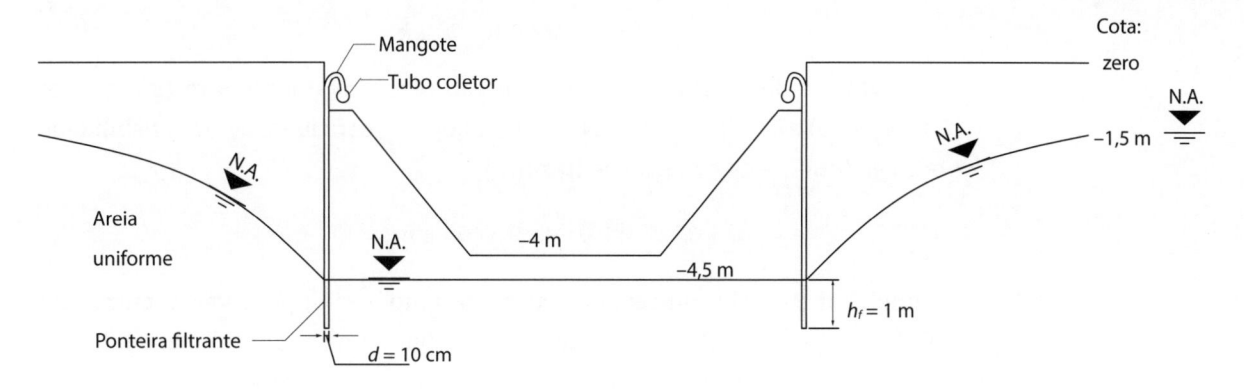

Fig. 4.9 Esquema para o rebaixamento do lençol

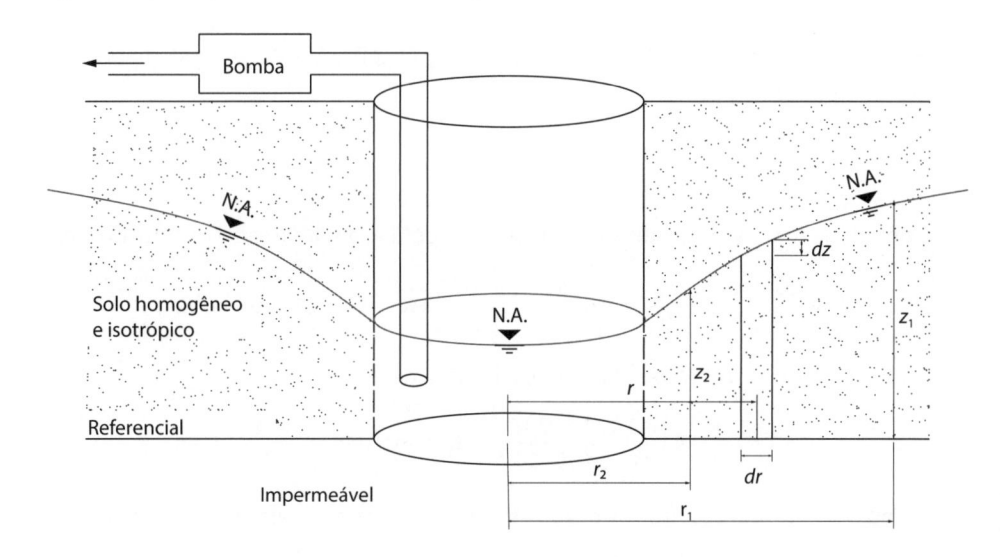

Fig. 4.10 Fluxo radial não confinado

Portanto, conhecendo-se duas distâncias radiais (r_1 e r_2) e suas respectivas cargas totais (z_1 e z_2), é possível o cálculo da vazão, utilizando um determinado coeficiente de permeabilidade. O valor de $z_2 = 6$ m (tomando como nível de referência a cota –10,5 m) é facilmente extraído da Fig. 4.9. O raio r_2 é obtido com uma equivalência de áreas:

$$\pi \cdot r_2^2 = 20 \times 30 \therefore r_2 = \sqrt{\frac{20 \times 30}{\pi}} = 13{,}82 \text{ m}$$

Tomando $z_1 = 9$ m, o raio r_1 é o raio de influência do rebaixamento, tendo em vista que a carga total de 9 m é referente à posição inicial do nível d'água.

O raio de influência pode ser obtido a partir da equação empírica de Sichardt, de 1927:

$$R = 3.000(h_1 - h_2)\sqrt{k}$$

Os valores das cargas totais h_1 e h_2 são respectivamente 9 m (posição do N.A. original) e 6 m (posição do N.A. rebaixado). O coeficiente de permeabilidade pode ser obtido pela equação de Hazen:

$$k = C_H \cdot d_{10}^2 = 100 \times 0{,}01^2 = 10^{-2} \text{ cm/s} = 10^{-4} \text{ m/s}$$

Inicialmente, arbitrou-se $C_H = 100$, no entanto o valor pode variar entre 50 e 200. Após o primeiro dimensionamento, será feita uma análise de sensibilidade para verificar o efeito da adoção de C_H no número de ponteiras.

Lançando os valores na equação de Sichardt, tem-se:

$$R = 3.000(9-6)\sqrt{10^{-4}} = 90 \text{ m}$$

A vazão geral é, portanto:

$$Q = \frac{k \cdot \pi (z_1^2 - z_2^2)}{\ln\left(\frac{r_1}{r_2}\right)} = \frac{10^{-4} \cdot \pi (9^2 - 6^2)}{\ln\left(\frac{90}{13{,}82}\right)} = 7{,}55 \times 10^{-3} \text{ m}^3/\text{s}$$

A velocidade de entrada (v_p) da água nas ponteiras pode ser estimada por meio da seguinte equação empírica:

$$v_p = \frac{\sqrt{k}}{15}$$

Como a vazão é a velocidade multiplicada pela área, a vazão por ponteira é:

$$Q_p = \frac{\sqrt{k}}{15} \cdot A_{lateral} = \frac{\sqrt{k}}{15} \cdot \pi \cdot d \cdot h_{filtrante} = \frac{\sqrt{10^{-4}}}{15} \cdot \pi \cdot 0{,}1 \times 1 = 2{,}1 \times 10^{-4} \text{ m}^3/\text{s}$$

Finalmente, o número necessário de ponteiras é:

$$n = \frac{Q}{Q_p} = \frac{7{,}55 \times 10^{-3}}{2{,}1 \times 10^{-4}} = 36 \text{ ponteiras}$$

A Tab. 4.3 compila resultados para valores extremos do coeficiente empírico C_H. De maneira conservadora, então, são necessárias 43 ponteiras.

Tab. 4.3 Análise da influência de C_H no número necessário de ponteiras

C_H	50	200
k (cm/s)	0,005	0,02
r_1 (m)	64	127
Q (m³/s)	4,63 × 10⁻³	1,27 × 10⁻²
Q_p (m³/s)	1,48 × 10⁻⁴	2,96 × 10⁻⁴
n	32	43

Antes de finalizar o exercício, vale ressaltar que a equação utilizada para o cálculo da vazão geral é a mesma que se aplica em um ensaio de bombeamento. No caso do ensaio, a incógnita é o coeficiente de permeabilidade, sendo que a vazão é obtida por meio de um hidrômetro instalado na saída da água (tubulação de superfície) que vem bombeada por um sistema de sucção. Os valores das distâncias radiais (r_1 e r_2) e suas respectivas cargas totais (z_1 e z_2) são obtidos com a observação de níveis d'água em poços auxiliares.

Exercício 4.5

É realizada extração de óleo com viscosidade de 20 mPa · s (milipascals segundo) através de um poço que foi perfurado com broca de 20 cm de diâmetro, em um campo onde a distância média entre os poços é de 500 m.

Sondagens indicaram que o horizonte produtor é um arenito homogêneo, que se situa entre camadas de argilito, com o topo e a base a 1.150 m e 1.200 m, respectivamente. Um ensaio mostrou que a permeabilidade efetiva original do arenito é de 100 md (milidarcys), e correlações evidenciaram infiltração de lama até uma distância igual a 3 m. Sabendo que, em um teste de produção, obteve-se uma vazão de 9,7 m³/dia sob um diferencial de pressão de 3.387 kPa, determine:

a) A permeabilidade efetiva equivalente.
b) A permeabilidade efetiva da zona alterada ao redor do poço.

Solução:

a) Este exercício é singular, pois trabalha com unidades e terminologias típicas da engenharia de petróleo e com um fluido diferente do analisado até o momento. No entanto, os conceitos da Mecânica dos Solos clássica são aplicáveis com algumas adaptações. O fluxo radial do exercício anterior, por exemplo, é nesse caso analisado em condição confinada, como mostra a Fig. 4.11.

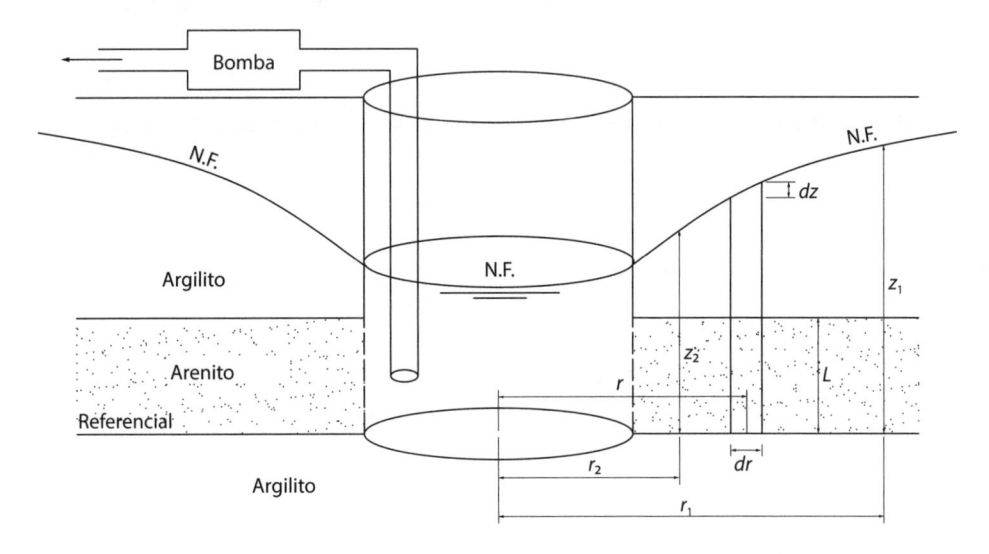

Fig. 4.11 Fluxo radial confinado

Uma equação para a vazão pode ser deduzida, novamente a partir da lei de Darcy:

$$-Q = -k \cdot \frac{dh}{dr} \cdot A = -k \cdot \frac{dz}{dr} \cdot 2 \cdot \pi \cdot r \cdot L$$

$$-Q = -k \cdot \frac{dz}{dr} \cdot 2 \cdot \pi \cdot r \cdot L \therefore -\frac{Q \cdot dr}{r} = -k \cdot 2 \cdot \pi \cdot L \cdot dz$$

$$\int_{r_1}^{r_2} -\frac{Q \cdot dr}{r} = k \cdot 2 \cdot \pi \cdot L \int_{z_1}^{z_2} -dz \therefore Q \cdot \ln\left(\frac{r_1}{r_2}\right) = 2 \cdot k \cdot \pi \cdot L(z_1 - z_2)$$

$$Q = \frac{2 \cdot k \cdot \pi \cdot L(z_1 - z_2)}{\ln\left(\frac{r_1}{r_2}\right)}$$

Para fluxo radial horizontal confinado, a diferença de carga total é igual à diferença de carga de pressão. Dessa forma, a equação da vazão fica:

$$Q = \frac{2 \cdot k \cdot \pi \cdot L \cdot \Delta u}{\gamma_f \cdot \ln\left(\frac{r_1}{r_2}\right)}$$

Na engenharia de petróleo utiliza-se, tradicionalmente, o coeficiente de permeabilidade intrínseco ao meio poroso, o k' mencionado no Exercício 4.2, cuja unidade é o milidarcy (10^{-15} m²). Com os valores $Q = 9,7$ m³/dia $= 1,12 \times 10^{-4}$ m³/s, $\mu_f = 20 \times 10^{-6}$ kPa · s, $r_1 = 250$ m, $r_2 = 0,1$ m, $L = 50$ m e $\Delta u = 3.387$ kPa, tem-se:

$$Q = \frac{2 \cdot k \cdot \pi \cdot L \cdot \Delta u}{\gamma_f \cdot \ln\left(\frac{r_1}{r_2}\right)} \therefore k = \frac{Q \cdot \gamma_f \cdot \ln\left(\frac{r_1}{r_2}\right)}{2 \cdot \pi \cdot L \cdot \Delta u}$$

$$k' = k \cdot \frac{\mu_f}{\gamma_f} \therefore k' = \frac{Q \cdot \mu_f \cdot \ln\left(\frac{r_1}{r_2}\right)}{2 \cdot \pi \cdot L \cdot \Delta u} = \frac{1,12 \times 10^{-4} \times 20 \times 10^{-6} \cdot \ln\left(\frac{250}{0,1}\right)}{2 \cdot \pi \cdot 50 \times 3.387}$$

$$= 16,51 \times 10^{-15} \text{ m}^2 = 16,51 \text{ md}$$

Esse k' é o coeficiente de permeabilidade efetivo equivalente do meio heterogêneo. Na resolução do item b, seu símbolo é modificado, ficando k'_{eq} para destacar sua característica física.

b) Para o caso de fluxo radial em série, tem-se o esquema da Fig. 4.12.

Pelo princípio da continuidade do fluxo, tem-se:

$$Q = \frac{2 \cdot k_2 \cdot \pi \cdot L \cdot \Delta h_2}{\ln\left(\frac{r_e}{R}\right)} = \frac{2 \cdot k_1 \cdot \pi \cdot L \cdot \Delta h_1}{\ln\left(\frac{R}{r_w}\right)}$$

em que R é o raio da zona afetada pela lama (3,1 m), r_w é o raio do poço (0,1 m) e r_e é o raio de influência (250 m). A vazão, com o coeficiente de permeabilidade equivalente, é a seguinte:

$$Q = \frac{2 \cdot k_{eq} \cdot \pi \cdot L (\Delta h_1 + \Delta h_2)}{\ln\left(\frac{r_e}{r_w}\right)}$$

Substituindo as perdas de cargas parciais na equação da vazão, tem-se a permeabilidade efetiva da zona afetada pela infiltração de lama:

$$k_{eq} = \frac{k_1 \cdot k_2 \cdot \ln\left(\frac{r_e}{r_w}\right)}{k_1 \cdot \ln\left(\frac{r_e}{R}\right) + k_2 \cdot \ln\left(\frac{R}{r_w}\right)} \therefore k'_{eq} = \frac{k'_1 \cdot k'_2 \cdot \ln\left(\frac{r_e}{r_w}\right)}{k'_1 \cdot \ln\left(\frac{r_e}{R}\right) + k'_2 \cdot \ln\left(\frac{R}{r_w}\right)}$$

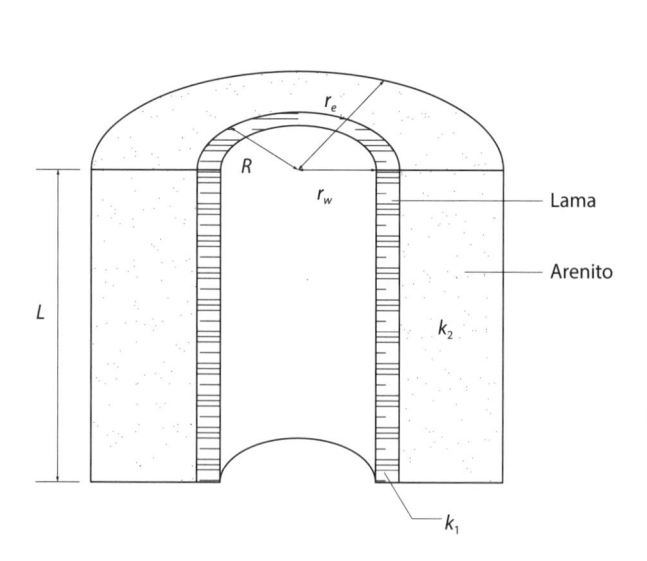

Fig. 4.12 Perspectiva do poço com fluxo radial em série

$$k_1' = \frac{16{,}51 \times 100 \cdot \ln\left(\frac{3{,}1}{0{,}1}\right)}{100 \cdot \ln\left(\frac{250}{0{,}1}\right) - 16{,}51 \cdot \ln\left(\frac{250}{3{,}1}\right)} = 7{,}99 \text{ md}$$

Exercício 4.6

A Fig. 4.13 mostra uma pranchada com grande dimensão longitudinal, instalada em uma camada de areia fina, submetida a uma diferença de carga total, com consequente fluxo. Com base nos dados apresentados, calcule:

a) As poropressões nas faces da pranchada.
b) A vazão, em m³/dia por metro longitudinal.
c) O fator de segurança com relação ao fenômeno de areia movediça, sabendo que o gradiente crítico é igual a 1.

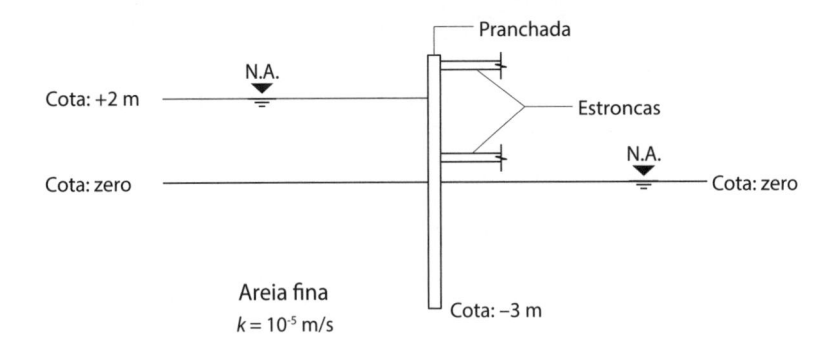

Fig. 4.13 Esquema da pranchada instalada em uma camada de areia fina

Solução:

a) Neste caso, o fluxo é bidimensional, com a possibilidade de decomposição do vetor velocidade, com v_x e v_y entrando e saindo através das áreas $dy \cdot dz$ e $dx \cdot dz$, respectivamente (Fig. 4.14).

Analisando a massa de água (M_w) que entra e sai do elemento, tem-se:

$$\frac{M_{ws} - M_{we}}{\Delta t} = -\frac{\partial M_w}{\partial t}$$

Sabendo que ρ_w é a massa específica da água (razão entre massa de água e volume de água), S é o grau de saturação (razão entre volume de água e volume de vazios) e n é a porosidade (razão entre volume de vazios e volume total), a equação anterior pode tomar o seguinte formato:

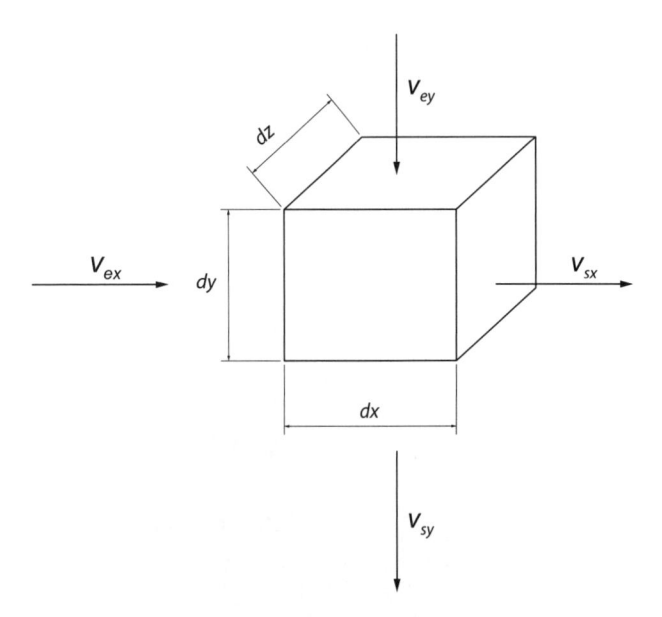

Fig. 4.14 Elemento infinitesimal com as componentes de velocidade

$$\left(\rho_w \cdot v_{sx} \cdot dy \cdot dz + \rho_w \cdot v_{sy} \cdot dx \cdot dz\right) - \left(\rho_w \cdot v_{ex} \cdot dy \cdot dz + \rho_w \cdot v_{ey} \cdot dx \cdot dz\right)$$

$$= -\frac{\partial \rho_w \cdot S \cdot n}{\partial t} \cdot dx \cdot dy \cdot dz$$

$$\rho_w \left[\left(v_{ex} + \frac{\partial v_x}{\partial x} \cdot dx\right)dy \cdot dz + \left(v_{ey} + \frac{\partial v_y}{\partial y} \cdot dy\right)dx \cdot dz\right] - \rho_w\left(v_{ex} \cdot dy \cdot dz + v_{ey} \cdot dx \cdot dz\right)$$

$$= -\frac{\partial \rho_w \cdot S \cdot n}{\partial t} \cdot dx \cdot dy \cdot dz$$

$$\frac{\partial v_x}{\partial x} + \frac{\partial v_y}{\partial y} = -\frac{\partial S \cdot n}{\partial t}$$

De acordo com a lei de Darcy:

$$v_x = -k_x \cdot \frac{\partial h}{\partial x} \text{ e } v_y = -k_y \cdot \frac{\partial h}{\partial y}$$

Substituindo na equação diferencial, tem-se:

$$-k_x \cdot \frac{\partial^2 h}{\partial x^2} - k_y \cdot \frac{\partial^2 h}{\partial y^2} = -\frac{\partial S \cdot n}{\partial t}$$

Para fluxo permanente em meio saturado (S = 100%), sem variação da porosidade (n) com o tempo e com solo isotrópico ($k_x = k_y$), a equação diferencial que rege o fluxo bidimensional fica simplificada:

$$\frac{\partial^2 h}{\partial x^2} + \frac{\partial^2 h}{\partial y^2} = 0$$

Com este último formato tem-se a equação de Laplace, cuja solução gráfica é a chamada rede de fluxo, constituída de duas famílias de curvas:
- equipotenciais, que são os lugares geométricos de pontos com iguais cargas totais;
- linhas de fluxo, que representam a trajetória da água percolando através dos poros do solo.

Neste exercício, o fluxo é chamado de confinado, pois tem quatro condições de contorno bem definidas: dois limites para as linhas de fluxo e dois limites para as equipotenciais. Os dois limites para as linhas de fluxo ocorrem nos contatos da água com a pranchada e com o impermeável. Os dois limites para as equipotenciais são o segmento que passa pelos pontos A e B, a montante, e aquele que passa pelos pontos I e J, a jusante (Fig. 4.15).

Na rede de fluxo, as equipotenciais e as linhas de fluxo têm que se interceptar de forma ortogonal, formando quadrados. Nesse âmbito, o fluxo fica compartimentado, com canais de fluxo (intervalos entre linhas de fluxo) e intervalos entre equipotenciais. Os números de canais de fluxo e de intervalos entre equipotenciais são n_f e n_e, respectivamente.

Com a rede de fluxo traçada (Fig. 4.15), têm-se $n_f = 4$ canais de fluxo e $n_e = 8$ intervalos entre equipotenciais. A perda de carga entre equipotenciais é:

$$\Delta h = \frac{\Delta H}{n_e} = \frac{2 \text{ m}}{8} = 0,25 \text{ m}$$

em que ΔH é a perda de carga total ao longo de todo o fluxo (8,3 m – 6,3 m).

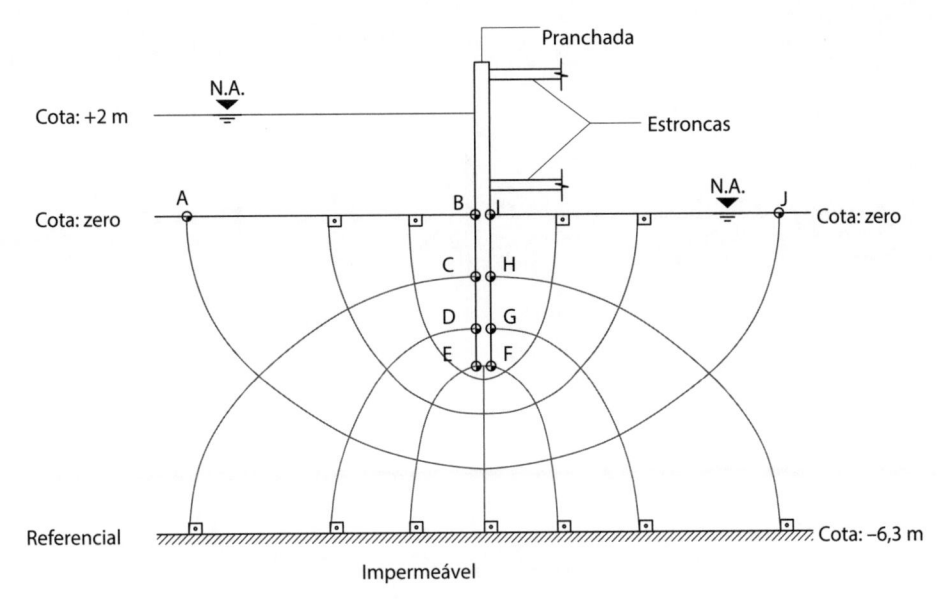

Fig. 4.15 Rede de fluxo em situação confinada

De acordo com a solicitação do exercício, são necessários os cálculos das cargas de pressão entre os pontos B e I, visando à obtenção das poropressões ao longo da pranchada. Para tanto, inicialmente devem ser calculadas as cargas totais, com base na rede de fluxo, e também devem ser observadas as cargas de elevação.

Assim, tomando o ponto D como exemplo, a carga total é a correspondente à equipotencial-limite de montante (8,3 m, com referencial passando na cota –6,3 m), subtraída da perda de carga total até o ponto, que é duas vezes a perda de carga (Δh) entre equipotenciais:

$$h_D = 8,3 - 2 \times 0,25 = 7,8 \text{ m}$$

Como a carga de elevação em D é 4 m, a carga de pressão é: 7,8 m – 4 m = 3,8 m, com consequente poropressão $u_D = 3,8 \cdot \gamma_w = 38$ kPa.

Os valores das perdas de carga, cargas totais, cargas de elevação, cargas de pressão e poropressões nos pontos, de B a I, estão compilados na Tab. 4.4. Com os valores de u é possível traçar os diagramas de poropressão (Fig. 4.16).

Tab. 4.4 Dados para cálculos de poropressões ao longo da pranchada

Ponto	Δh (m)	h (m)	h_e (m)	h_p (m)	u (kPa)
B	0,00	8,30	6,30	2,00	20,0
C	0,25	8,05	5,10	2,95	29,5
D	0,50	7,80	4,00	3,80	38,0
E	0,75	7,55	3,30	4,25	42,5
F	1,25	7,05	3,30	3,75	37,5
G	1,50	6,80	4,00	2,80	28,0
H	1,75	6,55	5,10	1,45	14,5
I	2,00	6,30	6,30	0,00	0,0

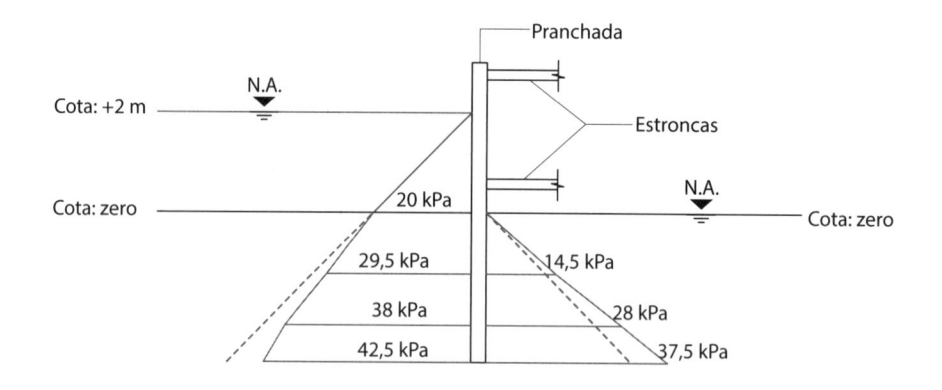

Fig. 4.16 Diagramas de poropressão nas faces da pranchada

É importante notar que na face de montante, com fluxo de cima para baixo, as poropressões no solo são inferiores àquelas que resultariam de uma situação hidrostática (gráfico pontilhado) com o N.A. à cota +2 m. No fluxo ascendente ocorre uma inversão, ou seja, as poropressões para a condição de percolação são superiores às poropressões referentes à situação hidrostática com o N.A. à cota zero.

b) Visando à definição de uma equação para a vazão, é relevante observar um dos quadrados da rede de fluxo (Fig. 4.17).

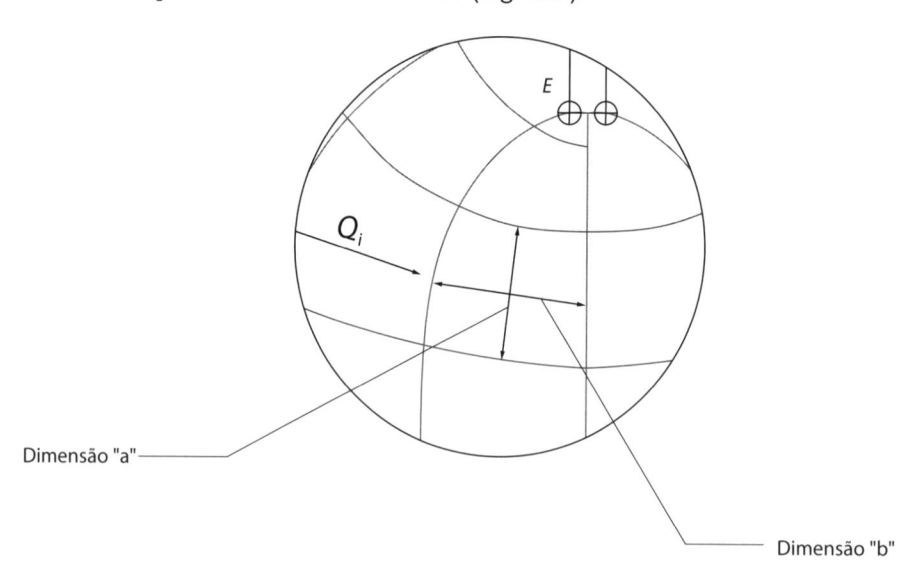

Fig. 4.17 Zoom em um dos quadrados da rede de fluxo

A vazão Q_i é correspondente a um canal de fluxo. Como o meio está dividido em n_f canais, a vazão por canal é:

$$Q_i = \frac{Q}{n_f}$$

Aplicando a lei de Darcy no quadrado, com perda de carga Δh, tem-se para 1 m longitudinal de pranchada:

$$Q_i = \frac{Q}{n_f} = k \cdot i \cdot A = k \cdot \frac{\Delta h}{b} \cdot a \cdot 1 \text{ m} = k \cdot \frac{\Delta H}{n_e} \therefore Q = k \cdot \frac{n_f}{n_e} \cdot \Delta H$$

Lançando os valores fornecidos no enunciado do exercício e os valores de n_f e n_e obtidos com a rede de fluxo, a vazão para 1 m longitudinal de pranchada é:

$$Q = 10^{-5} \times \frac{4}{8} \times 2(24 \times 60 \times 60) = 0{,}864 \text{ m}^3/\text{dia}$$

c) Para o cálculo de FS com relação ao fenômeno de areia movediça, é necessário o gradiente hidráulico máximo na zona de fluxo ascendente, que é obtido com a análise dos quadrados em destaque na Fig. 4.18:

$$i_{máx} = \frac{\Delta h}{L} = \frac{0{,}75 \text{ m}}{3 \text{ m}} = 0{,}25$$

$$FS = \frac{i_{crítico}}{i_{máximo}} = \frac{1}{0{,}25} = 4$$

Exercício 4.7

O fluxo através da barragem de terra mostrada na introdução deste capítulo é não confinado ou livre, pois um dos limites da rede de fluxo é a linha freática e não existe um obstáculo físico para definir sua forma. Trace a linha freática usando a parábola de Kozeny, de 1933, com um ponto da parábola na posição A (Fig. 4.19) e com foco na posição F. Em seguida, trace a rede de fluxo e calcule as poropressões atuantes nos pontos médios situados às bases das fatias, de 2 a 7.

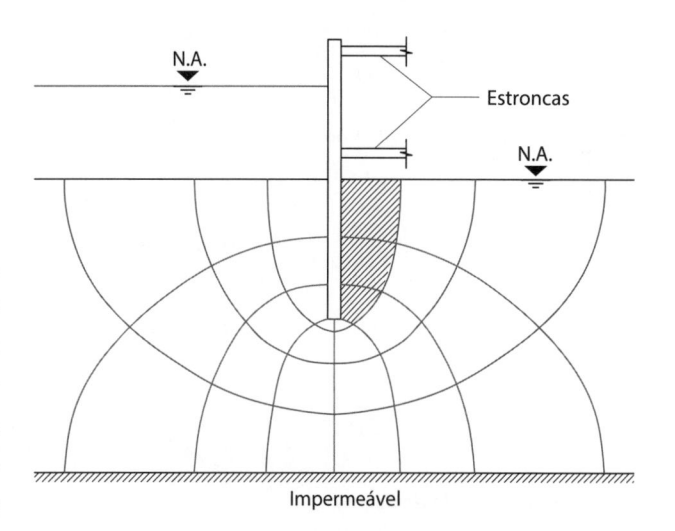

Fig. 4.18 Zona de fluxo ascendente com gradiente hidráulico máximo

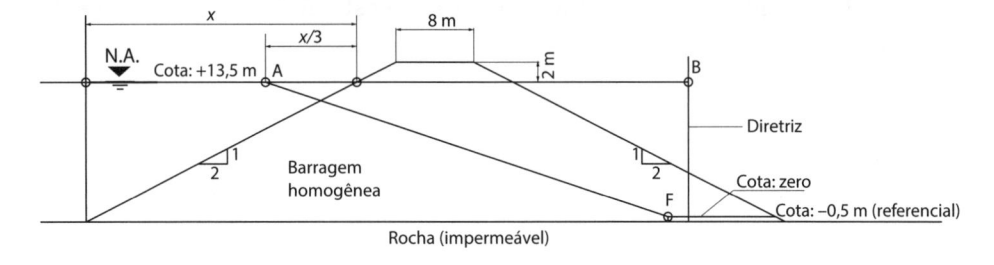

Fig. 4.19 Definição do foco e da diretriz para a parábola

Solução:

Com as posições do foco e do ponto A, facilmente é obtida a posição da diretriz, haja vista que a propriedade fundamental de uma parábola é a equidistância de seus pontos, entre o foco e a diretriz. Assim, o segmento AB tem o mesmo comprimento de AF. Os outros pontos da parábola podem ser obtidos com o esquema da Fig. 4.20, arbitrando valores para x e calculando os respectivos valores de y. Por exemplo, sabendo que o foco está a 2,15 m da diretriz, um ponto

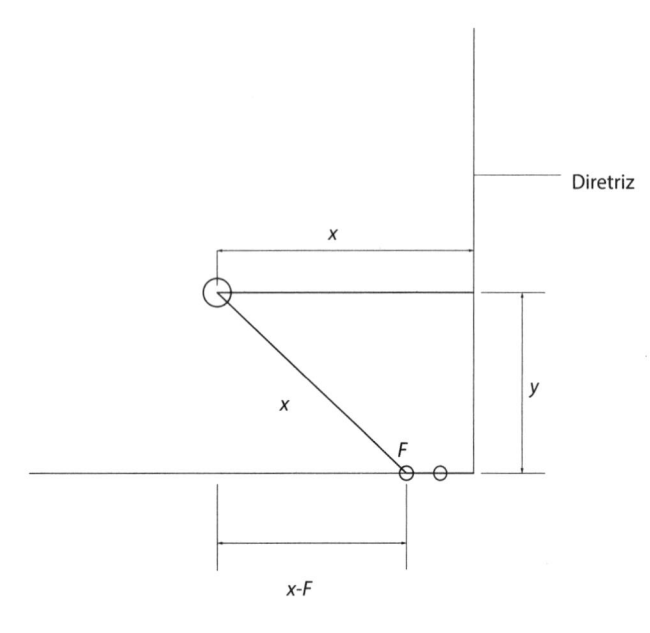

Fig. 4.20 Esquema para obtenção dos pontos da parábola

com distância arbitrada $x = 4$ m tem coordenada $y = 3{,}55$ m calculada.

$$x^2 = y^2 + (x - F)^2 \therefore y = \sqrt{2 \cdot x \cdot F - F^2}$$

A Fig. 4.21 apresenta a parábola de Kozeny. Nota-se que o ponto A foi abandonado da parábola, pois a linha freática possui poropressão nula e evidentemente tem que ser contínua em relação ao nível d'água de montante. Além disso, pela superfície do talude de montante passa uma equipotencial-limite e, assim, a linha freática deve entrar na barragem com direção perpendicular à equipotencial.

As outras condições de contorno para o traçado da rede de fluxo são uma linha de fluxo no contato solo/rocha e uma equipotencial no encontro do fluxo com o tapete drenante. Esse tapete é um dispositivo de drenagem muito usado em barragens de terra, com o objetivo de orientar o fluxo, para evitar que a água aflore no talude de jusante e promova erosão superficial.

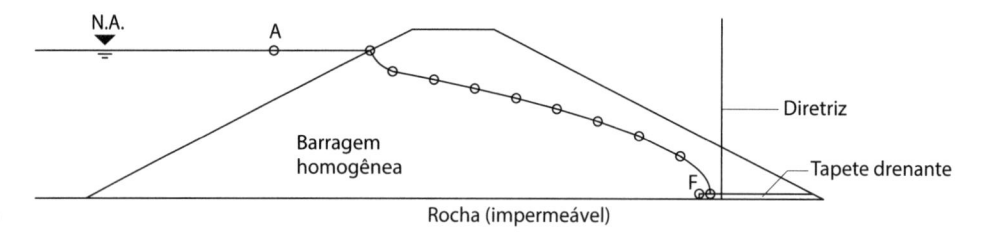

Fig. 4.21 Parábola de Kozeny

Em algumas barragens, além do tapete drenante, é usado um dreno chaminé (Fig. 4.22), com a função de interceptar o fluxo e evitar poropressões positivas na zona de jusante, o que melhora a condição de estabilidade para o talude de jusante.

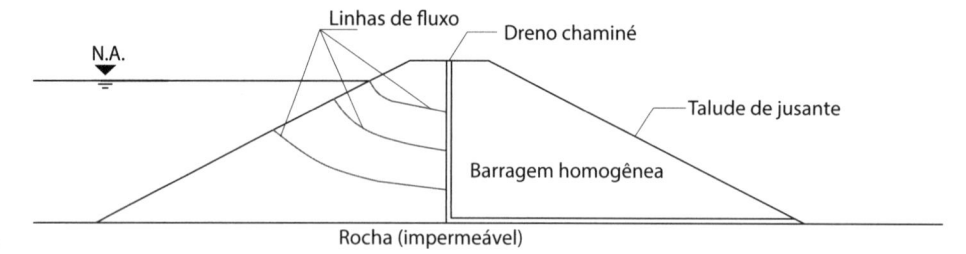

Fig. 4.22 Barragem com dreno chaminé

Voltando à barragem do exercício, com todas as condições de contorno definidas é viável o traçado da rede de fluxo (Fig. 4.23). É relevante observar que as diferenças de cargas de elevação entre equipotenciais, ao longo da linha freática, são todas iguais à perda de carga total ($\Delta h = 13{,}5$ m$/12 = 1{,}125$ m), pois as cargas de pressão são nulas.

Fluxos em meios porosos e capilaridade

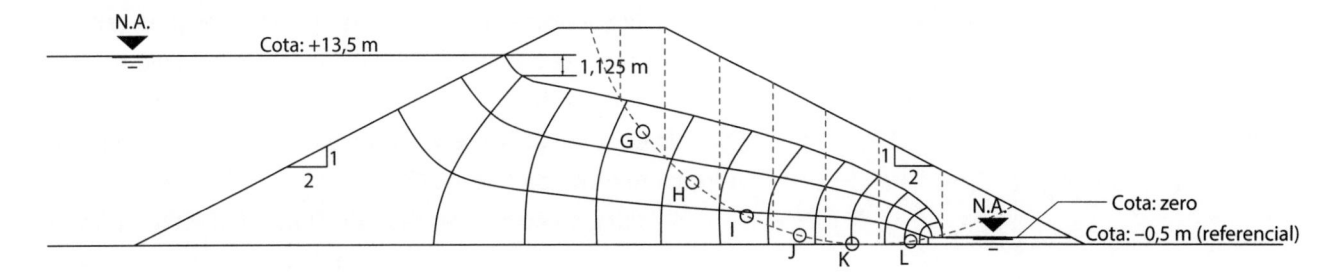

Fig. 4.23 Rede de fluxo não confinado

Para os pontos médios às bases das fatias, têm-se na Tab. 4.5: as cargas de elevação, os números de intervalos entre a equipotencial-limite e os pontos, as cargas totais, as cargas de pressão e as poropressões.

Tab. 4.5 Dados para cálculos de poropressões para os pontos da Fig. 4.23

Fatia	Ponto	h_e (m)	n_e	Δh (m)	h (m)	h_p (m)	u (kPa)
2	G	8,33	3,4	3,825	10,175	1,845	18,45
3	H	4,61	4,4	4,950	9,050	4,440	44,40
4	I	2,09	5,6	6,300	7,700	5,610	56,10
5	J	0,66	6,7	7,538	6,463	5,803	58,03
6	K	0,04	8,0	9,000	5,000	4,960	49,60
7	L	0,22	10,4	11,700	2,300	2,080	20,80

Este mesmo exercício será abordado no Cap. 6, visando à previsão do fator de segurança referente ao talude de jusante da barragem.

Exercício 4.8

Aplicando uma condição de anisotropia para o solo do Exercício 4.6 (Fig. 4.24), com $k_h = 4k_v$, trace a rede de fluxo correspondente e calcule a vazão, em m³/dia por metro longitudinal de pranchada.

Solução:

Como o meio poroso é anisotrópico, a equação que rege o fluxo bidimensional não pode ser simplificada para ficar com o formato da equação de Laplace. Dessa forma, a equação é a seguinte:

$$k_x \cdot \frac{\partial^2 h}{\partial x^2} + k_y \cdot \frac{\partial^2 h}{\partial y^2} = 0$$

No entanto, essa equação pode ser transformada usando-se uma nova variável (x'), com:

$$x = x' \cdot \sqrt{\frac{k_x}{k_y}}$$

$$\frac{k_x}{k_y} \cdot \frac{\partial^2 h}{\partial x^2} + \frac{k_y}{k_y} \cdot \frac{\partial^2 h}{\partial y^2} = 0 \therefore \frac{1}{\frac{k_y}{k_x}} \cdot \frac{\partial^2 h}{\partial x^2} + \frac{\partial^2 h}{\partial y^2} = 0 \therefore \frac{\partial^2 h}{\partial x'^2} + \frac{\partial^2 h}{\partial y^2} = 0$$

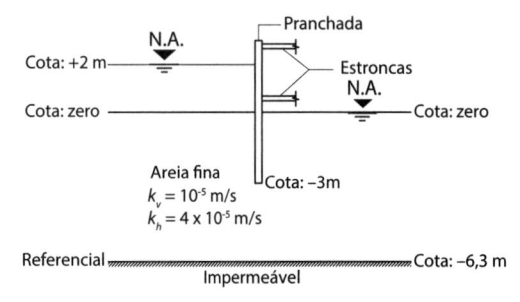

Fig. 4.24 Esquema da pranchada em terreno anisotrópico

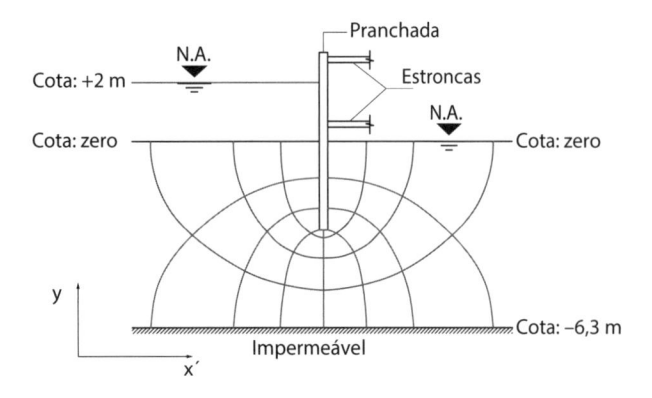

Fig. 4.25 Rede de fluxo transformada

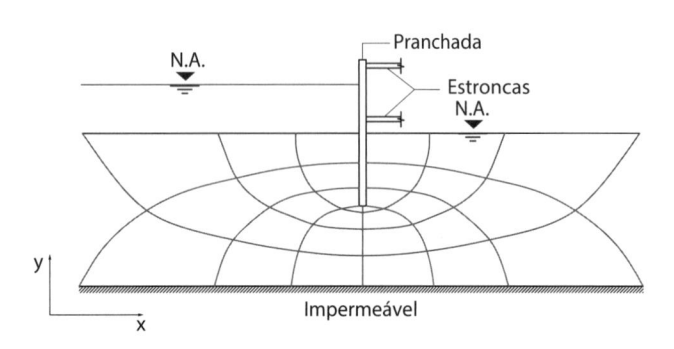

Fig. 4.26 Rede de fluxo real

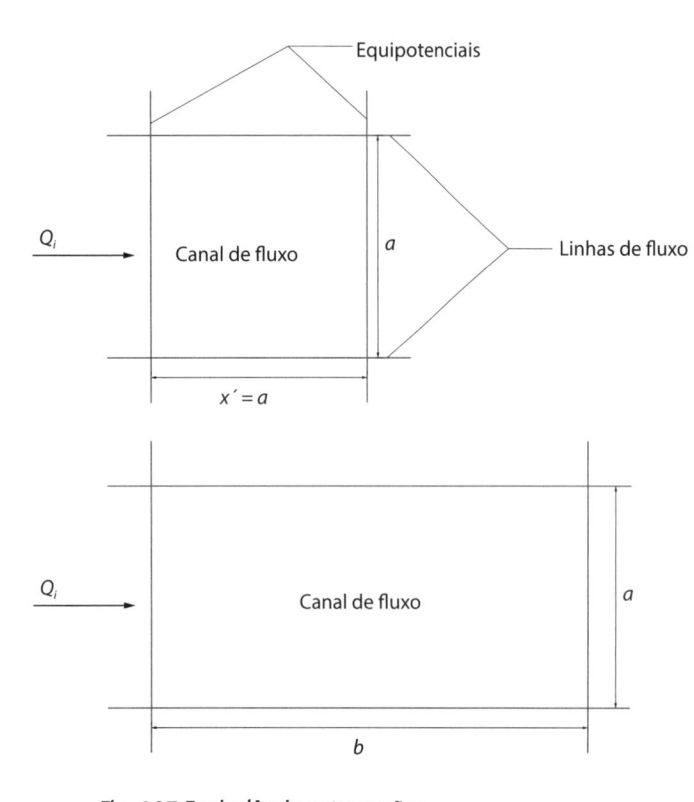

Fig. 4.27 Equivalência entre vazões

Portanto, em virtude da transformação, tem-se novamente a equação de Laplace, cuja solução gráfica é a rede de fluxo formando quadrados, em um sistema de coordenadas x' e y. Essa é a chamada rede de fluxo transformada (Fig. 4.25).

Para o traçado da rede de fluxo real, com coordenadas x e y, é necessária uma distorção da rede transformada. Essa distorção vai gerar uma rede de fluxo em que não são formados quadrados e, além disso, as linhas de fluxo não interceptam as equipotenciais de maneira ortogonal. A rede real (Fig. 4.26) é obtida, portanto, com a seguinte equação:

$$x = x' \cdot \sqrt{\frac{k_x}{k_y}} = x' \cdot \sqrt{\frac{4 \cdot k_v}{k_v}} = 2 \cdot x'$$

Observa-se que, no fluxo em meio isotrópico, a direção da velocidade de fluxo é comandada apenas pelos gradientes hidráulicos, fazendo com que a linha de fluxo fique perpendicular às equipotenciais, pois a permeabilidade é uma grandeza escalar. No fluxo em meio anisotrópico, a permeabilidade torna-se um tensor, com o qual a direção da velocidade de fluxo deixa de ser ditada apenas pelos gradientes hidráulicos em x e em y.

A previsão da vazão pode ser realizada com os números de canais de fluxo e de intervalos entre equipotenciais extraídos da rede de fluxo transformada, no entanto é necessário o uso de um coeficiente de permeabilidade equivalente. A Fig. 4.27 mostra a equivalência entre a vazão da rede transformada e a vazão da rede real.

$$k_{eq} \cdot \frac{\Delta h}{x'} \cdot a = k_x \cdot \frac{\Delta h}{b} \cdot a = k_x \cdot \frac{\Delta h}{a \cdot \sqrt{\frac{k_x}{k_y}}} \cdot a \therefore k_{eq} =$$

$$k_x \cdot \frac{1}{\sqrt{\frac{k_x}{k_y}}} \therefore k_{eq} = \sqrt{k_x \cdot k_y}$$

Portanto, a permeabilidade equivalente para este exercício é 2×10^{-5} m/s, e a vazão, por metro longitudinal de parede, é:

$$Q = k_{eq} \cdot \frac{n_f}{n_e} \cdot H = 2 \times 10^{-5} \times \frac{4}{8} \times 2(24 \times 60 \times 60) = 1{,}728 \text{ m}^3/\text{dia}$$

Fluxos em meios porosos e capilaridade

Se eventualmente forem necessários cálculos de poropressões, eles têm que ser realizados a partir das cargas hidráulicas extraídas da rede de fluxo real.

Exercício 4.9

Prove, com geometria, que as linhas de fluxo têm que interceptar as equipotenciais de maneira ortogonal em um meio isotrópico. Analise também a configuração para o meio anisotrópico.

Solução:

A relação entre as componentes da velocidade é tgα para o fluxo mostrado na Fig. 4.28. Com base em uma simples análise de geometria, tgα = y/x, condição com a qual existe ortogonalidade entre a linha de fluxo e a equipotencial.

$$\text{tg}\alpha = \frac{v_x}{v_y} = \frac{k \cdot i_x}{k \cdot i_y} = \frac{k \cdot \frac{\Delta h}{x}}{k \cdot \frac{\Delta h}{y}} = \frac{y}{x}$$

Na Fig. 4.29 existe diferença entre permeabilidades ($k_x > k_y$) e, assim, a relação entre componentes de velocidade é tgβ, que não corresponde a tgα = y/x. Portanto, não há ortogonalidade entre linhas de fluxo e equipotenciais, e a direção de fluxo depende da relação entre as diferentes permeabilidades do meio anisotrópico.

$$\text{tg}\beta = \frac{v_x}{v_y} = \frac{k_x \cdot i_x}{k_y \cdot i_y} = \frac{k_x \cdot \frac{\Delta h}{x}}{k_y \cdot \frac{\Delta h}{y}} = \frac{k_x}{k_y} \cdot \frac{y}{x}$$

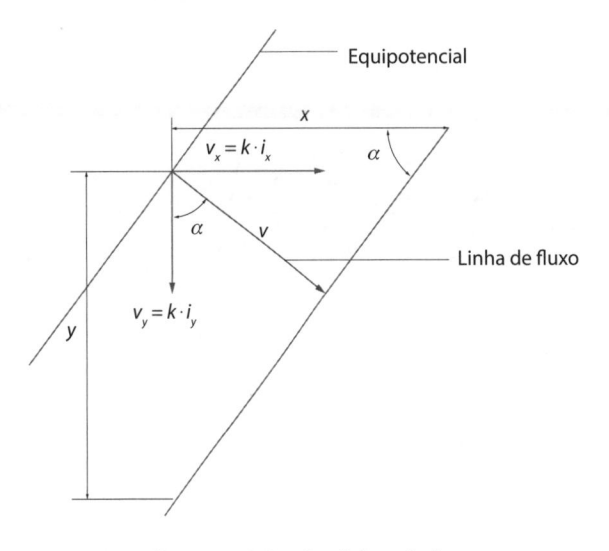

Fig. 4.28 Análise geométrica das linhas de fluxo e equipotenciais em meio isotrópico

Exercício 4.10

A barragem da Fig. 4.30 é constituída de solos isotrópicos com a mesma geometria da barragem de terra mostrada na introdução deste capítulo, entretanto com diferentes permeabilidades. Tendo em vista a heterogeneidade, analise o fluxo na interface entre solos e depois trace a rede de fluxo.

Solução:

Dois eventos ocorrem no fluxo em meio heterogêneo. Mantendo o número de canais de fluxo, um evento reside na variação do espaçamento entre equipotenciais, obedecendo à relação entre permeabilidades. Pelo princípio da continuidade do fluxo através de um determinado canal, com a adoção de Δh constante, é possível escrever:

$$Q_i = k_1 \cdot \frac{\Delta h}{b_1} \cdot a_1 = k_2 \cdot \frac{\Delta h}{b_2} \cdot a_2 \therefore \frac{a_1 \cdot b_2}{a_2 \cdot b_1} = \frac{k_2}{k_1}$$

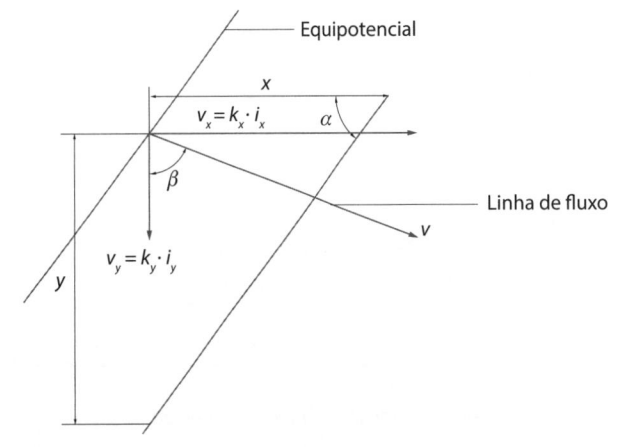

Fig. 4.29 Análise geométrica das linhas de fluxo e equipotenciais em meio anisotrópico

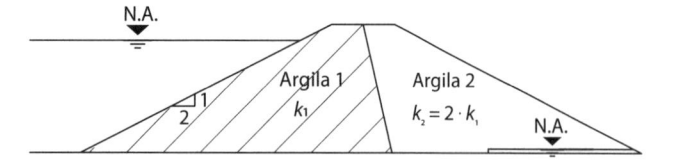

Fig. 4.30 Fluxo bidimensional em meio heterogêneo

em que a e b são as dimensões do quadrado ou do retângulo formado no canal de fluxo, entre equipotenciais. No caso deste exercício, a manutenção de quadrados no fluxo através da argila 1 ($a_1 = b_1$) gera consequentes retângulos na percolação através da argila 2, com $b_2 = 2 \cdot a_2$.

O outro evento é a mudança de direção das linhas de fluxo, que acontece segundo o esquema da Fig. 4.31.

A velocidade no solo 1 (v_1) pode ser decomposta em v_{p1} e v_{s1}, respectivamente chamadas de velocidade em paralelo 1 e velocidade em série 1. Da mesma maneira, a velocidade v_2 tem componentes v_{p2} e v_{s2}. A nomenclatura adotada possui significado físico associado aos fluxos em paralelo e em série, que têm as seguintes características:

▶ no fluxo em paralelo, os gradientes hidráulicos são iguais ($i_1 = i_2$), o que faz com que $v_{p1}/k_1 = v_{p2}/k_2$;

▶ no fluxo em série, tem-se o princípio da continuidade do fluxo, com vazões iguais ($Q_1 = Q_2$), promovendo então $v_{s1} = v_{s2}$.

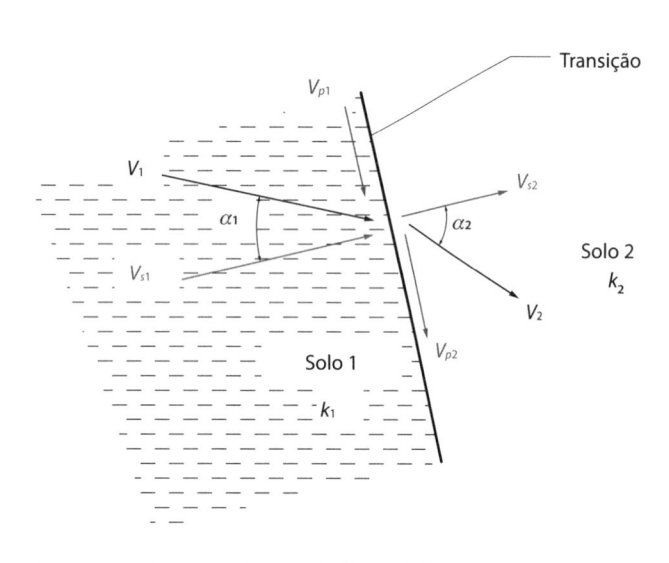

Fig. 4.31 Mudança de direção da linha de fluxo em meio heterogêneo

Com essas informações, é possível escrever:

$$\frac{\tg \alpha_1}{\tg \alpha_2} = \frac{\frac{v_{p1}}{v_{s1}}}{\frac{v_{p2}}{v_{s2}}} = \frac{v_{p1}}{v_{s1}} \cdot \frac{v_{s2}}{v_{p2}} = \frac{v_{p1}}{v_{p2}} = \frac{k_1}{k_2}$$

Então, tomando como exemplo a barragem em foco, a linha freática incide com um ângulo de 25°, mudando de direção com a seguinte marcha de cálculos:

$$\tg \alpha_2 = \frac{k_2}{k_1} \cdot \tg \alpha_1 = \frac{2 \cdot k_1}{k_1} \cdot \tg \alpha_1 = 2 \cdot \tg(25°) = 0{,}93 \therefore \alpha_2 = \arctg(0{,}93) = 43°$$

Os outros ângulos de transição devem ser calculados da mesma maneira e, assim, o fluxo fica com o aspecto mostrado na Fig. 4.32.

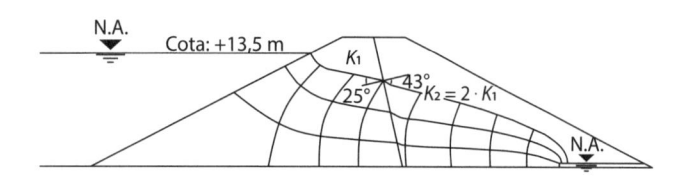

Fig. 4.32 Fluxo em barragem de terra heterogênea

Exercício 4.11

A ascensão capilar ocorre através dos poros interligados do solo, tendo relação com as dimensões dos vazios e, consequentemente, com as dimensões das partículas que constituem o esqueleto sólido. Não envolve fluxo, ou seja, tem-se uma situação hidrostática estabelecida pela ação da tensão superficial, que gera uma força capilar. O fenômeno pode ser entendido com o esquema simplificado de um tubo capilar em contato com um nível d'água (Fig. 4.33).

Com base nesse esquema, deduza:

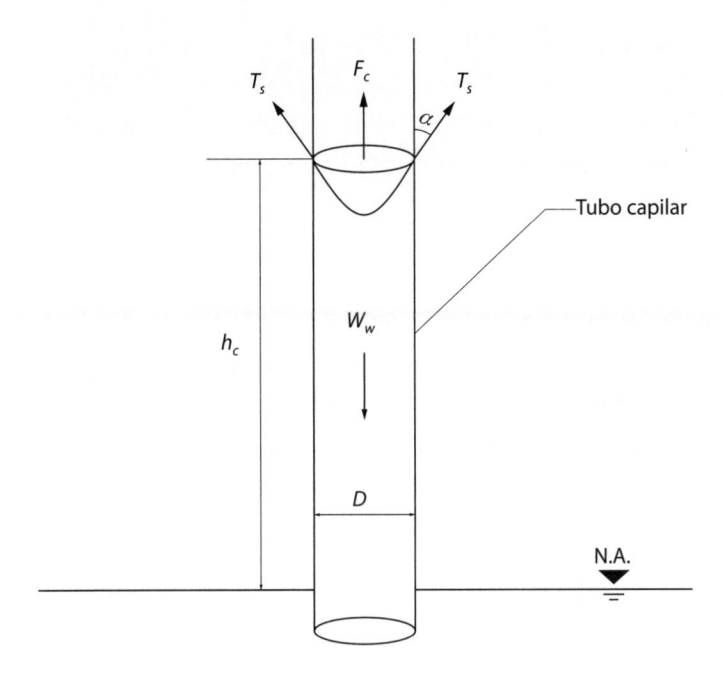

Fig. 4.33 Tubo capilar

a) $h_c = \dfrac{4 \cdot T_s \cdot \cos\alpha}{\gamma_w \cdot D}$

b) $u = -h_c \cdot \gamma_w$

c) $u = -\dfrac{4 \cdot T_s \cdot \cos\alpha}{D}$

Solução:

a) Como a situação é hidrostática, tem-se o seguinte equilíbrio de forças:

$$\sum F_y = 0 \therefore W_w = F_c \therefore h_c \cdot \frac{\pi \cdot D^2}{4} \cdot \gamma_w = \pi \cdot D \cdot T_s \cdot \cos\alpha \therefore h_c = \frac{4 \cdot T_s \cdot \cos\alpha}{\gamma_w \cdot D}$$

em que T_s é a tensão superficial (atua ao longo do perímetro molhado), D é o diâmetro capilar, α é o ângulo entre a tensão superficial e a vertical e h_c é a altura de ascensão capilar.

A altura de ascensão capilar é inversamente proporcional ao diâmetro do tubo. No solo, quanto menores forem as partículas, menores serão os diâmetros equivalentes dos canalículos irregulares formados por seus poros interligados. Dessa forma, a ascensão pode ter poucos milímetros para areia grossa e eventualmente pode atingir 30 m para solo argiloso.

b) Como a situação é hidrostática, não há diferença de carga total entre o nível d'água inferior (h = 0, com referencial passando pelo N.A. inferior) e o nível de ascensão capilar (h = $h_p + h_e = h_p + h_c$), assim:

$$h_p + h_c = 0 \therefore h_p = -h_c \therefore u = -h_c \cdot \gamma_w$$

c) Substituindo a equação do item a na equação do item b, é possível a seguinte dedução:

$$u = -h_c \cdot \gamma_w = -\frac{4 \cdot T_s \cdot \cos\alpha}{\gamma_w \cdot D} \cdot \gamma_w = -\frac{4 \cdot T_s \cdot \cos\alpha}{D}$$

Pelo formato côncavo do menisco capilar, é fácil entender o sinal negativo de u, haja vista que a pressão atmosférica ou pressão de ar é nula (referência de engenharia).

Exercício 4.12

O solo mostrado na Fig. 4.34 está parcialmente saturado, com uma frente de infiltração avançando. Considerando que, com a incidência da chuva, o solo torna-se saturado, apresente uma equação para o cálculo do tempo necessário para que ocorra saturação até um nível z.

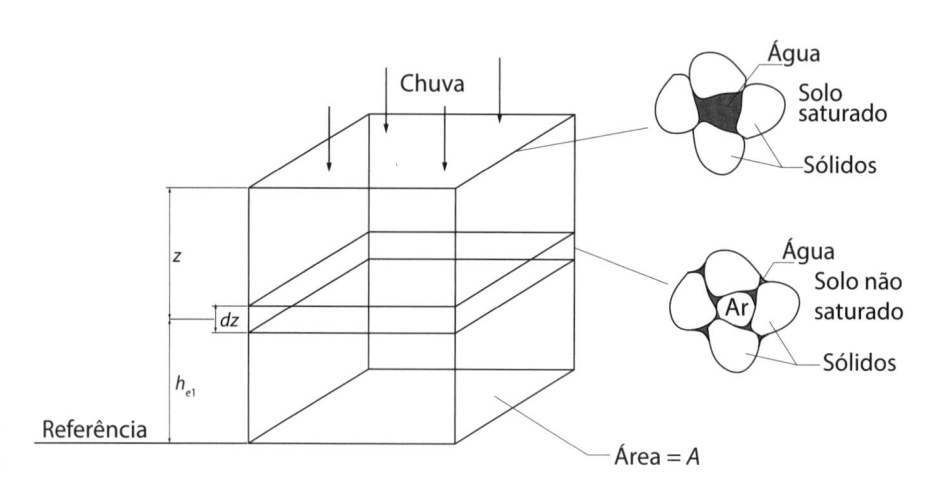

Fig. 4.34 Esquema da chuva incidindo em solo não saturado

Com base na leitura do tensiômetro e nos parâmetros do solo mostrados na Fig. 4.35, calcule o tempo em horas necessário para um avanço de 2 m da frente de infiltração.

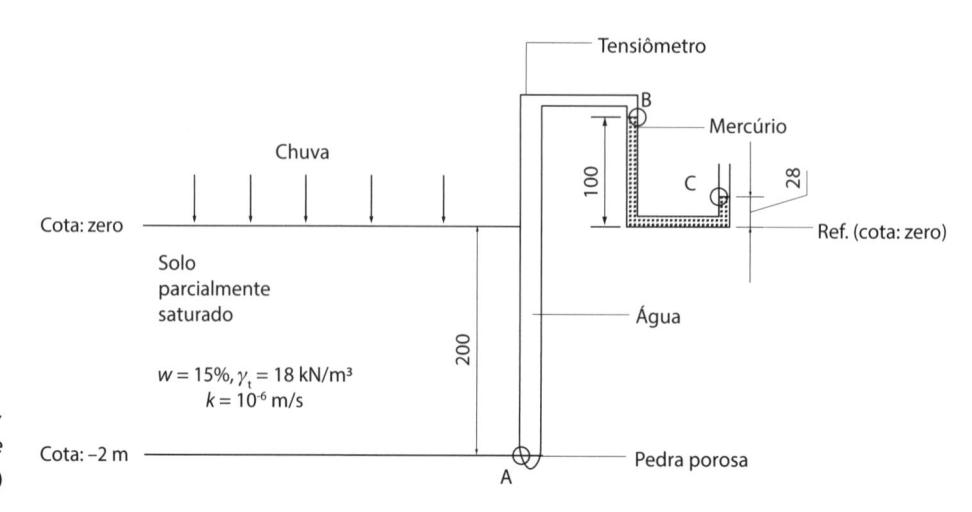

Fig. 4.35 Solo não saturado, com medição de ψ por meio de tensiômetro (cotas em cm)

Solução:

A primeira parte do exercício pode ser resolvida com a dedução da equação de Green-Ampt, de 1911, que foi obtida com algumas hipóteses simplificadoras para uma análise unidimensional do avanço de uma frente de infiltração, que satura o solo de maneira abrupta, quando atinge uma profundidade z. Tomando como base a Fig. 4.34, tem-se na superfície de incidência da chuva a seguinte carga total:

$$h = h_e + h_p = h_{e1} + z$$

Nota-se que a carga de pressão é nula, em virtude da saturação imediata provocada pela chuva. Para o nível do elemento infinitesimal, a carga de pressão (ψ) tem valor negativo, pois o solo está em condição não saturada. Dessa forma, a carga total é:

$$h = h_e + h_p = h_{e1} + \psi$$

Nesse cenário, o fluxo acontece de cima para baixo, com uma diferença de carga total igual a z – ψ. Aplicando a lei de Darcy, a vazão pode ser escrita da seguinte maneira:

$$Q = k \cdot i \cdot A = k \cdot \frac{(z-\psi)}{z} \cdot A$$

Analisando o elemento infinitesimal:

$$Q = \frac{\Delta V_w}{\Delta t} = \frac{\Delta \theta \cdot V_t}{\Delta t} = \frac{\Delta \theta \cdot dz \cdot A}{dt}$$

em que θ é a chamada umidade volumétrica, razão entre volume de água e volume total. Igualando as duas últimas equações, vem a seguinte dedução:

$$k \cdot \frac{(z-\psi)}{z} \cdot A = \frac{\Delta \theta \cdot dz \cdot A}{dt} \therefore k \cdot dt = \frac{\Delta \theta \cdot z \cdot dz}{z-\psi} \therefore \int_0^t k \cdot dt = \int_0^z \frac{\Delta \theta \cdot z \cdot dz}{z-\psi}$$

$$\therefore t = \frac{\Delta \theta \left[z + \psi \cdot \ln\left(\frac{\psi - z}{\psi} \right) \right]}{k}$$

A segunda parte do exercício visa à aplicação de valores na equação de Green-Ampt. Para tanto, a Fig. 4.35 apresenta um tensiômetro instalado em um solo não saturado. O tensiômetro é um equipamento que pode ser usado para medir carga de pressão negativa, sendo, em outras palavras, uma espécie de piezômetro para a medição de ψ. Analisando o ramo com mercúrio, a pressão em B é a seguinte:

$$\frac{u_B}{\gamma_{merc}} + 1 = 0{,}28 \therefore u_B = (0{,}28 - 1)136 = -97{,}92 \text{ kPa}$$

Observando o ramo com água, em situação hidrostática ($h_A = h_B$):

$$\psi - 2 = \frac{u_B}{\gamma_w} + 1 \therefore \psi = \frac{-97{,}92}{10} + 3 = -6{,}79 \text{ m}$$

Conclui-se que a pressão de água e a sucção aos 2 m são as seguintes:

$$\frac{u_w}{\gamma_w} = \psi \therefore u_w = -6{,}79 \cdot \gamma_w = -67{,}9 \text{ kPa}$$

$$u_a - u_w = 0 - (-67{,}9) = 67{,}9 \text{ kPa}$$

Além da carga de pressão, é necessária a variação da umidade volumétrica para o cálculo do tempo para que a frente de infiltração atinja os 2 m. O parâmetro-chave para esse cálculo é o índice de vazios:

$$\gamma_t = \gamma_s \cdot \frac{(1+w)}{(1+e)} \therefore e = \frac{\gamma_s(1+w)}{\gamma_t} - 1 = \frac{26{,}5(1+0{,}15)}{18} - 1 = 0{,}693$$

Os valores do grau de saturação inicial (S_i), da porosidade (n) e da umidade volumétrica inicial (θ_i) podem ser obtidos por meio de três relações entre índices físicos:

$$S_i = \frac{G_s \cdot w}{e} = \frac{2{,}65 \times 0{,}15}{0{,}693} = 57{,}36\%$$

$$n = \frac{e}{1+e} = 0{,}409$$

$$\theta_i = S_i \cdot n = 0{,}5736 \times 0{,}409 = 0{,}235$$

Com a saturação, a umidade volumétrica se iguala à porosidade e, com isso, a variação de θ é 0,409 − 0,235 = 0,174. Finalmente, lançando todos os valores pertinentes na equação de Green-Ampt, tem-se o tempo para que a frente de infiltração atinja os 2 m:

$$t = \frac{\Delta\theta \left[z + \psi \cdot \ln\left(\frac{\psi - z}{\psi}\right)\right]}{k} = \frac{0{,}174 \left[2 - 6{,}79 \cdot \ln\left(\frac{-6{,}79 - 2}{-6{,}79}\right)\right]}{10^{-6}} \cdot \frac{1 \text{ h}}{3.600 \text{ s}} = 12 \text{ h}$$

A evolução dos recalques com o tempo | 5

A magnitude de um recalque primário pode ser prevista a partir dos conceitos descritos no Cap. 3. Neste capítulo, são apresentados os conceitos necessários para previsões de recalques primários em determinados intervalos de tempo, utilizando a teoria do adensamento unidimensional de Terzaghi (1943).

Essa análise do processo de adensamento é frequentemente usada em projetos de aterros sobre solos moles. O objetivo é a aplicação de um ou dois métodos para promover a evolução do recalque em um intervalo de tempo predefinido, quando necessário.

Por exemplo, a construção de um aeroporto em uma área de baixada tem que ser iniciada com o lançamento de um aterro sobre um perfil de solo sedimentar marinho com camadas de argilas moles a muito moles. Esse aterro gera acréscimo de tensão e provoca recalques significativos, que evoluem gradativamente com o tempo. Com uma pequena evolução dos recalques, a aplicação do pavimento e a inauguração do aeroporto devem seguir com inúmeros problemas, tendo em vista os deslocamentos verticais das pistas de pouso e de decolagem. Dessa forma, com a certeza de problemas futuros relacionados a recalques, é possível a utilização de uma série de métodos para reduzi-los. Neste capítulo, são abordados dois métodos para acelerar os recalques, para que ocorram antes da conclusão da obra.

O primeiro exercício aborda conceitos relevantes para previsões de recalques com o tempo. Na sequência, são apresentados os métodos para acelerar recalques. Apresentam-se ainda exercícios que ilustram o uso de instrumentos de campo para monitorar o processo de adensamento.

Exercício 5.1

Um aterro de areia argilosa (γ_t = 20 kN/m³), com 2 m de espessura e grandes dimensões em planta, será lançado sobre o perfil geotécnico descrito na Fig. 5.1. A partir de uma campanha de ensaios de adensamento com amostras extraídas da camada de argila mole, verificou-se o comportamento descrito na Fig. 5.2, para corpos de prova com 2,5 cm de espessura. Com base nesse comportamento e nos parâmetros apresentados no perfil, calcule:

a) O recalque primário parcial, seis meses após o lançamento do aterro.
b) O tempo necessário para ocorrer 90% do recalque primário da camada de argila mole.

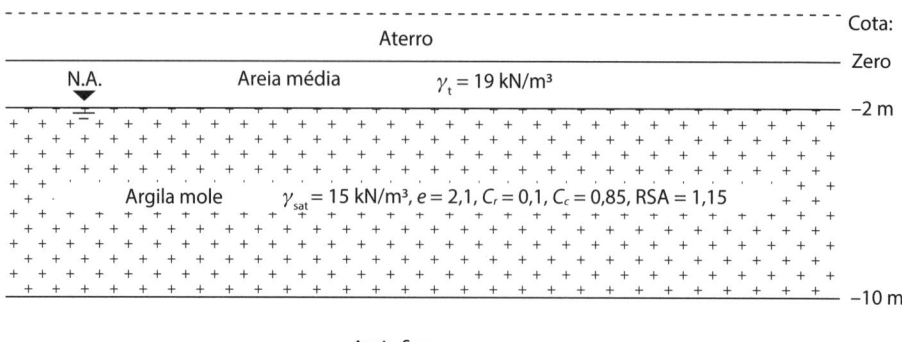

Fig. 5.1 Aterro e perfil geotécnico

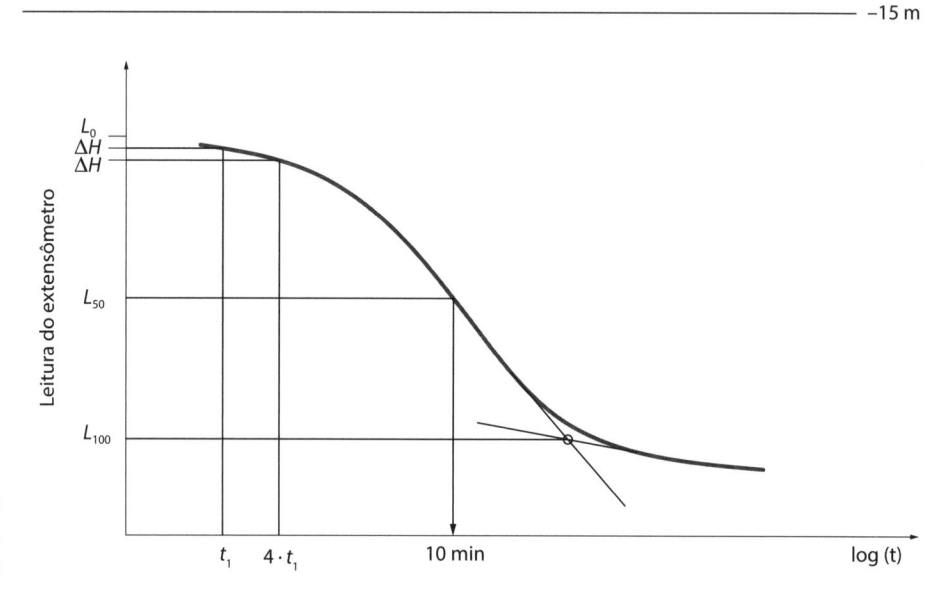

Aterro — Cota: Zero
N.A. Areia média $\gamma_t = 19$ kN/m³ — −2 m
Argila mole $\gamma_{sat} = 15$ kN/m³, $e = 2{,}1$, $C_r = 0{,}1$, $C_c = 0{,}85$, RSA = 1,15 — −10 m
Areia fina — −15 m

Fig. 5.2 Gráfico para obtenção de c_v pelo método de Casagrande, de 1936

Solução:

a) Para relacionar o recalque ($\rho_{parcial}$) de uma determinada camada com o tempo, utiliza-se tradicionalmente o chamado grau de adensamento médio (U) multiplicado pelo recalque total primário (ρ):

$$\rho_{parcial} = \rho \cdot U$$

Esse grau de adensamento médio é a chave para a resolução do problema, sendo imperativa uma equação que o relacione com o tempo. Antes, porém, é fundamental o entendimento físico do adensamento unidimensional, ilustrado na Fig. 5.3, com os seguintes eventos:

▶ Para um tempo $t = 0$, a tensão aplicada provoca um excesso inicial de poropressão (u_{e0}) igual a q, em virtude da incompressibilidade da água em relação à compressibilidade do esqueleto sólido.

- Para um tempo t > 0, o excesso inicial de poropressão se dissipou completamente nas camadas drenantes de areia e, também, no topo e na base da camada de argila (faces drenantes). Ao longo da profundidade z, dentro da camada de argila, ocorre um excesso variável de poropressão, com valor máximo no centro. Em função desses diferentes excessos de poropressão (u_e), ocorrem diferenças de cargas totais, com consequentes fluxos verticais, partindo do centro da camada para as faces drenantes.

- Com o decorrer do tempo, u_e vai gradativamente diminuindo ($u_e = u_{e0} - \Delta u$), com correspondente aumento de σ'. A tensão total permanece constante, teoricamente, com transferência de carga da água intersticial para o esqueleto sólido, o que provoca redução de índice de vazios (adensamento) e recalque. Resumindo, com Δu tem-se igual $\Delta \sigma'$.

- Para um tempo $t \to \infty$, ao longo de todo o perfil haverá dissipação completa de todos os excessos de poropressão e a condição hidrostática será restabelecida, marcando o final do processo de adensamento primário. Nesse momento, toda a carga q será transferida para o solo, em forma de tensão efetiva.

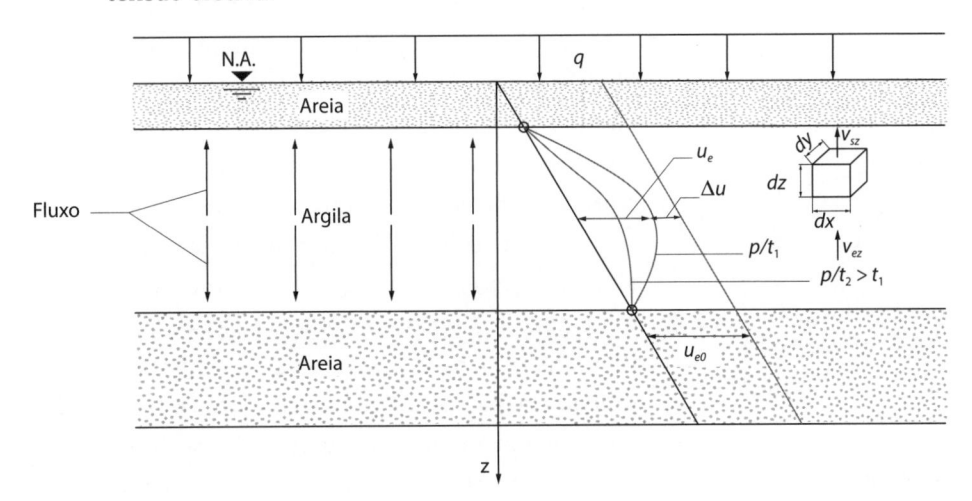

Fig. 5.3 Poropressões geradas pela solicitação q

Voltando ao grau de adensamento e sua definição, agora para uma determinada profundidade z, com a hipótese de variação linear do índice de vazios em relação à tensão efetiva:

$$U_z = \frac{\rho_{parcial}}{\rho} = \frac{\Delta e_{parcial}}{\Delta e_{final}} = \frac{\Delta \sigma'_{parcial}}{\Delta \sigma'_{final}} = \frac{\Delta u_{parcial}}{q} = \frac{u_{e0} - u_e}{u_{e0}} = 1 - \frac{u_e}{u_{e0}}$$

Dentro da camada de argila, têm-se diferentes excessos de poropressão (u_e) e consequentemente diferentes graus de adensamento para um determinado tempo. Junto às faces drenantes, por exemplo, o grau de adensamento é 100%, ao passo que em outros pontos ele está entre 0 e 100%, com valor mínimo no centro da camada. Como U é referente à camada, deve ser definido como uma média de U_z, daí vem o termo usado no início do exercício: grau de adensamento médio. Para o conhecimento de U, faz-se necessária a obtenção de um excesso médio de poropressão e, para tanto, é imprescindível o conhecimento de u_e em função do tempo e da profundidade.

A análise de fluxo apresentada no Exercício 4.6, relacionada com fluxo bidimensional, mostrou a seguinte equação:

$$\frac{\partial v_x}{\partial x} + \frac{\partial v_y}{\partial y} = -\frac{\partial S \cdot n}{\partial t}$$

Para o caso do fluxo unidimensional em tela, ao longo do eixo z, com solo saturado e com a aplicação da lei de Darcy, a equação pode ser simplificada:

$$\frac{\partial v_z}{\partial z} = -\frac{\partial n}{\partial t} \therefore k_v \cdot \frac{\partial^2 h}{\partial z^2} = \frac{\partial n}{\partial t}$$

$$k_v \cdot \frac{\partial^2 h}{\partial z^2} = \frac{\partial n}{\partial \sigma'} \cdot \frac{\partial \sigma'}{\partial t} = -m_v \cdot \frac{\partial \sigma'}{\partial t} \therefore \frac{k_v}{\gamma_w} \cdot \frac{\partial^2 u_e}{\partial z^2} = m_v \cdot \frac{\partial u_e}{\partial t} \therefore \frac{\partial u_e}{\partial t} = \frac{k_v}{m_v \cdot \gamma_w} \cdot \frac{\partial^2 u_e}{\partial z^2} \therefore \frac{\partial u_e}{\partial t} = c_v \cdot \frac{\partial^2 u_e}{\partial z^2}$$

em que m_v é o índice de compressibilidade volumétrica do solo (inclinação do gráfico da Fig. 5.4) e c_v é o coeficiente de adensamento vertical do solo, igual a $k_v/(m_v \cdot \gamma_w)$. Esse coeficiente de adensamento é o parâmetro fundamental para a análise da evolução dos recalques, haja vista que ele dita a magnitude da taxa de variação do excesso de poropressão com o tempo. Quanto menor é o valor de c_v, mais lento é o processo de adensamento.

Para um solo de baixíssima permeabilidade e alta compressibilidade, que é o caso de uma argila mole, tem-se consequentemente um c_v baixíssimo. De maneira oposta, para areias têm-se alta permeabilidade e baixa compressibilidade, com c_v muito alto e adensamento praticamente instantâneo.

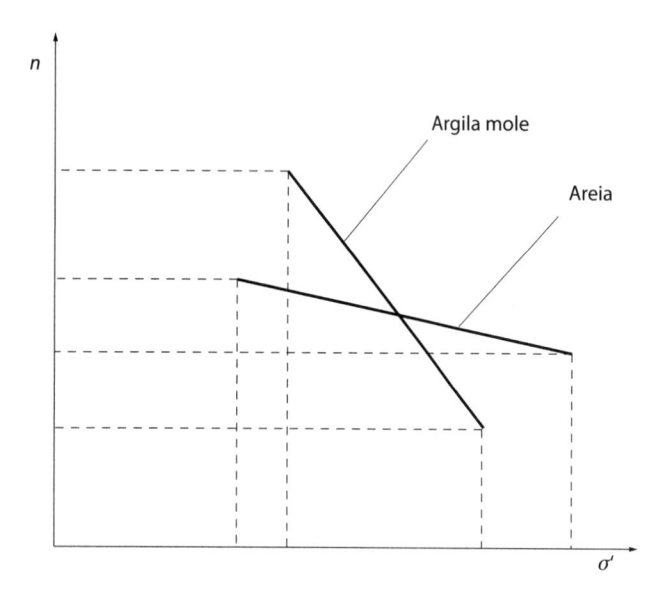

Fig. 5.4 Solos com diferentes compressibilidades

É conveniente transformar a equação diferencial que rege esse fluxo transiente analisado para uma forma paramétrica, que gere uma equação genérica para o grau de adensamento U_z, com novas variáveis adimensionais:

- fator tempo (T): $\frac{c_v \cdot t}{H_d^2}$, em que t é o tempo e H_d é a espessura de drenagem (espessura da camada dividida pelo número de faces drenantes);

- parâmetro de profundidade (Z): $\frac{z}{H_d}$, com z partindo do topo da camada.

Lançando as novas variáveis na equação diferencial, tem-se:

$$\frac{\partial u_e}{\partial t} = c_v \cdot \frac{\partial^2 u_e}{\partial z^2} \therefore \frac{\partial u_e}{\partial T} = \frac{\partial^2 u_e}{\partial Z^2}$$

Para a resolução dessa equação, são necessárias as seguintes condições:
- condição inicial: para T = 0 e para qualquer Z, tem-se $u_e = u_{e0} = q$;

- condições de contorno: para $T > 0$, com $Z = 0$ ou $Z = 2$, tem-se $u_e = 0$.

A função do excesso de poropressão recai em uma série:

$$u_e = \sum_{m=0}^{\infty} \frac{2 \cdot u_{e0}}{M} \cdot \text{sen}(M \cdot Z) e^{-M^2 \cdot T}$$

em que $M = \frac{\pi}{2}(2 \cdot m + 1)$. O grau de adensamento para um determinado Z é o seguinte:

$$U_z = 1 - \frac{u_e}{u_{e0}} = 1 - \sum_{m=0}^{\infty} \frac{2}{M} \cdot \text{sen}(M \cdot Z) e^{-M^2 \cdot T}$$

Para a obtenção do grau de adensamento médio, basta integrar a equação para u_e, entre os limites $Z = 0$ e $Z = 2$, e calcular a média:

$$U = 1 - \frac{1}{u_{e0}} \int_0^2 \frac{u_e}{2} \cdot dZ = 1 - \sum_{m=0}^{\infty} \frac{2}{M^2} \cdot e^{-M^2 \cdot T}$$

Duas equações podem substituir a série necessária para o cálculo dos graus de adensamento:

- para $U \leq 60\%$: $T = \frac{\pi \cdot U^2}{4} \therefore U = \sqrt{\frac{4 \cdot T}{\pi}}$

- para $U > 60\%$: $T = -0{,}933 \cdot \log(1 - U) - 0{,}085 \therefore U = 1 - 10^{-\left(\frac{T + 0{,}085}{0{,}933}\right)}$

Finalmente, os cálculos podem ser realizados com os seguintes passos:
- estimativa do recalque total primário;
- cálculo de c_v a partir do gráfico de Casagrande (Fig. 5.2);
- cálculo do fator tempo e do grau de adensamento correspondente;
- previsão do recalque parcial para $t = 6$ meses.

Para o primeiro passo, tem-se que escolher a equação adequada para a previsão do recalque total primário, com uma simples análise das tensões efetivas, inicial e final, e da tensão de sobreadensamento:

$$\sigma_i' = 2 \times 19 + 4 \times 5 = 58 \text{ kPa}$$
$$\sigma_f' = \sigma_i' + \Delta\sigma = 58 + h_{aterro} \cdot \gamma_{t(aterro)} = 58 + 2 \times 20 = 98 \text{ kPa}$$
$$\sigma_p' = \sigma_i' \cdot \text{RSA} = 58 \times 1{,}15 = 66{,}7 \text{ kPa}$$

Como $\sigma_f' > \sigma_p'$, a equação completa para o recalque tem que ser aplicada:

$$\rho = \frac{H_i}{1 + e_i} \left[C_r \cdot \log\left(\frac{\sigma_p'}{\sigma_i'}\right) + C_c \cdot \log\left(\frac{\sigma_i' + \Delta\sigma}{\sigma_p'}\right) \right]$$
$$= \frac{8}{1 + 2{,}1} \left[0{,}1 \cdot \log(1{,}15) + 0{,}85 \cdot \log\left(\frac{98}{66{,}7}\right) \right] = 0{,}3822 \text{ m} = 38{,}22 \text{ cm}$$

O segundo passo é a obtenção de c_v a partir do método de Casagrande, descrito na Fig. 5.2, que revela o tempo necessário para a ocorrência de 50%

do deslocamento do corpo de prova, com espessura de 2,5 cm e duas faces drenantes (pedras porosas saturadas no topo e na base). Assim, são conhecidos o grau de adensamento médio (50%), o tempo (10 min) e a espessura de drenagem (1,25 cm). O fator tempo tem relação direta com o grau de adensamento:

$$T = \frac{\pi \cdot U^2}{4} \therefore \frac{\pi \cdot 0,5^2}{4} = 0,1964$$

O coeficiente de adensamento vem com uma simples manipulação algébrica:

$$T = \frac{c_v \cdot t}{H_d^2} \therefore c_v = \frac{T \cdot H_d^2}{t} = \frac{0,1964 \times 1,25^2}{10} = 0,0307 \text{ cm}^2/\text{min} = 1,613 \text{ m}^2/\text{ano}$$

No terceiro passo, antecedendo ao cálculo do grau de adensamento médio para t = 6 meses, é necessária a obtenção do fator tempo:

$$T = \frac{c_v \cdot t}{H_d^2} = \frac{1,613 \times 0,5}{\left(\frac{8}{2}\right)^2} = 0,0504$$

$$U = \sqrt{\frac{4 \cdot T}{\pi}} = \sqrt{\frac{4 \times 0,0504}{\pi}} = 25,3\%$$

Portanto, o recalque parcial para um tempo de 6 meses após o lançamento do aterro é:

$$\rho_{parcial} = \rho \cdot U = 38,22 \times 0,253 = 9,7 \text{ cm}$$

Se uma edificação for construída na área aterrada 6 meses após o lançamento do aterro, com suas fundações em estacas (Fig. 5.5), um degrau (materialização do recalque diferencial) deverá se desenvolver entre a laje de piso e a superfície do aterro. Esse degrau, em função dos valores previstos, deve ser igual a 28,5 cm. No entanto, se o piso não for armado, sendo apoiado diretamente na superfície do aterro, catenárias deverão se desenvolver entre os apoios estaqueados e a zona com solo subjacente. Além desses efeitos diretos dos recalques diferenciais, ocorre também um efeito indireto, associado a um aumento de carga nas estacas, o chamado atrito negativo.

Observação: em todas as análises deste capítulo estão sendo desprezados os recalques secundários.

b) A metodologia para o cálculo do tempo correspondente a 90% de adensamento é a mesma adotada no item a, iniciando com o cálculo do fator tempo para posterior estimativa do tempo:

$$T = -0,933 \cdot \log(1-U) - 0,085 \therefore T = -0,933 \cdot \log(1-0,9) - 0,085 = 0,848$$

$$T = \frac{c_v \cdot t}{H_d^2} \therefore t = \frac{T \cdot H_d^2}{c_v} = \frac{0,848 \times 4^2}{1,613} = 8,4 \text{ anos}$$

Uma observação importante: se eventualmente a base da camada de argila estivesse em contato com granito (impermeável), haveria apenas uma face drenante, com H_d = 8 m. Como o tempo varia com o quadrado da distância de drenagem, o tempo para o grau de adensamento solicitado seria o quádruplo do estimado. Conclui-se que a distância de drenagem tem influência significativa no tempo com o qual se processa o adensamento primário.

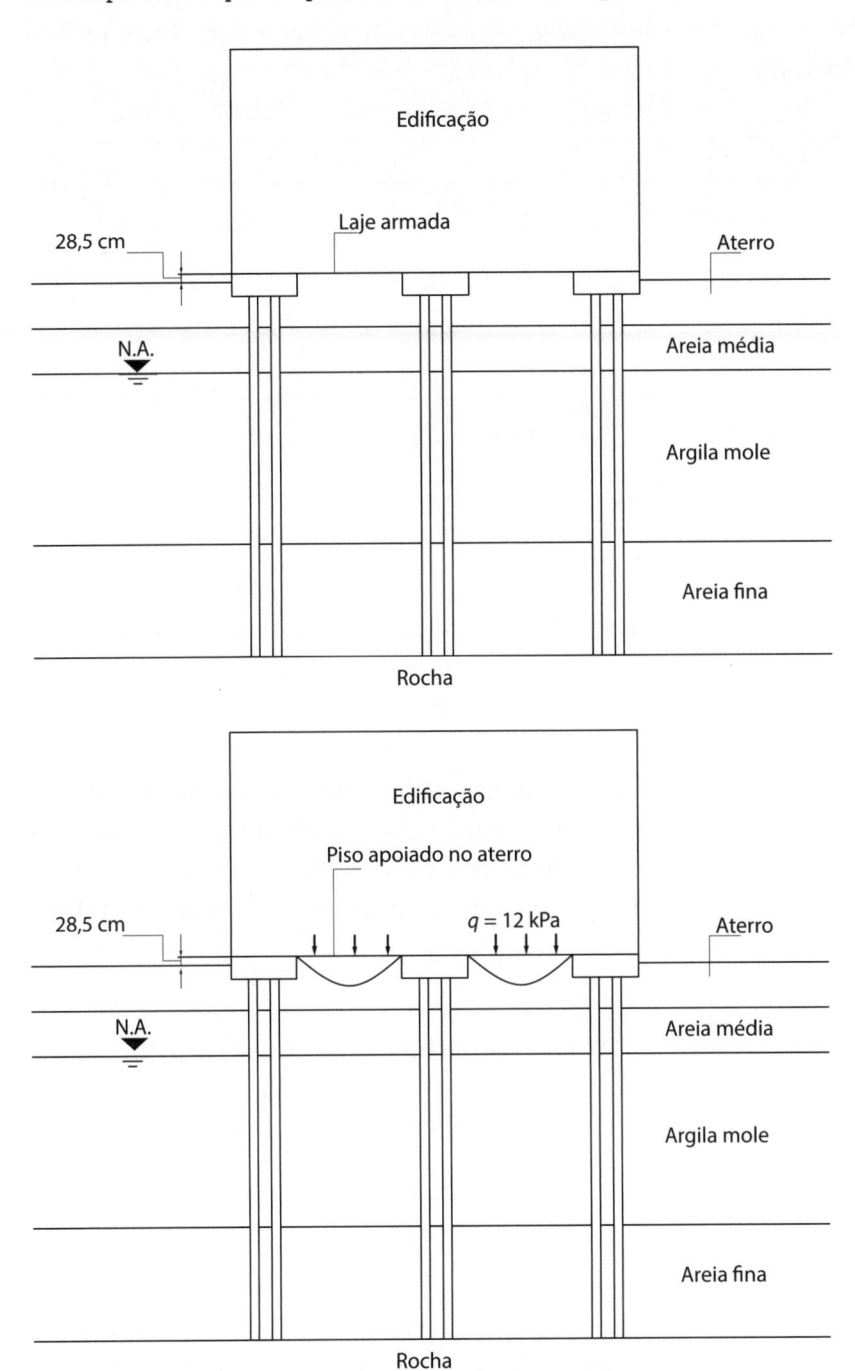

Fig. 5.5 Situações com recalques diferenciais

Exercício 5.2

Tomando como base o exercício anterior, dimensione uma malha de drenos verticais para promover um grau de adensamento de 70% em 6 meses.

Solução:

Um método para acelerar o processo de adensamento consiste na instalação de drenos verticais na camada de interesse, visando reduzir a distância de drenagem, adicionando um fluxo horizontal artificial a um fluxo vertical natural (Fig. 5.6).

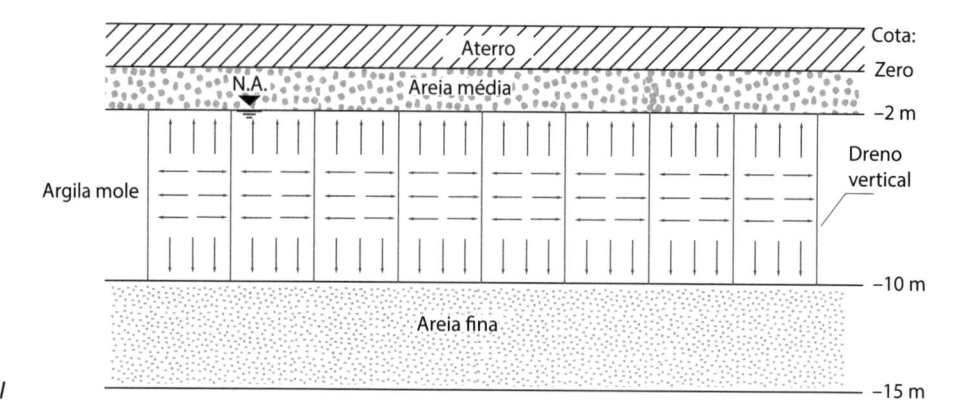

Fig. 5.6 Fluxos horizontal e vertical

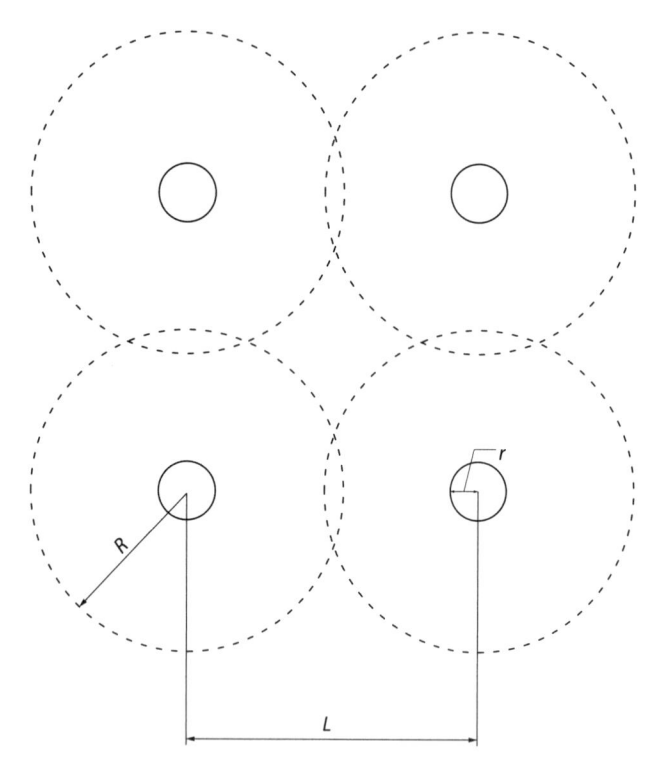

Fig. 5.7 Malha quadrada de drenos (em planta)

A malha de drenos é referente à configuração dos drenos em planta, com um espaçamento L, que é basicamente a incógnita do exercício (Fig. 5.7). A malha mostrada é quadrada, mas pode eventualmente ter configuração triangular. Os raios R e r são, respectivamente, o raio de drenagem e o raio do dreno. Fazendo uma equivalência entre a área da malha quadrada e a área circular de influência do dreno por fluxo radial, R pode ser facilmente obtido:

$$\pi \cdot R^2 = L^2 \therefore R = \frac{L}{\sqrt{\pi}}$$

O grau de adensamento resultante (U), combinando-se o fluxo vertical com o horizontal, é o seguinte (Carrillo, 1942):

$$(1-U) = (1-U_v)(1-U_h)$$

em que U_v é o grau de adensamento médio para fluxo exclusivamente vertical, visto no exercício anterior com o símbolo U, sem o subscrito (v), e U_h é o grau de adensamento médio para fluxo exclusivamente horizontal.

Manipulando essa última equação, é possível encontrar o grau de adensamento horizontal necessário para promover 70% do adensamento primário. Esse U_h é a meta, que deve ser atingida com o dimensionamento do espaçamento L.

$$U_h = 1 - \frac{(1-U)}{(1-U_v)} = 1 - \frac{(1-0,7)}{(1-0,253)} = 59,8\%$$

Considerando apenas o fluxo horizontal radial, a equação diferencial que o governa é:

$$\frac{\partial u}{\partial t} = c_h \left[\frac{1}{r} \cdot \frac{\partial u}{\partial r} + \frac{\partial^2 u}{\partial r^2} \right]$$

Segundo Barron (1948), o grau de adensamento médio horizontal, resultante da equação diferencial de fluxo radial, é:

$$U_h = 1 - e^{\left(\frac{-8 \cdot T_h}{F(n)}\right)}$$

Dessa forma, é necessário o conhecimento do fator tempo horizontal (T_h) e de uma função $F(n)$, que é influenciada principalmente pelo espaçamento entre drenos, ou seja, pela densidade da malha adotada. As equações para T_h e $F(n)$ são respectivamente:

$$T_h = \frac{c_h \cdot t}{4 \cdot R^2}$$

$$F(n) = \ln\left(\frac{R}{r}\right) - 0{,}75$$

Fica claro que é necessário arbitrar um valor inicial para o espaçamento L, pois o grau de adensamento médio horizontal depende do raio de drenagem R. Adotando L = 1,5 m, tem-se R = 84,6 cm. Além de R, as equações que compõem a previsão de U_h também dependem do raio do dreno e do coeficiente de adensamento horizontal.

Atualmente, os drenos usados são geossintéticos, compostos de um núcleo drenante envolvido por geotêxtil não tecido, e têm uma seção transversal retangular, tipicamente de 10 cm × 5 mm. Fazendo uma equivalência entre o perímetro do retângulo (real) e o perímetro da circunferência (modelo), o raio equivalente do dreno é de 3,3 cm. Tal equivalência é razoável, tendo em vista que o fluxo incide pelo perímetro do dreno.

O coeficiente de adensamento horizontal pode ser obtido por meio de ensaio de laboratório (adensamento edométrico) ou de ensaio de campo (piezocone). Em virtude da indisponibilidade de resultados de ensaios, a resolução do exercício deve seguir com passo empírico. A literatura geotécnica brasileira indica uma anisotropia entre a permeabilidade horizontal e a permeabilidade vertical para camadas de argilas moles, com uma relação k_h/k_v tipicamente entre 1,5 e 2. Considerando isotrópica a compressibilidade, o que é razoável, essa mesma anisotropia ocorre para a relação c_h/c_v. Para a sequência de cálculos, adotando $c_h = 1{,}5 \cdot c_v$, tem-se um fator tempo horizontal igual a 0,422.

Com a instalação do dreno vertical, é gerado um amolgamento do solo que o envolve; é o chamado efeito *smear*. A consequência desse efeito é uma alteração do coeficiente de permeabilidade em sua zona de influência (Fig. 5.8), o que gera variação na velocidade de fluxo horizontal e no grau de adensamento médio horizontal. De acordo com Hansbo (1981), para contemplar o efeito *smear*, basta somar a $F(n)$ a seguinte função:

$$F(s)=\left(\frac{k_h}{k_h'}-1\right)\ln\left(\frac{r_s}{r}\right)$$

Com essa última equação, mais dois passos empíricos são tradicionais: a adoção de uma relação k_h/k_h' e de um raio de influência r_s. Hansbo (1981) sugere que a razão entre a permeabilidade horizontal da zona indeformada e a permeabilidade horizontal da zona amolgada é igual a k_h/k_V. O raio de influência, segundo Hansbo (1987), é duas vezes o raio equivalente do mandril, que é a lâmina que conduz o dreno (encapsulado) até a profundidade de projeto. Como o mandril tem seção retangular, tipicamente com 6 cm × 12 cm, seu raio equivalente é 4,787 cm. Substituindo os valores na equação correspondente ao efeito *smear*, tem-se $F(s) = 0,526$.

Voltando à função $F(n)$, com R = 84,6 cm, r = 3,3 cm e $F(s) = 0,526$, tem-se $F(n) = 3$, com consequente grau de adensamento médio horizontal de 67,5%, que é superior ao valor da meta (59,8%). Repetindo todos os cálculos, com L = 1,642 m, a meta é atingida e o grau de adensamento resultante é 70%.

Se fosse adotada uma relação $k_h/k_V = c_h/c_v = k_h/k_h' = 2$, o valor de L necessário seria de 1,739 m. Curiosamente, se o solo fosse considerado isotrópico, com o espaçamento arbitrado inicialmente (L = 1,5 m), a meta seria atingida.

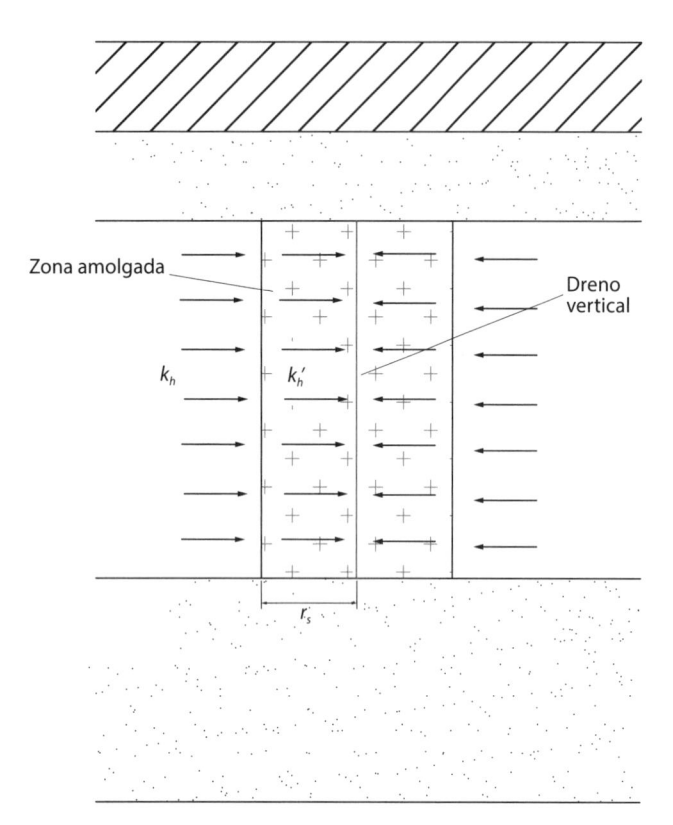

Fig. 5.8 Efeito smear

Exercício 5.3

Com a malha de drenos projetada no exercício anterior, o grau de adensamento resultante é de 70%, não sendo suficiente para evitar recalques posteriores ao prazo de 6 meses que antecede a obra descrita na Fig. 5.5, por exemplo. Use o procedimento da sobrecarga temporária e projete uma altura de aterro, para um período de 6 meses, com o intuito de provocar todo o recalque primário do aterro com espessura necessária para que sua superfície fique à cota +2 m. Considere a existência dos drenos dimensionados no exercício anterior.

Solução:

Este exercício solicita uma superposição de dois métodos muito usados para acelerar recalques primários, sendo que o primeiro foi detalhado no exercício anterior. O segundo é referente ao uso de sobrecarga temporária, que consiste no lançamento de um aterro com espessura superior à necessária, por um determinado período, para provocar todo o recalque primário previsto para o aterro com a espessura necessária.

A espessura necessária é calculada com o procedimento apresentado no Exercício 3.8:

$$\rho = \frac{H_i}{1+e_i}\left[C_r \cdot \log\left(\frac{\sigma'_p}{\sigma'_i}\right) + C_c \cdot \log\left(\frac{\sigma'_i + \gamma_t(2+\rho)}{\sigma'_p}\right)\right]$$

$$= \frac{8}{1+2,1}\left[0,1 \cdot \log(1,15) + 0,85 \cdot \log\left(\frac{58 + 20(2+\rho)}{66,7}\right)\right]$$

Com ρ = 0,47 m, ocorre convergência do processo iterativo e, com isso, a espessura necessária de aterro é de 2,47 m, para que sua superfície final fique à cota +2 m.

Esse recalque de 47 cm deve ser considerado um recalque parcial para um aterro com a espessura necessária somada à espessura de sobrecarga (h_s). Então, o aterro com sobrecarga tem que ser capaz de gerar o seguinte recalque total primário:

$$\rho_{parcial} = \rho \cdot U \therefore \rho = \frac{\rho_{parcial}}{U} = \frac{47}{0,7} = 67 \text{ cm}$$

O acréscimo de tensão capaz de gerar o recalque de 67 cm é facilmente obtido com a equação manipulada no Exercício 3.3:

$$\Delta\sigma = \sigma'_p \cdot 10^{\frac{\left[\rho\frac{(1+e_i)}{H_i} - C_r \cdot \log\left(\frac{\sigma'_p}{\sigma'_i}\right)\right]}{C_c}} - \sigma'_i = 66,7 \times 10^{\frac{\left[\frac{0,67(1+2,1)}{8} - 0,1 \cdot \log(1,15)\right]}{0,85}} - 58 = 74,56 \text{ kPa}$$

O acréscimo é igual à tensão aplicada e, com isso, tem-se a altura de sobrecarga temporária:

$$\Delta\sigma = (2,47 + h_s)\gamma_t \therefore h_s = \frac{74,56}{20} - 2,47 = 1,26 \text{ m}$$

Finalmente, a altura temporária do aterro tem que ser igual a 2,47 m + 1,26 m, para que o recalque de 47 cm ocorra em 6 meses. Findados os 6 meses, a sobrecarga temporária de 1,26 m de espessura tem que ser retirada.

Exercício 5.4

O projeto para o aterro da Fig. 5.1, com o uso de drenos verticais e de sobrecarga temporária, é uma alternativa para minimizar recalques posteriores ao prazo especificado no Exercício 5.2, de 6 meses. No entanto, em função das incertezas inerentes ao desenvolvimento de projetos geotécnicos, uma boa prática reside na instrumentação de campo, que visa principalmente a alguns ajustes de dimensionamento. A instalação de placas de recalques, piezômetros e perfilômetros, entre outros instrumentos, pode revelar uma discrepância relevante entre o desempenho da obra e a previsão do projeto.

Em virtude desses aspectos, utilizando-se placa de recalque no campo, verificou-se um recalque de 76 mm para um tempo de 30 dias após o lançamento de apenas 1,5 m do aterro da Fig. 5.1, sem a instalação dos drenos verticais. Com base nessa informação de campo, calcule o coeficiente de adensamento vertical e tire conclusões acerca dos dimensionamentos feitos nos exercícios anteriores.

Solução:

Com o recalque medido e com uma previsão do recalque primário para a altura de aterro descrita (1,5 m), é viável o cálculo do grau de adensamento para 30 dias. Com o grau de adensamento, é possível o cálculo do fator tempo e a obtenção de c_v. Dessa forma, eventuais alterações de projeto podem ser implementadas.

Iniciando pelo cálculo do recalque primário:

$$\rho = \frac{H_i}{1+e_i}\left[C_r \cdot \log\left(\frac{\sigma'_p}{\sigma'_i}\right) + C_c \cdot \log\left(\frac{\sigma'_i + \gamma_t \cdot 1,5}{\sigma'_p}\right)\right]$$

$$= \frac{8}{1+2,1}\left[0,1 \cdot \log(1,15) + 0,85 \cdot \log\left(\frac{58 + 20 \times 1,5}{66,7}\right)\right] = 0,28 \text{ m}$$

O grau de adensamento para 30 dias é a razão entre o recalque parcial medido (0,076 m) e o recalque total previsto para 1,5 m de aterro (0,28 m), ou seja, $U = 27\%$. O fator tempo correspondente é o seguinte:

$$T = \frac{\pi \cdot U^2}{4} \therefore \frac{\pi \cdot 0,27^2}{4} = 0,057$$

Assim, o coeficiente de adensamento vertical de campo é:

$$C_v = \frac{T \cdot H_d^2}{t} = \frac{0,057(400 \text{ cm})^2}{(30 \times 24 \times 60)} = 0,21 \text{ cm}^2/\text{min}$$

Portanto, o coeficiente de adensamento de campo é aproximadamente sete vezes o c_v obtido a partir do ensaio de adensamento. Essa discrepância é comum: Massad (2009) apresenta uma razão igual a 5, entre c_v de campo e c_v de laboratório, para solos das várzeas de São Paulo (SP), e para a Baixada Santista (solo fluviolagunar) essa razão fica entre 15 e 100. Conclui-se que o projeto inicial com drenos e sobrecarga temporária deve ser modificado.

Exercício 5.5

Realizou-se um ensaio de piezocone, no dia 27 de março de 2005, no perfil geotécnico descrito na Fig. 5.9. Com a ponta estacionada à cota –4 m, mediu-se uma poropressão de 64,4 kPa após a dissipação do excesso de poropressão provocado pela inserção do cone. Posteriormente, no dia 27 de março de 2006, foi executado o mesmo CPTU, no mesmo nível, com uma poropressão medida de 54,4 kPa após a estabilização de u. Com base nessas informações, calcule a provável data do término da construção do aterro.

Observação: desconsidere o tempo de construção, admitindo que toda a carga foi aplicada em t_0.

Solução:

A situação descrita envolve uma análise do grau de adensamento para uma determinada profundidade (U_z), com excessos de poropressões (u_e) no meio da camada de argila, para diferentes datas. Tais excessos podem ser calculados com a seguinte linha de raciocínio:

- para 27/3/2005: $u = u_h + u_e \therefore u_e = u - u_h = 64,4 - 30 = 34,4$ kPa;
- para 27/3/2006: $u_e = 54,4 - 30 = 24,4$ kPa.

Em que u_h é a poropressão hidrostática. Assim, o grau de adensamento U_z é o seguinte:

- para 27/3/2005: $U_z = 1 - \dfrac{u_e}{u_{e0}} = 1 - \dfrac{34,4}{40} = 0,14$;
- para 27/3/2006: $U_z = 1 - \dfrac{24,4}{40} = 0,39$.

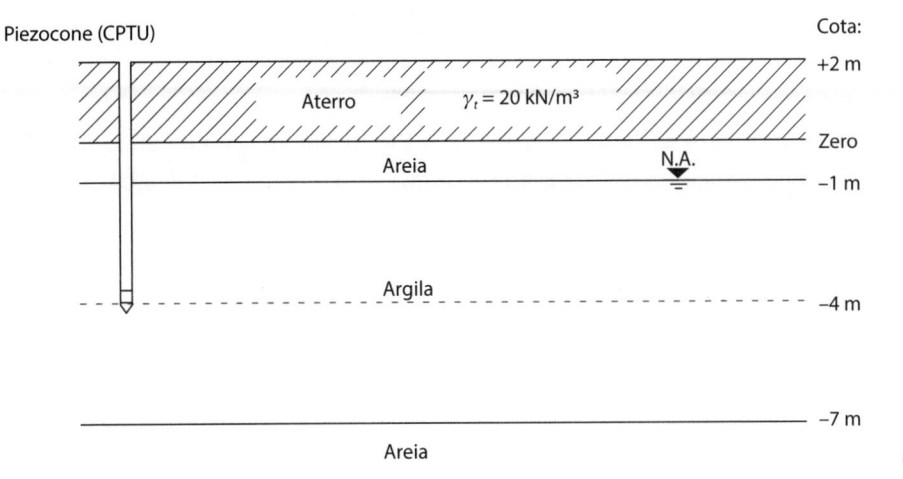

Fig. 5.9 Perfil geotécnico e aterro

Com fatores tempo iguais a 0,15 e 0,3 para as respectivas datas de 27/3/2005 e 27/3/2006, têm-se justamente os graus de adensamento de 14% e 39%, obtidos por meio de:

$$U_z = 1 - \dfrac{u_e}{u_{e0}} = 1 - \sum_{m=0}^{\infty} \dfrac{2}{M} \cdot \operatorname{sen}(M \cdot Z) e^{-M^2 T}$$

Com T = 0,15, Z = 1 (meio da camada) e M = π(2 · m + 1)/2, tem-se:

$$U_z = 1 - \left(\dfrac{2}{1,571} \cdot \operatorname{sen}(1,571) e^{-1,571^2 \times 0,15} + \dfrac{2}{4,712} \cdot \operatorname{sen}(4,712) e^{-4,712^2 \times 0,15} \right) = 0,14$$

Para o mesmo valor de Z, porém com T = 0,3, tem-se:

$$U_z = 1 - \left(\dfrac{2}{1,571} \cdot \operatorname{sen}(1,571) e^{-1,571^2 \times 0,3} \right) = 0,39$$

É importante notar que a série resultante da equação diferencial que governa o adensamento primário converge para m = 1 com T = 0,15 e para m = 0 com T = 0,3. A partir de T = 0,2, a convergência ocorre para m = 0.

Portanto, para valores de T superiores a 0,2, a série simplificada fica com o seguinte formato:

$$T = 0,405 \cdot \ln \left(\dfrac{1,273 \cdot \operatorname{sen}(1,571 \cdot Z)}{1 - U_z} \right)$$

Com esse formato, é possível o cálculo direto do fator tempo a partir do grau de adensamento U_z, sem a necessidade do uso de isócronas, amplamente publicadas na literatura geotécnica. Finalmente, considerando Δt o intervalo de tempo entre o término da construção do aterro e o dia 27/3/2005, tem-se para o dia 27/3/2006 a seguinte situação:

$$T = \frac{C_v \cdot t}{H_d^2} \therefore 0{,}3 = \frac{C_v(\Delta t + 1 \text{ ano})}{H_d^2}$$

$$C_v = \frac{0{,}3 \cdot H_d^2}{\Delta t + 1}$$

Para o dia 27/3/2005, tem-se:

$$T = \frac{C_v \cdot t}{H_d^2} \therefore 0{,}15 = \frac{C_v \cdot \Delta t}{H_d^2} \therefore 0{,}15 = \frac{0{,}3 \cdot H_d^2 \cdot \Delta t}{(\Delta t + 1)H_d^2}$$

$$0{,}15(\Delta t + 1) = 0{,}3 \cdot \Delta t \therefore \Delta t + 1 = 2 \cdot \Delta t \therefore \Delta t = 1 \text{ ano}$$

Como o intervalo de tempo entre o término da construção do aterro e o dia 27/3/2005 é de 1 ano, a provável data de finalização da obra é 27/3/2004.

Exercício 5.6

Com base nos dados do exercício anterior, calcule o coeficiente de adensamento vertical. Sabendo que durante o ensaio de CPTU, realizado no dia 27 de março de 2005, foi executado um ensaio de dissipação de poropressão (Fig. 5.10), calcule o coeficiente de adensamento horizontal. Considere que o índice de rigidez (I_r) da argila é igual a 100, que o piezocone tem 1,784 cm de raio (R) e que a pedra porosa está situada na base do cone (T = 0,245 para 50% de dissipação de poropressão).

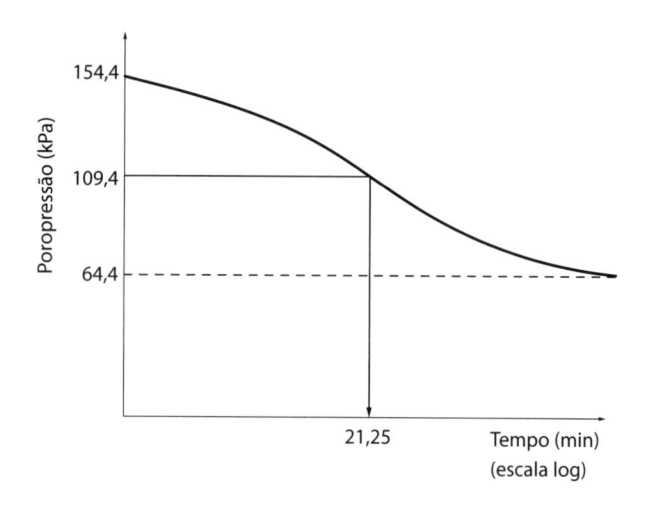

Fig. 5.10 Gráfico resultante do ensaio de dissipação

Solução:

Para o cálculo do coeficiente de adensamento vertical, basta usar a última equação do exercício anterior:

$$T = \frac{C_v \cdot t}{H_d^2} \therefore C_v = \frac{0{,}15(300 \text{ cm})^2}{1 \text{ ano}} = \frac{0{,}15(300 \text{ cm})^2}{365 \times 24 \times 60} = 0{,}026 \text{ cm}^2/\text{min}$$

O coeficiente de adensamento horizontal pode ser calculado com base na seguinte equação:

$$C_h = \frac{T \cdot R^2 \cdot \sqrt{G/s_u}}{t} = \frac{T \cdot R^2 \cdot \sqrt{I_r}}{t} = \frac{0{,}245 \times 1{,}784^2 \times \sqrt{100}}{21{,}25 \text{ min}} = 0{,}367 \text{ cm}^2/\text{min}$$

em que G é o módulo de elasticidade cisalhante e s_u é a resistência não drenada. O tempo foi extraído do gráfico mostrado na Fig. 5.10, para 50% de dissipação de poropressão. Durante o ensaio de piezocone, após a cravação do cone, o solo tem um comportamento sobreadensado em recompressão. Para a estimativa de um C_h correspondente à condição normalmente adensada, Jamiolkowski et al. (1985) propõem a multiplicação do C_h do piezocone por um coeficiente empírico, que varia de 0,13 a 0,15. Tomando um coeficiente médio de 0,14, o coeficiente de adensamento horizontal é o seguinte:

$$C_h = 0,14 \times 0,367 = 0,051 \text{ cm}^2/\text{min}$$

A razão C_h/C_v é aproximadamente igual a 2, o que evidencia uma provável anisotropia de permeabilidade.

6 | Estado de tensões e resistência ao cisalhamento

Nos capítulos anteriores, todas as análises de tensões foram realizadas em planos horizontais, apenas com tensões normais verticais. Na primeira parte deste capítulo, é analisado o estado de tensões em um determinado ponto do solo, de maneira mais abrangente, com cálculo de tensão horizontal, a partir da definição de um coeficiente de empuxo no repouso. Em seguida, apresentam-se conceitos básicos para cálculos de tensões em um plano qualquer, no qual atuam tensões normais e cisalhantes.

Na sequência, são desenvolvidas aplicações de conceitos clássicos de resistência ao cisalhamento em diferentes análises de estabilidade. Dessa forma, problemas tradicionais da Geotecnia são desenvolvidos, tais como:

- análises de estabilidade de taludes (infinito e finito);
- análise de estabilidade de aterro sobre solo mole;
- análises de estabilidade de obras de contenção;
- previsões de capacidades de carga para projetos de fundações profundas.

Em vários exercícios, são realizados tratamentos de resultados de ensaios de laboratório ou de campo, bem como são feitas reflexões sobre o aspecto comportamental do solo, referente a solicitações drenadas e não drenadas, e também com relação a trajetórias de tensões.

Exercício 6.1

Calcule as tensões efetivas, vertical e horizontal, atuantes no ponto P mostrado na Fig. 6.1. Sabe-se que a argila é normalmente adensada e seu coeficiente de Poisson é igual a 1/3.

Solução:

Imagina-se que a camada de argila foi se depositando gradativamente, com incrementos de tensões no plano horizontal e consequentes deslocamentos verticais (Fig. 6.2), com deslocamentos horizontais nulos, em função de acréscimos iguais de tensões em elementos vizinhos. Como não se têm deslocamentos horizontais, no plano vertical não é gerada tensão cisalhante, que também não existe nos planos ortogonais. É o caso edométrico estudado no Cap. 3.

Se existisse liberdade para deslocamentos horizontais, de forma genérica, haveria as seguintes deformações, obtidas a partir da teoria da elasticidade:

$$\varepsilon_1 = \frac{1}{E}\left[\Delta\sigma_1 - \upsilon(\Delta\sigma_2 + \Delta\sigma_3)\right]$$
$$\varepsilon_2 = \frac{1}{E}\left[\Delta\sigma_2 - \upsilon(\Delta\sigma_1 + \Delta\sigma_3)\right]$$
$$\varepsilon_3 = \frac{1}{E}\left[\Delta\sigma_3 - \upsilon(\Delta\sigma_1 + \Delta\sigma_2)\right]$$

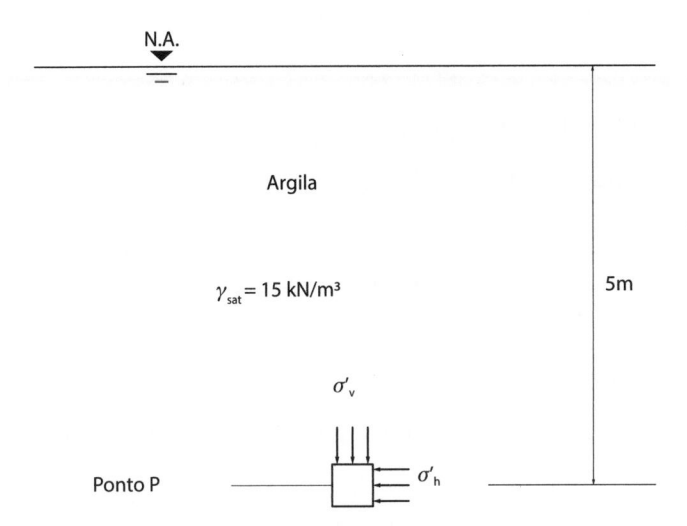

Fig. 6.1 Posição do ponto P

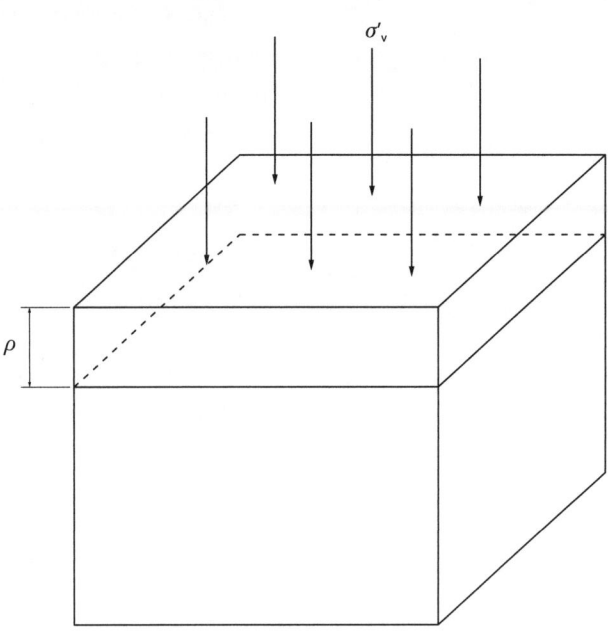

Fig. 6.2 Caso edométrico

em que $\Delta\sigma_1$, $\Delta\sigma_2$ e $\Delta\sigma_3$ são acréscimos de tensões em planos principais, que se caracterizam pela ausência de tensões cisalhantes. Esses planos são ortogonais e neles atuam a tensão principal maior (σ_1), a tensão principal intermediária (σ_2) e a tensão principal menor (σ_3). No caso axissimétrico mostrado na Fig. 6.3, $\sigma_2 = \sigma_3$. Com a mesma linha de raciocínio, para os planos principais têm-se três deformações, ε_1, ε_2 e ε_3, que nesse caso são resultantes das ações das tensões em um material elástico, isotrópico e com parâmetros de deformabilidade: E (módulo de elasticidade) e υ (coeficiente de Poisson). Este último tem a seguinte definição para o caso axissimétrico, com $\varepsilon_1 = \varepsilon_\upsilon$ e $\varepsilon_2 = \varepsilon_3 = \varepsilon_h$:

$$\upsilon = -\frac{\varepsilon_h}{\varepsilon_\upsilon}$$

O coeficiente de Poisson pode ser obtido a partir de resultados de ensaios triaxiais, que serão vistos em exercícios posteriores.

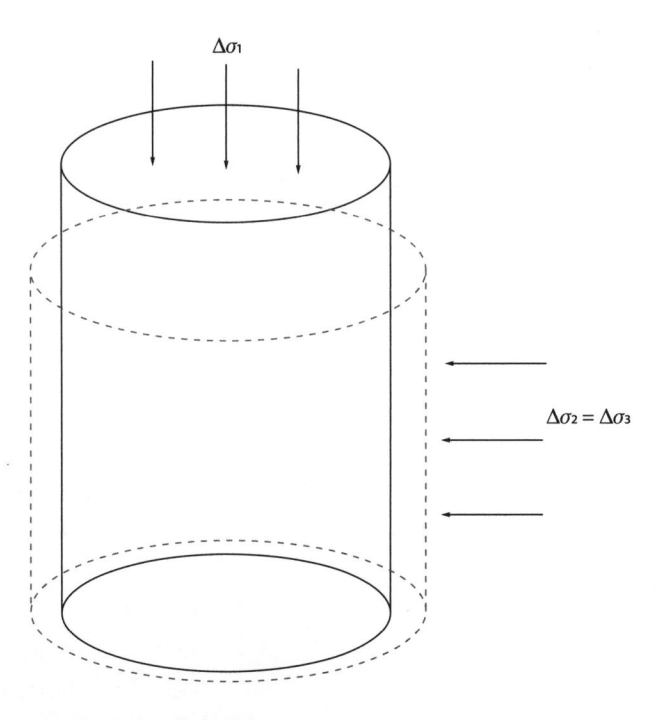

Fig. 6.3 Caso axissimétrico

Com base nas definições da teoria da elasticidade, voltando ao caso edométrico ($\varepsilon_h = 0$), tem-se:

$$\varepsilon_3 = \frac{1}{E}\left[\Delta\sigma_3 - \upsilon(\Delta\sigma_1 + \Delta\sigma_2)\right] = \varepsilon_h = \frac{1}{E}\left[\sigma'_h - \upsilon(\sigma'_v + \sigma'_h)\right] = 0 \therefore \sigma'_h - \upsilon(\sigma'_v + \sigma'_h) = 0$$

$$\sigma'_h - \upsilon \cdot \sigma'_h = \upsilon \cdot \sigma'_v \therefore \sigma'_h = \sigma'_v\left(\frac{\upsilon}{1-\upsilon}\right) \therefore \sigma'_h = \sigma'_v \cdot K_0$$

Esse K_0 é o chamado coeficiente de empuxo no repouso, em função do deslocamento horizontal nulo. Com o coeficiente de Poisson fornecido, tem-se $K_0 = 0,5$ e a possibilidade de cálculo da tensão efetiva horizontal. No entanto, o primeiro passo é a obtenção da tensão efetiva vertical:

$$\sigma'_v = 5 \cdot \gamma_{sub} = 5(15-10) = 25 \text{ kPa}$$

A tensão efetiva no plano vertical, ou seja, σ_h', é a seguinte:

$$\sigma'_h = \sigma'_v \cdot K_0 = 25 \times 0,5 = 12,5 \text{ kPa}$$

As tensões totais, vertical e horizontal, também podem ser calculadas, bastando somar a poropressão, que é a mesma em todas as direções:

$$\sigma_v = 25 + 50 = 75 \text{ kPa}$$
$$\sigma_h = 12,5 + 50 = 62,5 \text{ kPa}$$

Com as tensões efetivas, vertical e horizontal, é possível também o cálculo da tensão efetiva média de campo:

$$\sigma'_{média} = \frac{\sigma'_1 + \sigma'_2 + \sigma'_3}{3} = \frac{\sigma'_v + 2 \cdot \sigma'_h}{3} = \frac{25 + 2 \times 12,5}{3} = 16,7 \text{ kPa}$$

Resumindo, neste exercício a tensão efetiva principal maior é a tensão efetiva vertical, ao passo que a tensão efetiva principal menor é a tensão efetiva horizontal. Eventualmente, a tensão efetiva maior pode ser σ_h', em função de um sobreadensamento (Fig. 6.4). Entre a origem e o ponto A, o solo está normalmente adensado, seguindo a linha $K_0 = \text{tg}\alpha$, com o atrito entre partículas atenuando a transferência da tensão efetiva vertical para o plano vertical, com consequente $\sigma_h' < \sigma_v'$. Já no ponto B, o solo encontra-se fortemente sobreadensado, em virtude do alívio de tensões verticais, ficando com $\sigma_h' > \sigma_v'$, e, nesse caso, o atrito é mobilizado em contraposição a uma tendência de expansão do solo, mantendo a tensão efetiva horizontal pouco alterada, com consequente $K_0 > 1$.

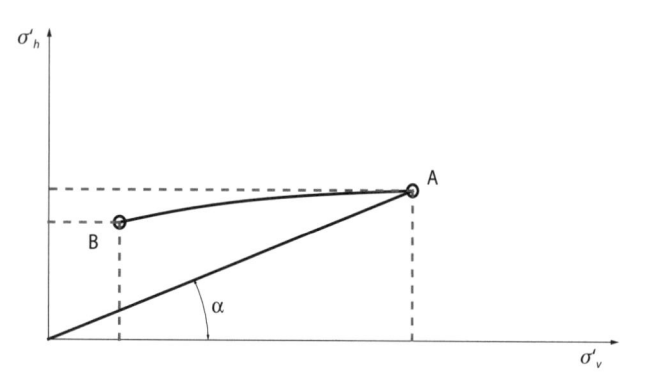

Fig. 6.4 Gráfico para análise de K_0

Exercício 6.2

Qual é o estado de tensões em um plano com inclinação $\alpha = 30°$ em relação à horizontal, no elemento do ponto P descrito no exercício anterior?

Solução:

Cortando o elemento, é possível observar que a tensão atuante não é simplesmente ortogonal ao plano, como acontece nos planos de tensões principais. A tensão tem certa obliquidade, o que permite sua decomposição, com uma componente normal ao plano (σ_α') e outra paralela ou cisalhante (τ_α). Com o esquema de forças apresentado na Fig. 6.5, é viável escrever duas equações, fazendo equilíbrios de forças verticais e de forças horizontais:

$$\sum F_v = 0 : \sigma_v' \cdot A \cdot \cos\alpha - \tau_a \cdot A \cdot \sin\alpha - \sigma_\alpha' \cdot A \cdot \cos\alpha = 0$$
$$\sum F_h = 0 : -\sigma_h' \cdot A \cdot \sin\alpha - \tau_a \cdot A \cdot \cos\alpha + \sigma_\alpha' \cdot A \cdot \sin\alpha = 0$$

Com duas equações de equilíbrio e duas incógnitas, é possível a obtenção de σ_α' e τ_α, que caracterizam o estado de tensões no plano com inclinação α:

$$\sigma_\alpha' = \left(\frac{\sigma_v' + \sigma_h'}{2}\right) + \left(\frac{\sigma_v' - \sigma_h'}{2}\right)\cos(2\cdot\alpha)$$
$$\tau_\alpha = \left(\frac{\sigma_v' - \sigma_h'}{2}\right)\sin(2\cdot\alpha)$$

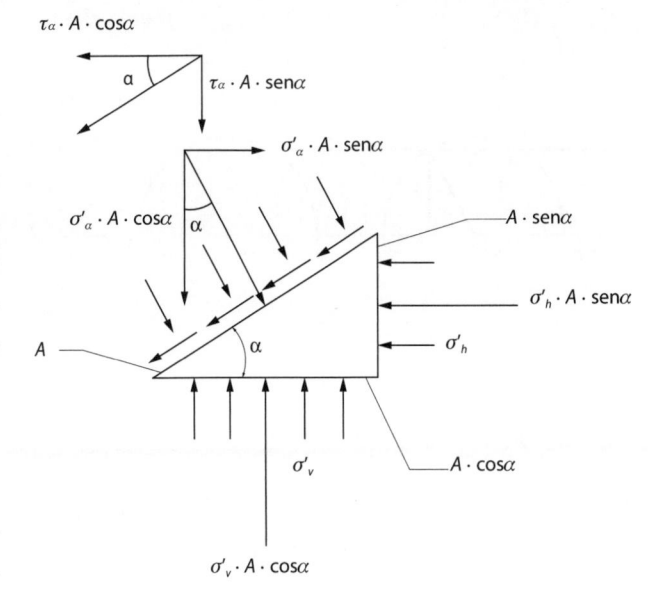

Fig. 6.5 Esquema de forças

Na Mecânica dos Solos, a convenção de sinais é:
- tensões normais de compressão são positivas e as de tração são negativas;
- tensões cisalhantes com tendência de girar o elemento no sentido anti-horário são positivas e, ao contrário, no sentido horário, o sinal é negativo.

Portanto, lançando os valores calculados no exercício anterior, as tensões em α são as seguintes:

$$\sigma_\alpha' = \left(\frac{25 + 12{,}5}{2}\right) + \left(\frac{25 - 12{,}5}{2}\right)\cos(60°) = 21{,}875 \text{ kPa}$$
$$\tau_\alpha = \left(\frac{25 - 12{,}5}{2}\right)\sin(60°) = 5{,}413 \text{ kPa}$$

A representação gráfica do estado de tensões em um plano qualquer é feita a partir do famoso círculo de Mohr (Fig. 6.6). As coordenadas do ponto A representam o estado de tensões no plano α.

A Fig. 6.7 ilustra, de maneira genérica, os círculos de Mohr de tensões efetivas e totais. Nota-se que ambos têm o mesmo raio e se distanciam de acordo com a magnitude da poropressão. Como u tem um valor único, independente da direção, a tensão cisalhante em determinado plano é única, comparando-se sua obtenção no círculo de σ' com a correspondente, no círculo de σ. Assim, não existe tensão

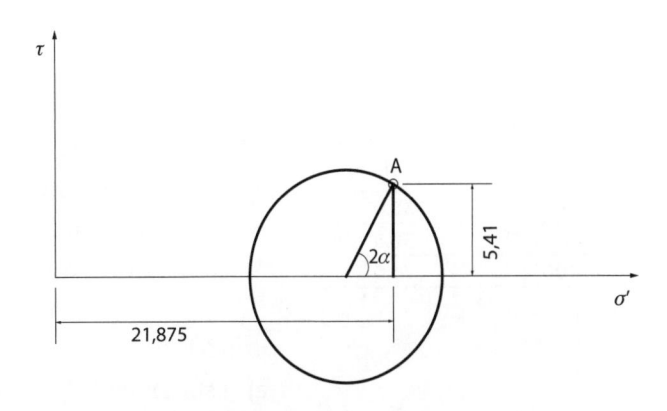

Fig. 6.6 Círculo de Mohr com o estado de tensões no plano α

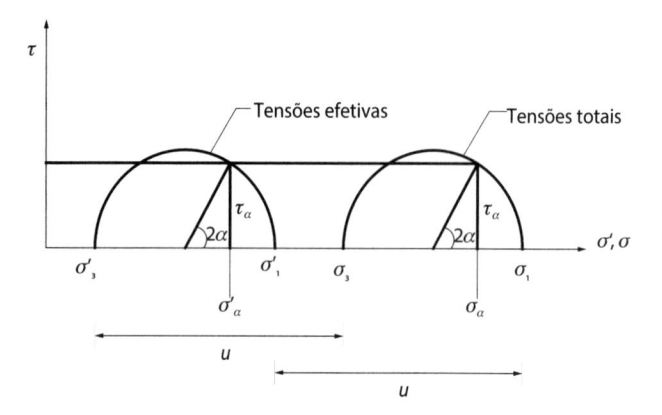

Fig. 6.7 Círculos de Mohr de tensões efetivas e tensões totais

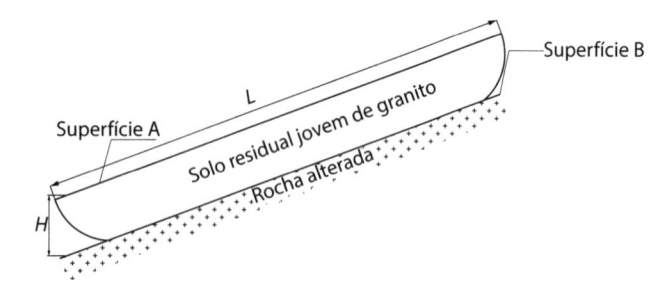

Fig. 6.8 Perfil com baixa razão H/L

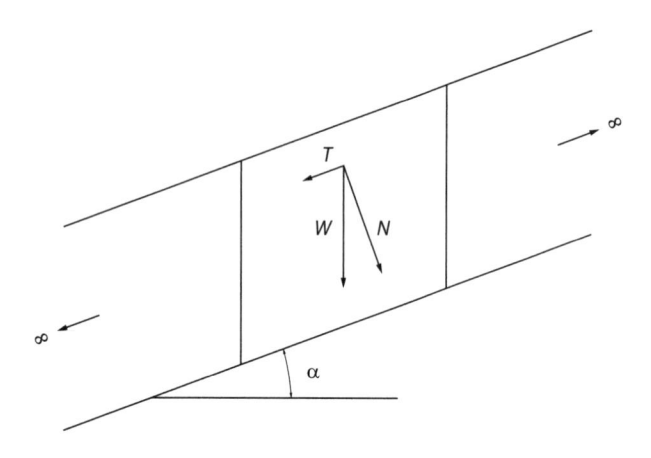

Fig. 6.9 Modelo de talude infinito

Tab. 6.1 Resultados dos ensaios de cisalhamento direto

σ' (kPa)	$\tau_{máx}$ (kPa)
50	35,0
75	52,5
100	70,0

cisalhante efetiva ou tensão cisalhante total, usa-se apenas o termo tensão cisalhante.

Exercício 6.3

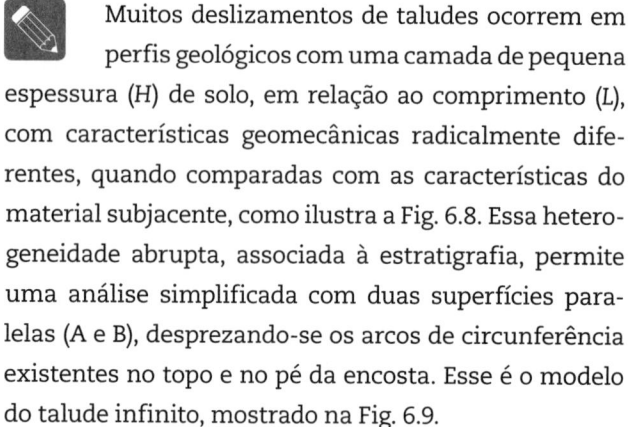

Muitos deslizamentos de taludes ocorrem em perfis geológicos com uma camada de pequena espessura (H) de solo, em relação ao comprimento (L), com características geomecânicas radicalmente diferentes, quando comparadas com as características do material subjacente, como ilustra a Fig. 6.8. Essa heterogeneidade abrupta, associada à estratigrafia, permite uma análise simplificada com duas superfícies paralelas (A e B), desprezando-se os arcos de circunferência existentes no topo e no pé da encosta. Esse é o modelo do talude infinito, mostrado na Fig. 6.9.

Para este exercício, o solo apresentado na Fig. 6.8 é resultante de ações de intemperismo em um granito, que é uma rocha magmática intrusiva. Esse solo permaneceu no local de formação e é, assim, chamado de solo residual. Nesse caso particular, o solo em tela é residual jovem, que se caracteriza por guardar características da rocha-mãe, inclusive com juntas reliquiares.

A caracterização do solo residual jovem mostrou uma pequena fração de silte (10%) dispersa em uma matriz arenosa (90%), com cor variegada. Corpos de prova, moldados a partir de blocos extraídos da encosta, foram submetidos a ensaios de cisalhamento direto com diferentes tensões normais de confinamento. A Tab. 6.1 apresenta os piores resultados obtidos na ruptura, com as tensões efetivas confinantes e as respectivas tensões cisalhantes máximas, com corpos de prova inundados (considere que a inundação os satura).

Sabendo que a encosta tem uma inclinação de 20°, altura de 5 m, γ_t = 18 kN/m³ e γ_{sat} = 19 kN/m³, analise sua estabilidade, com as seguintes condições:

a) Com poropressão nula.
b) Com fluxo paralelo às superfícies A e B, com a linha freática coincidindo com a superfície A.

Solução:

a) Esta análise de estabilidade, referente ao talude infinito, pode ser feita comparando-se a tensão cisalhante atuante (τ) com a resistência ao cisalhamento (s) do solo arenoso que compõe a encosta, calculando-se o fator de segurança:

$$FS = \frac{s}{\tau}$$

A resistência ao cisalhamento, de acordo com o critério de ruptura de Mohr--Coulomb, cresce linearmente com o aumento da tensão efetiva normal ao plano analisado, para uma determinada faixa de tensões. O gráfico correspondente é chamado de envoltória de resistência ao cisalhamento (Fig. 6.10), pois envolve uma área de estabilidade, ou seja, se um ponto A definido pelo par (σ_α' e τ_α) encosta na envoltória, tem-se a ruptura do solo, ao passo que, se o ponto estiver abaixo da envoltória (ponto B), a situação é de estabilidade para o plano analisado.

A envoltória ilustrada na Fig. 6.10 é genérica, apresentando um intercepto e uma inclinação, que são especialmente conhecidos na Mecânica dos Solos como parâmetros efetivos de resistência: intercepto efetivo de coesão (c′) e ângulo de atrito interno efetivo (ϕ'). Tais parâmetros podem ser obtidos em laboratório, a partir de resultados de ensaios de cisalhamento direto ou de ensaios triaxiais.

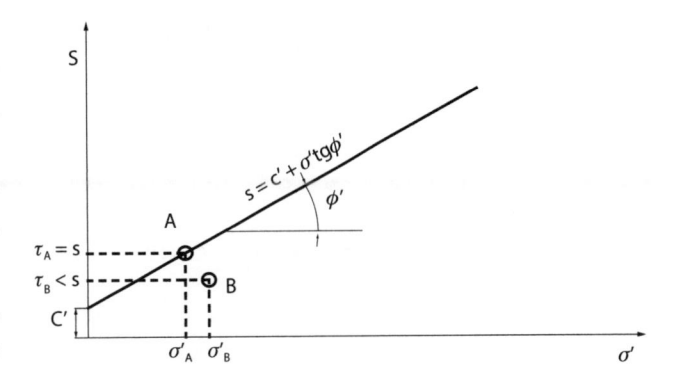

Fig. 6.10 Envoltória de resistência

O ensaio de cisalhamento direto tem uma configuração simples (Fig. 6.11), com uma execução em dois estágios. Nesse caso particular, o enunciado menciona que os corpos de prova foram inundados e, assim, no primeiro estágio aplica-se uma tensão normal vertical ($\sigma = N/A$), que gera excesso de poropressão, com consequente fluxo e deformações. O final do primeiro estágio ocorre com a estabilização do deslocamento vertical e, com isso, é garantida a conversão da tensão total aplicada em tensão efetiva. Para o solo arenoso em questão, esse primeiro estágio deve ocorrer de forma muito rápida, tendo em vista seu alto coeficiente de adensamento. Na segunda fase, aplica--se uma tensão cisalhante ($\tau = T/A$), com velocidade de deslocamento controlada, gerando o gráfico da Fig. 6.12, com o qual se tem um ponto de pico que caracteriza a tensão cisalhante máxima ou resistência ao cisalhamento.

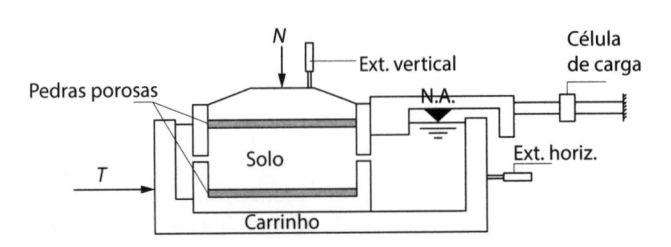

Fig. 6.11 Ensaio de cisalhamento direto

Alguns tipos de solos, tais como areias fofas e argilas normalmente adensadas, não apresentam

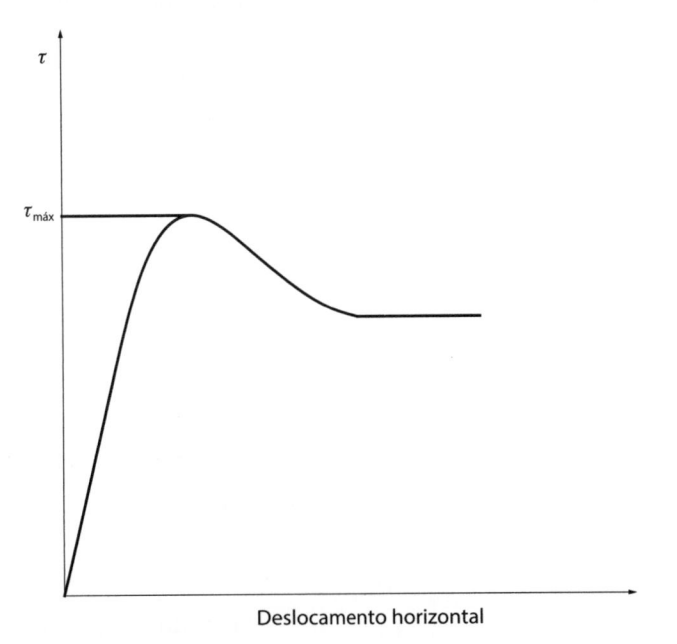

Fig. 6.12 Gráfico para obtenção da tensão cisalhante máxima

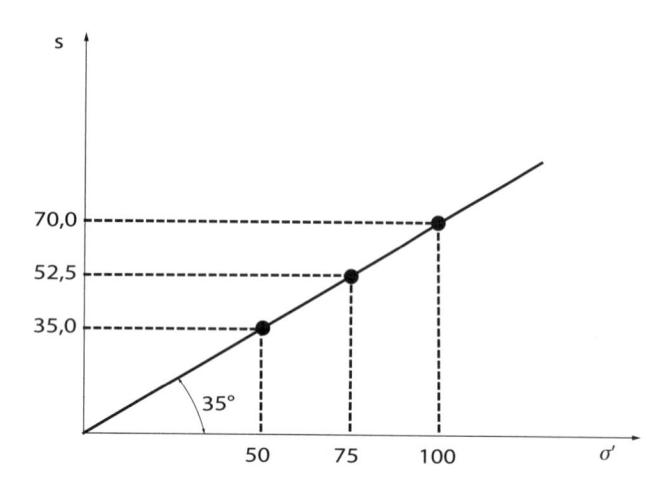

Fig. 6.13 Envoltória de resistência para o solo arenoso

tensão cisalhante de pico. Nesses casos, a tensão cisalhante máxima é obtida para grandes deslocamentos, com sua estabilização.

Na Tab. 6.1 constam três combinações de σ' com $\tau_{máx}$, que acontecem no plano horizontal, que é o plano predefinido de ruptura. Com essas três combinações de três ensaios com o mesmo material, tem-se a envoltória mostrada na Fig. 6.13.

A envoltória obtida revela um comportamento típico de solo não coesivo, passando pela origem, com $c' = 0$. O ângulo de atrito interno efetivo (ϕ') das areias depende de algumas características intrínsecas ao solo, sendo as mais relevantes a compacidade relativa, a angulosidade dos grãos, a distribuição granulométrica e a mineralogia. Sousa Pinto (2006) apresenta valores típicos de ϕ' para areias quartzosas (Tab. 6.2).

Tab. 6.2 Valores típicos de ϕ' para areias quartzosas

Distribuição granulométrica	Angulosidade	Compacidade	
		Fofa	Compacta
Areia bem graduada	Grãos angulares	37°	47°
	Grãos arredondados	30°	40°
Areia mal graduada	Grãos angulares	35°	43°
	Grãos arredondados	28°	35°

Fonte: Sousa Pinto (2006).

Resultados de ensaios de campo também podem ser usados para a obtenção de ϕ' para areias. Com o número de golpes da sondagem SPT, é possível uma estimativa empírica da compacidade relativa, a partir da equação de Gibbs e Holtz (1957 apud Schnaid; Odebrecht, 2012), para o posterior cálculo empírico de ϕ' (De Mello, 1971 apud Schnaid; Odebrecht, 2012):

$$CR = \sqrt{\frac{N_{SPT}}{0,23 \cdot \sigma'_v + 16}}$$

$$(1,49 - CR) tg\phi' = 0,712$$

O número de golpes que consta na equação de Gibbs e Holtz é referente a um padrão internacional, cuja energia aplicada na cravação do amostrador é 60% da energia teórica, o chamado N_{60}. Assim, por exemplo, se a energia medida com o uso de acelerômetros for igual a 70% da energia teórica, o número de golpes tem que ser corrigido:

$$N_{60} = N_{70} \cdot \frac{70\%}{60\%}$$

Voltando ao exercício, para o cálculo de FS é necessária a tensão cisalhante atuante no plano inclinado descrito na Fig. 6.14, que é a força cisalhante (T) dividida pela área inclinada (A_i):

$$\tau = \frac{T}{A_i} = \frac{W \cdot \text{sen}\alpha}{A_i} = \frac{\gamma_t \cdot H \cdot A \cdot \text{sen}\alpha}{A/\cos\alpha} = \gamma_t \cdot H \cdot \text{sen}\alpha \cdot \cos\alpha$$

Dessa forma, com as características descritas, a tensão cisalhante atuante a 5 m de profundidade é igual a 28,9 kPa. A tensão efetiva normal ao plano inclinado, nesse caso, é igual à tensão total, pois a poropressão é nula (condição do item a):

$$\sigma' = \sigma - u = \sigma = \frac{W \cdot \cos\alpha}{A_i} = \frac{\gamma_t \cdot H \cdot A \cdot \cos\alpha}{A/\cos\alpha} = \gamma_t \cdot H \cdot \cos^2\alpha$$

Com a tensão efetiva normal ao plano e com a equação para o cálculo da resistência ao cisalhamento, tem-se:

$$s = \sigma' \cdot \text{tg } \phi' = \gamma_t \cdot H \cdot \cos^2\alpha \cdot \text{tg } \phi'$$

A resistência ao cisalhamento para a areia que compõe a encosta, com $\phi' = 35°$, é igual a 55,6 kPa. Assim, como $s > \tau$, não há ruptura e o valor de FS > 1:

$$FS = \frac{55,6}{28,9} = 1,9$$

Uma equação literal para o cálculo direto de FS, com $u = 0$ e $c' = 0$, pode ser deduzida facilmente:

$$FS = \frac{s}{\tau} = \frac{\gamma_t \cdot H \cdot \cos^2\alpha \cdot \text{tg}\phi'}{\gamma_t \cdot H \cdot \text{sen}\alpha \cdot \cos\alpha} = \frac{\text{tg}\phi'}{\text{tg}\alpha}$$

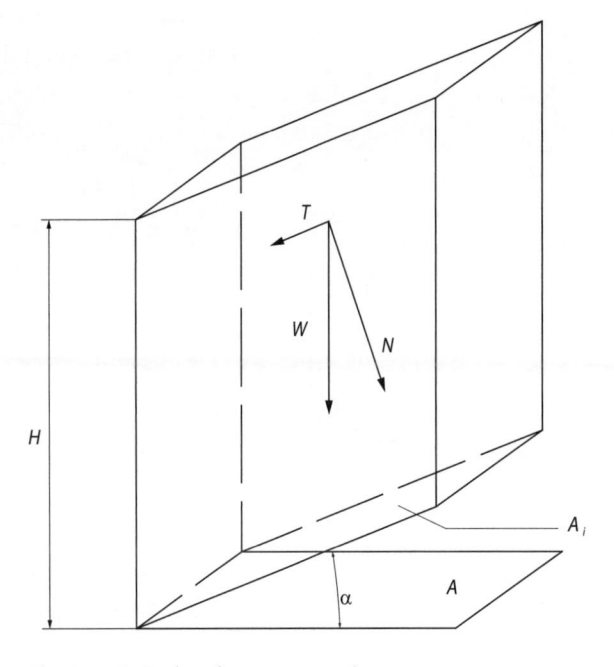

Fig. 6.14 Fatia de solo em perspectiva

Portanto, os cálculos de τ e s são desnecessários, pois FS é a simples razão entre o coeficiente angular da envoltória (tgϕ') e a tangente da inclinação α do talude. Entretanto, a comparação entre τ e s é interessante do ponto de vista didático. Para solos com intercepto efetivo de coesão, uma parcela de FS é devida ao parâmetro c':

$$FS = \frac{c'}{\gamma_t \cdot H \cdot \text{sen}\alpha \cdot \cos\alpha} + \frac{\text{tg}\phi'}{\text{tg}\alpha}$$

Se eventualmente a encosta fosse constituída de um solo residual jovem (areia siltosa) de biotitagnaisse em vez de granito, viria a seguinte reflexão: como guardaria características da rocha-mãe, que é metamórfica e tem a mica (biotita) orientada pelo processo de metamorfismo, o solo apresentaria uma pronunciada anisotropia, com ângulo de atrito extremamente baixo, inferior ao mínimo mostrado na Tab. 6.2. Isso ocorreria, principalmente, se o corpo de prova fosse moldado com a xistosidade (mica orientada) em paralelo à direção de aplicação da força T do ensaio de cisalhamento direto, para simular a situação de campo. Assim, por exemplo, com um ângulo de atrito efetivo igual a 20° e a geometria descrita para este exercício ($\alpha = 20°$), a existência de um fator de segurança maior do que 1 só seria garantida por uma coesão aparente, gerada por uma sucção, cuja definição foi abordada nos Caps. 1 e 4.

Muitos deslizamentos de taludes ocorrem com solo parcialmente saturado, apenas com uma variação do teor de umidade, que provoca a redução da sucção, a qual tem associação com a coesão aparente. Esses aspectos serão descritos no Exercício 6.4.

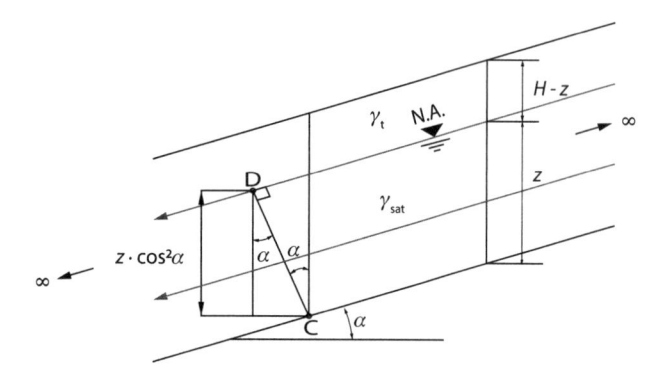

Fig. 6.15 Esquema de fluxo paralelo

b) Com o fluxo paralelo às superfícies A e B, tem-se poropressão positiva na base de uma fatia qualquer do talude. Segundo o esquema da Fig. 6.15, com o nível d'água situado em uma altura z qualquer, é fácil notar que a linha que passa pelos pontos C e D é uma equipotencial. Passando um referencial pelo ponto C e sabendo que ao longo de uma equipotencial não há diferença de carga total, é possível afirmar que a carga total em C é igual a $z \cdot \cos^2\alpha$. Como a carga de elevação em C é nula, a carga de pressão também é $z \cdot \cos^2\alpha$.

Com a carga de pressão na base da fatia, a resistência ao cisalhamento para o solo não coesivo em foco é a seguinte:

$$s = \sigma' \cdot \text{tg}\phi' = \{[\gamma_t(H-z) + z \cdot \gamma_{sat}]\cos^2\alpha - \gamma_w \cdot z \cdot \cos^2\alpha\}\text{tg}\phi'$$
$$= [\gamma_t(H-z) + z \cdot \gamma_{sub}]\cos^2\alpha \cdot \text{tg}\phi'$$

A tensão cisalhante, em relação àquela do item a, tem uma pequena modificação, em virtude da saturação até o nível z:

$$\tau = [\gamma_t(H-z) + z \cdot \gamma_{sat}]\text{sen}\alpha \cdot \cos\alpha$$

O enunciado especifica a posição do nível d'água freático coincidindo com a superfície do terreno. Nesse caso particular, a equação para FS e seu cálculo ficam:

$$FS = \frac{s}{\tau} = \frac{[\gamma_t(H-z) + z \cdot \gamma_{sub}]\cos^2\alpha \cdot \text{tg}\phi}{[\gamma_t(H-z) + z \cdot \gamma_{sat}]\text{sen}\alpha \cdot \cos\alpha} = \frac{\gamma_{sub}}{\gamma_{sat}} \cdot \frac{\text{tg}\phi'}{\text{tg}\alpha} = \frac{9}{19} \times \frac{\text{tg}(35°)}{\text{tg}(20°)} = 0,9$$

Em função do valor de FS, inferior a 1, conclui-se que a ruptura é deflagrada para uma altura z inferior a 5 m. Fazendo FS = 1, com a equação genérica para z qualquer, tem-se o nível z com o qual ocorre a ruptura:

$$FS = \frac{[\gamma_t(H-z) + z \cdot \gamma_{sub}]\cos^2\alpha \cdot \text{tg}\phi}{[\gamma_t(H-z) + z \cdot \gamma_{sat}]\text{sen}\alpha \cdot \cos\alpha} = 1 \therefore$$

$$z = \frac{\gamma_t \cdot H(\cos\alpha \cdot \text{tg}\phi' - \text{sen}\alpha)}{(\gamma_t - \gamma_{sub})\cos\alpha \cdot \text{tg}\phi' + (\gamma_{sat} - \gamma_t)\text{sen}\alpha} = 4,54 \text{ m}$$

A Tab. 6.3 compara os resultados, com poropressão nula e com fluxo paralelo (condição de ruptura). Conclui-se que a magnitude da poropressão é a causa do deslizamento. Assim, para evitá-la em locais sujeitos a variações de nível d'água em ocasiões de chuvas intensas e prolongadas, é importante o uso de drenagem com os chamados drenos profundos, que basicamente são tubos perfurados envolvidos com geotêxtil e instalados em perfurações executadas no solo.

Estado de tensões e resistência ao cisalhamento

Tab. 6.3 Resultados obtidos para $u = 0$ e para fluxo paralelo com $z = 4{,}54$ m

Poropressão (kPa)	0,0	40,1
Tensão cisalhante (kPa)	28,9	30,4
Tensão total normal (kPa)	79,5	83,5
Altura do N.A.	0,0	4,54
Tensão efetiva normal (kPa)	79,5	43,4
Resistência ao cisalhamento (kPa)	55,6	30,4

Exercício 6.4

Continuando com o modelo de talude infinito, no entanto com solo residual jovem de biotitagnaisse em condição não saturada, responda:

Qual é o fator de segurança para a situação indicada na Fig. 6.16, sabendo que o solo tem a curva característica mostrada na Fig. 6.17? Sabe-se que os ensaios de cisalhamento direto, executados para a obtenção dos parâmetros de resistência, foram feitos com o direcionamento apresentado na Fig. 6.18, com as xistosidades paralelas ao plano horizontal de ruptura, visando a um modelo semelhante à situação de campo. O menor ângulo de atrito foi encontrado para amostras extraídas aos 5 m de profundidade ($\phi' = 20°$).

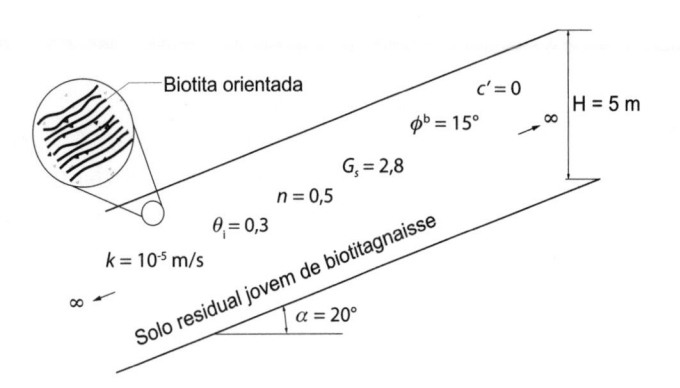

Fig. 6.16 Talude infinito com solo residual jovem de biotitagnaisse

c) Apresente um gráfico da variação de FS com o tempo para o avanço de uma frente de infiltração que satura o solo.

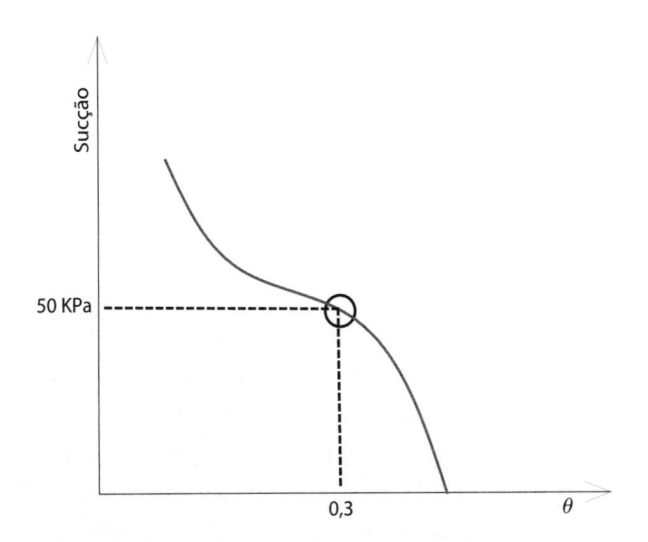

Fig. 6.17 Curva característica para o solo residual em análise

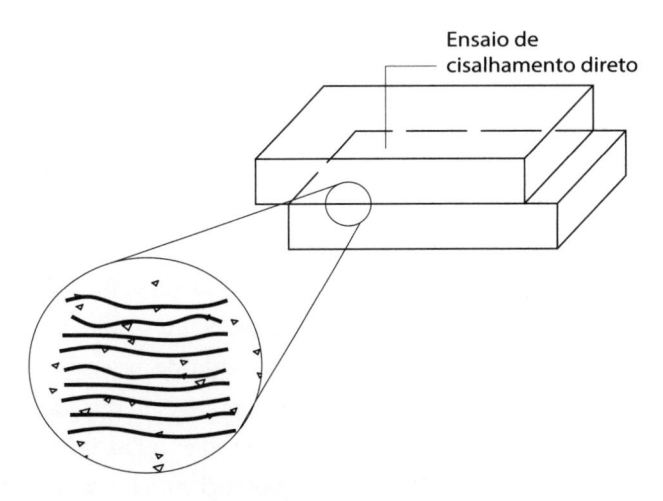

Fig. 6.18 Orientação do corpo de prova na caixa bipartida do ensaio de cisalhamento direto

Solução:

a) Com a inserção da equação de Bishop no critério de ruptura de Mohr-Coulomb, é possível escrever uma equação para a resistência ao cisalhamento de um solo não saturado:

$$s = c' + \sigma' \cdot \text{tg}\phi' = c' + \left[\sigma - u_a + \chi(u_a - u_w)\right]\text{tg}\phi'$$
$$= c' + (u_a - u_w)\chi \cdot \text{tg}\phi' + (\sigma - u_a)\text{tg}\phi'$$

Introduzindo o conceito de coesão total (c), que é a soma da coesão efetiva (c') com a coesão aparente (c_a), e também com a definição de $\text{tg}\phi^b = \chi \cdot \text{tg}\phi'$ (Fredlund; Morgenstern; Widger, 1978), a resistência ao cisalhamento pode ser reescrita da seguinte forma:

$$s = c + (\sigma - u_a)\text{tg}\phi'$$

em que $c = c' + c_a = c' + (u_a - u_w)\,\text{tg}\,\phi^b$.

Com essa nova equação, para uma análise de estabilidade é necessário um novo parâmetro para o cálculo da resistência ao cisalhamento. Além dos tradicionais c' e ϕ', correspondentes à condição de solo saturado, é fundamental o conhecimento do ângulo ϕ^b. Assim, a envoltória de resistência passa a ser um plano (Fig. 6.19), considerando de maneira simplificada que ϕ' e ϕ^b permanecem constantes com a variação da sucção.

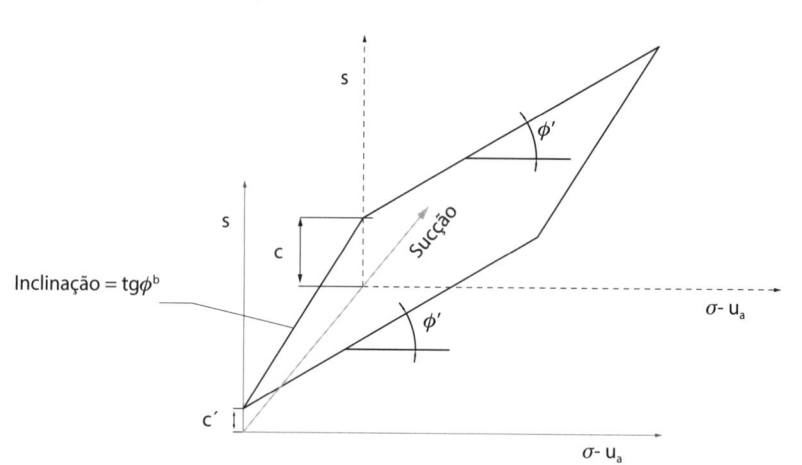

Fig. 6.19 Envoltória para solo não saturado

A envoltória da Fig. 6.19 pode ser obtida com ensaios de cisalhamento direto sob sucção controlada ou, de maneira mais simples, com o uso do papel-filtro. Neste último caso, a sucção é conhecida indiretamente, com o emprego de um papel especial calibrado, ou seja, com curva característica conhecida, em contato com o solo. Com o teor de umidade do papel, é possível a obtenção de sua carga de pressão negativa (ψ), que se estabiliza, mantendo um equilíbrio de energia com o solo. Assim, a sucção do solo é obtida, pois a ψ do papel é igual à ψ do solo. A Fig. 6.20 mostra que, com o uso do papel-filtro, é possível também a obtenção da curva característica do solo, bastando realizar várias medidas de ψ para diferentes valores de θ.

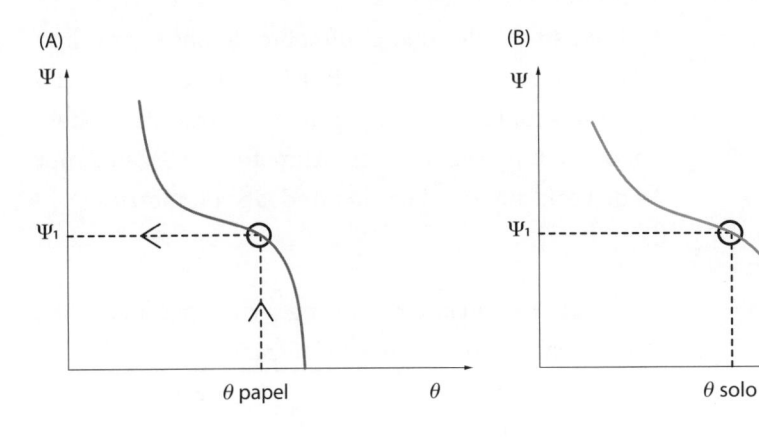

Fig. 6.20 (A) Curva característica do papel-filtro e (B) curva característica do solo

A curva característica, também chamada de curva de retenção, pode ser revelada a partir de outros ensaios, com placa de pressão, com placa de sucção ou com tensiômetro, entre outros.

Voltando à solicitação do exercício, com a equação para a resistência ao cisalhamento e com os dados mostrados nas Figs. 6.16 e 6.17, a resistência em foco é a seguinte:

$$s = c' + (u_a - u_w)\text{tg}\phi^b + (\sigma - u_a)\text{tg}\phi' = 50 \cdot \text{tg}(15°) + 5 \cdot \gamma_t \cdot \cos^2(20°) \cdot \text{tg}(20°)$$

Com $n = 0,5$, $\theta_i = 0,3$ e $G_s = 2,8$, têm-se um grau de saturação de 60% e um peso específico total de 17 kN/m³. Para a condição de saturação, tem-se $\gamma_{sat} = 19$ kN/m³, que será usado no item b. Assim, a tensão cisalhante é de 27,3 kPa e o valor da resistência ao cisalhamento é de 40,7 kPa.

O talude, portanto, mantém-se estável, uma vez que a resistência é superior à tensão cisalhante, com FS = 1,49. A equação para o fator de segurança, de forma geral, para talude infinito composto de solo não saturado, é a seguinte:

$$FS = \frac{c' + (u_a - u_w)\text{tg}\phi^b}{\gamma_t \cdot H \cdot \text{sen}\,\alpha \cdot \cos\alpha} + \frac{\text{tg}\phi'}{\text{tg}\,\alpha}$$

Nota-se que a presença de uma coesão aparente estabiliza o talude, pois, com sucção nula, $c' = 0$ e $\phi' = 20°$, haveria FS = 1 (ruptura).

b) Com uma frente de infiltração saturando o solo residual, é deflagrado o deslizamento do talude ao se atingir a saturação aos 5 m, pois $\alpha = \phi'$. Mas, antes disso, para profundidades intermediárias da frente de infiltração, o talude já experimenta uma redução de FS, em virtude do aumento de peso do solo. Os tempos para diferentes profundidades podem ser estimados a partir da equação de Green-Ampt (Exercício 4.12), ao passo que fatores de segurança devem ser calculados com base no esquema da Fig. 6.21:

$$FS = \frac{c' + (u_a - u_w)\text{tg}\phi^b}{[\gamma_{sat} \cdot z + \gamma_t(H-z)]\text{sen}\alpha \cdot \cos\alpha} + \frac{\text{tg}\phi'}{\text{tg}\alpha}$$

A Tab. 6.4 apresenta os tempos e os respectivos valores de FS para algumas profundidades z arbitradas. A ilustração gráfica é mostrada na Fig. 6.22, com a qual se conclui que o aumento de peso gera uma variação muito discreta de FS e que uma redução brusca acontece para z = 5 m, em razão do modelo adotado, tendo em vista que a hipótese de Green-Ampt é de variação imediata da umidade volumétrica.

Tab. 6.4 Variação do fator de segurança com o avanço de uma frente de infiltração

z (m)	FS	Tempo (h)
2	1,47	1,8
3	1,46	3,6
4	1,45	5,9
5	1,00	8,5

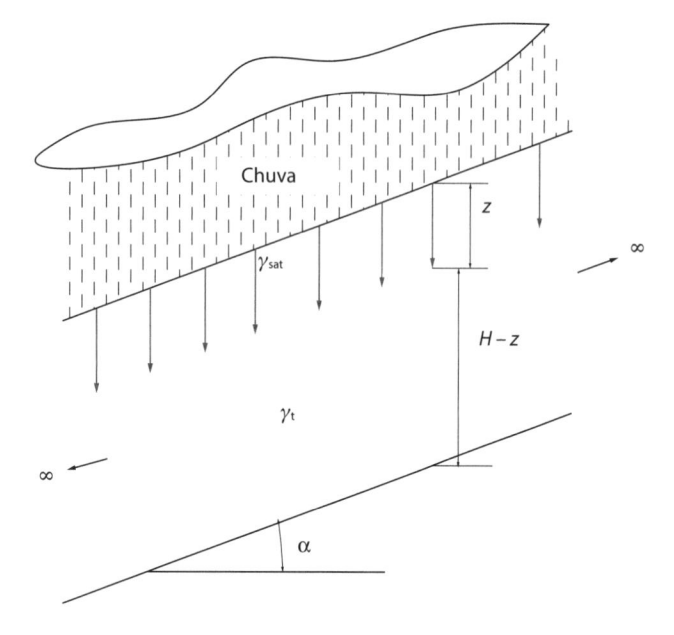

Fig. 6.21 Avanço da frente de infiltração na encosta

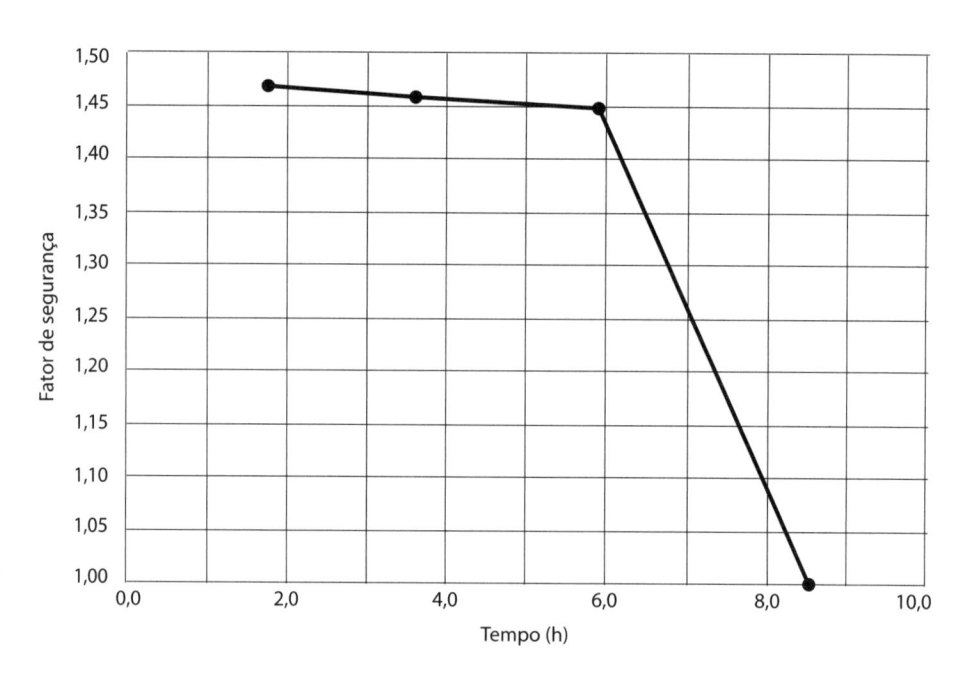

Fig. 6.22 Gráfico de FS em função do tempo

Exercício 6.5

O talude mostrado na Fig. 6.23 não apresenta uma dimensão francamente maior do que a outra. Assim, para uma análise de equilíbrio, não é possível desprezar qualquer trecho da superfície usada para a verificação da estabilidade, como foi feito nos exercícios anteriores. Trata-se de um talude finito, que pode ser analisado com superfície circular, se não houver heterogeneidade significativa ao longo da profundidade.

Apresentam-se na Tab. 6.5 resultados de três ensaios triaxiais adensados drenados, com corpos de prova saturados, para a argila arenosa que compõe o talude da Fig. 6.23. Sabendo que houve um deslizamento em razão de uma forte chuva, calcule o valor de FS no momento da ruptura e analise a existência de uma provável coesão aparente, se eventualmente FS for inferior a 1.

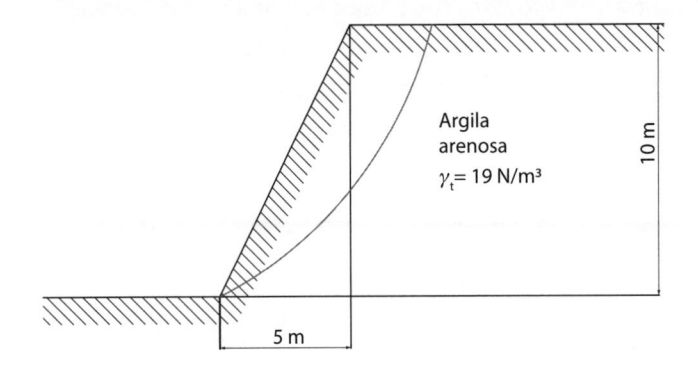

Tab. 6.5 Resultados de ensaios triaxiais convencionais adensados drenados

Tensão confinante (kPa)	Tensão desviadora de ruptura (kPa)
50	124
100	224
200	424

Fig. 6.23 Geometria do talude com a superfície de ruptura

Solução:

A resolução deste exercício está dividida em duas partes. A primeira versa sobre o ensaio triaxial convencional adensado drenado usado para a obtenção dos parâmetros efetivos de resistência, inclusive com uma análise detalhada das tensões atuantes no plano de ruptura para o corpo de prova com tensão confinante de 100 kPa. Na segunda parte, são apresentados conceitos necessários para a previsão de FS, usando o método das fatias com as hipóteses do método de Bishop simplificado (1955).

Iniciando pelo ensaio triaxial, existem três possibilidades para o ensaio convencional:

- A usada neste exercício, com aplicação da tensão confinante (σ_c), na primeira fase, com adensamento, e aplicação da tensão desviadora (σ_d) sob condição drenada na segunda fase.
- Com aplicação de σ_c, na primeira fase, com adensamento, e aplicação de σ_d sob condição não drenada na segunda fase. Nesse caso, o ensaio é chamado de adensado não drenado.
- Com aplicação de σ_c, na primeira fase, sem adensamento, e aplicação de σ_d sob condição não drenada na segunda fase. Trata-se do ensaio não adensado não drenado.

O ensaio adensado drenado se inicia com a moldagem de um corpo de prova cilíndrico, que posteriormente é acondicionado em uma câmara triaxial e envolvido por uma membrana de borracha. Na primeira fase do ensaio é aplicada uma tensão confinante de maneira isotrópica, por meio de pressão de água, e com isso tem-se $\sigma_1 = \sigma_3 = \sigma_c$ (estado hidrostático de tensões, Fig. 6.24). A representação gráfica desse estado isotrópico de tensões, com círculo de Mohr, é reduzida a um ponto, haja vista que o raio do círculo é $(\sigma_1 - \sigma_3)/2$. A distância entre o ponto e a origem dos eixos é $(\sigma_1 + \sigma_3)/2 = \sigma_c$. Para um solo saturado, a aplicação da tensão confinante gera uma variação de poropressão de igual magnitude ($\Delta u = \sigma_c$) com uma tendência de fluxo, que se concretiza com a abertura da drenagem, então a água percola para as faces drenantes (pedras porosas) e é conduzida para um medidor de variação volumétrica. Após um certo tempo, o medidor de variação volumétrica se estabiliza, marcando o final da primeira fase, pois, se não há saída de água do corpo de prova, a variação inicial de poropressão se anula, com a tensão total confinante convertida em tensão efetiva confinante (σ_c').

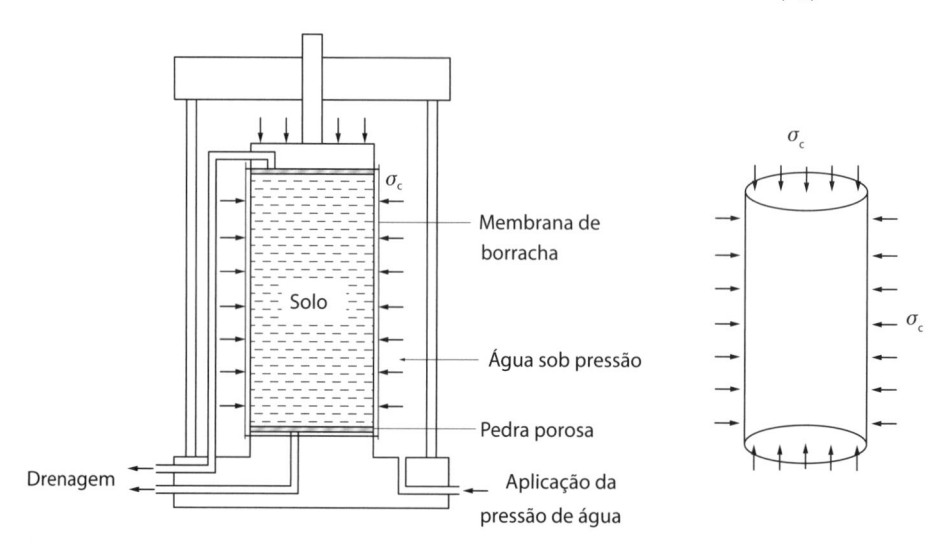

Fig. 6.24 Aplicação da tensão confinante, em uma câmara triaxial, com adensamento

Após a primeira fase, aplica-se uma tensão desviadora (F_d/A) no eixo vertical, transformando a condição isotrópica em axissimétrica, com $\sigma_1 = \sigma_3 + \sigma_d = \sigma_v$ (Fig. 6.25). A tensão horizontal permanece constante e, com isso, $\sigma_3 = \sigma_c = \sigma_h$. Esse desvio da tensão vertical visa justamente promover a ruptura do corpo de prova para a obtenção dos parâmetros efetivos de resistência, tendo em vista que o círculo de Mohr tem seu raio ampliado gradativamente até encostar na envoltória.

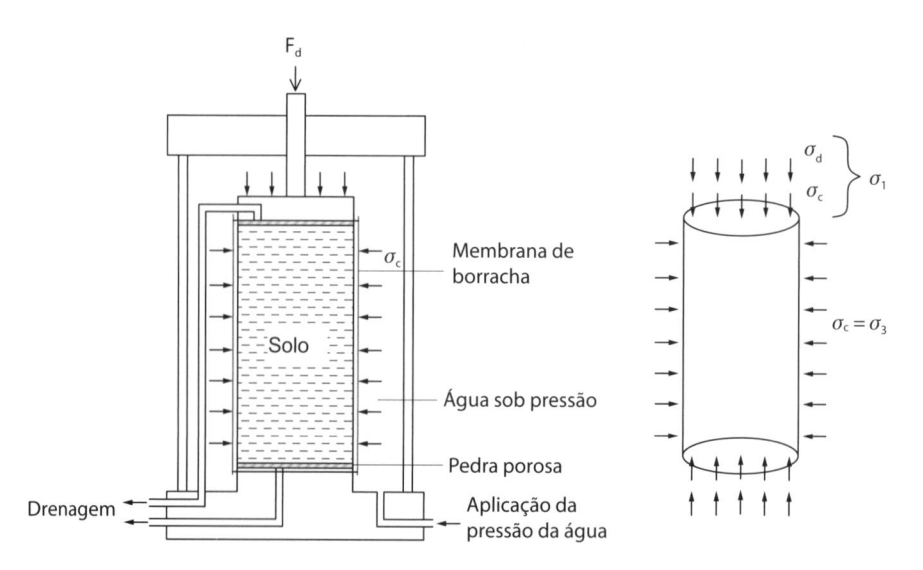

Fig. 6.25 Aplicação da tensão desviadora sob condição drenada

Conclui-se que na ruptura existe um determinado plano com uma combinação de tensões onde a tensão cisalhante se iguala à resistência ao cisalhamento.

A tensão desviadora é aplicada com uma velocidade de deformação controlada e, assim, é possível traçar o gráfico mostrado na Fig. 6.26, necessário para a obtenção da tensão desviadora de ruptura. A velocidade de deformação é calculada para que ocorra dissipação dos excessos de poropressão gerados com a aplicação de σ_d. Dessa forma, o círculo de Mohr de ruptura em termos de tensões totais coincide com o círculo de tensões efetivas.

Para este exercício, são necessários apenas os parâmetros de resistência. No entanto, com medições da variação volumétrica, na segunda fase, é viável o cálculo do coeficiente de Poisson do solo. Além disso, do gráfico da Fig. 6.26 pode ser extraído o módulo de elasticidade.

Os círculos de Mohr correspondentes às duas fases do ensaio são mostrados na Fig. 6.27.

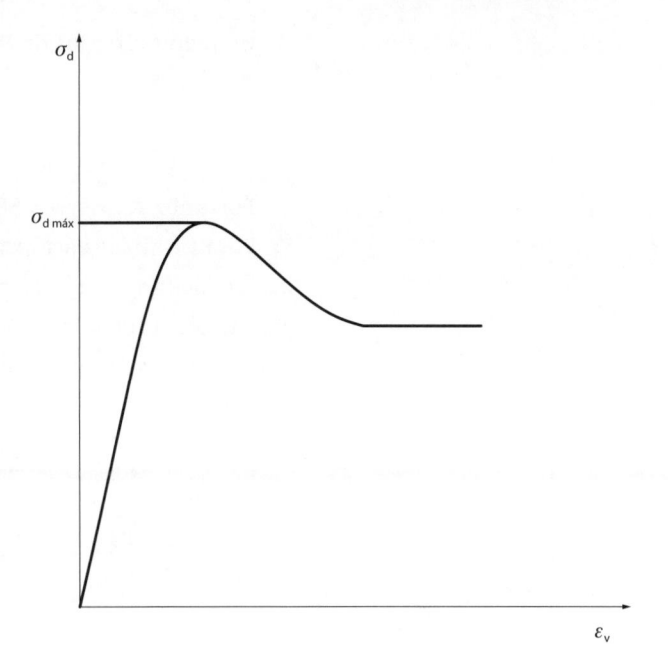

Fig. 6.26 Gráfico para obtenção da tensão desviadora de ruptura

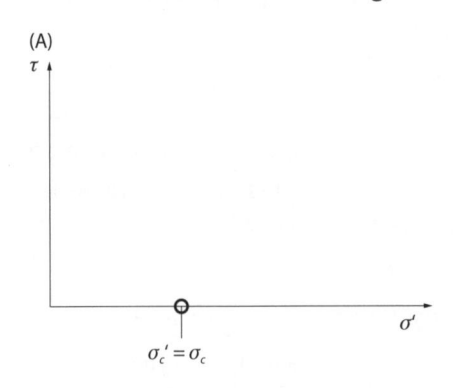

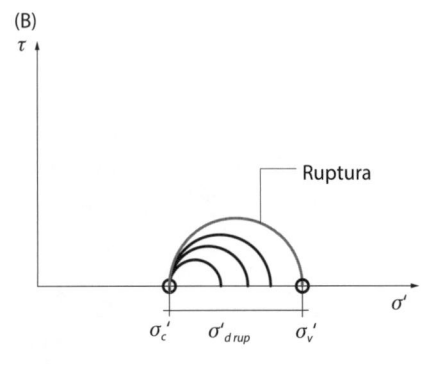

Fig. 6.27 Círculos de Mohr de tensões efetivas para as duas fases do ensaio triaxial: (A) primeira fase e (B) segunda fase

São necessários outros ensaios, para o mesmo solo, com diferentes tensões confinantes de adensamento, para traçar a envoltória de resistência. Com as informações da Tab. 6.5, têm-se os três círculos de Mohr de tensões efetivas apresentados na Fig. 6.28, com uma característica em comum: todos são de ruptura e, assim, tangenciam a envoltória de resistência.

A composição gráfica já permite a extração dos valores de c' e ϕ' da envoltória. Mas, de maneira analítica, os parâmetros de resistência podem ser calculados a partir da relação entre tensões principais na ruptura:

$$\sigma_1' = \sigma_3' \cdot K_p + 2 \cdot c' \cdot \sqrt{K_p}$$

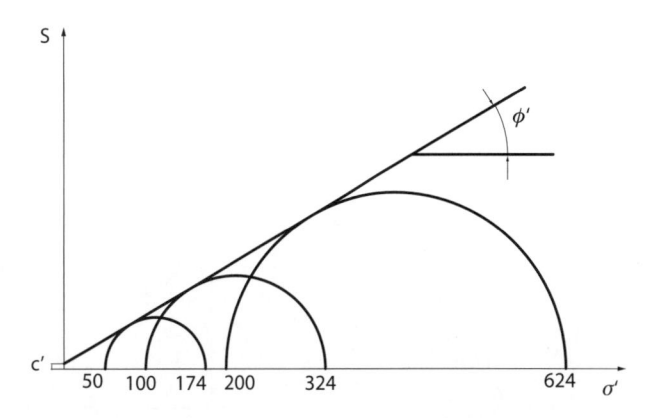

em que $K_p = \mathrm{tg}^2\,(45° + \phi'/2)$.

Fig. 6.28 Envoltória de resistência para a argila arenosa do exercício

Com dois círculos de Mohr, têm-se duas equações com duas incógnitas (c' e ϕ'):

$$\begin{cases} 174 = 50 \cdot K_p + 2 \cdot c' \cdot \sqrt{K_p} \\ 324 = 100 \cdot K_p + 2 \cdot c' \cdot \sqrt{K_p} \end{cases}$$

Portanto, $K_p = 3$, $\phi' = 30°$ e $c' = 6,9$ kPa.

Para finalizar essa primeira etapa do exercício, tem-se na Fig. 6.29 o estado de tensões (σ_α' e τ_α) no plano de ruptura referente ao corpo de prova que foi submetido a 100 kPa de tensão confinante. Esse estado de tensões ocorre em um plano com um ângulo α de 60° com a horizontal ($\alpha = 45° + \phi'/2$) (Fig. 6.30).

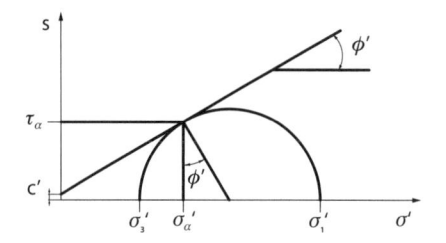

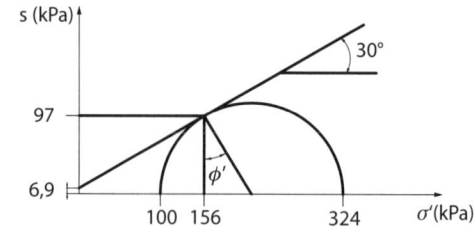

Fig. 6.29 Estado de tensões no plano de ruptura

A segunda parte deste exercício é devotada ao cálculo do fator de segurança correspondente à superfície de ruptura mostrada na Fig. 6.23, com os parâmetros de resistência obtidos. Para tanto, usando o método de Bishop simplificado, é necessário fatiar a zona entre a superfície de ruptura e a superfície do terreno (Fig. 6.31). A Tab. 6.6 apresenta as características geométricas de todas as fatias.

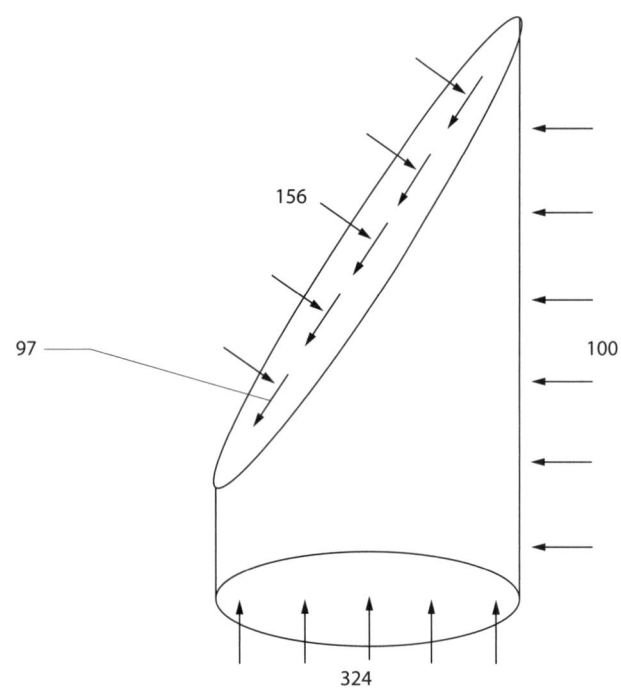

Fig. 6.30 Corpo de prova com as tensões no plano de ruptura

Tab. 6.6 Características geométricas das fatias

Fatia	θ_i (°)	Área (m²)	b_i (m)
1	30	2,80	2,0
2	37	3,46	1,0
3	42	4,60	1,0
4	47	5,60	1,0
5	53	5,40	1,0
6	60	3,90	1,0
7	70	1,60	1,1

O fator de segurança com relação a uma análise de momentos é simplesmente a razão entre o somatório dos momentos resistentes e o somatório dos momentos atuantes:

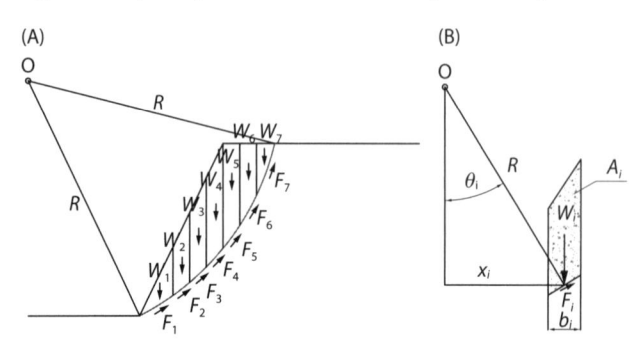

Fig. 6.31 (A) Talude fatiado e (B) detalhe da fatia

$$FS = \frac{\sum_{i=1}^{n} M_{resistentes}}{\sum_{i=1}^{n} M_{atuantes}} = \frac{\sum_{i=1}^{n} F_i \cdot R}{\sum_{i=1}^{n} W_i \cdot x_i} = \frac{\sum_{i=1}^{n} F_i \cdot R}{\sum_{i=1}^{n} W_i \cdot R \cdot sen\theta_i} = \frac{\sum_{i=1}^{n} F_i}{\sum_{i=1}^{n} W_i \cdot sen\theta_i}$$

$$= \frac{\sum_{i=1}^{n} \left(\frac{c' \cdot b_i}{cos\theta_i} + N'_i \cdot tg\phi' \right)}{\sum_{i=1}^{n} W_i \cdot sen\theta_i}$$

Os momentos resistentes são gerados pelas forças resistentes (F_i), que exercem esforço com braço de alavanca R, ao passo que os momentos atuantes são aplicados pelos pesos (W_i) com braços de alavanca x_i. O método de Bishop simplificado considera que a resultante de forças laterais na fatia é horizontal, não gerando componente vertical. A direção vertical é utilizada para a análise do equilíbrio de forças (Fig. 6.32):

$$\sum F_v = 0: N'_i \cdot cos\theta_i + U_i \cdot cos\theta_i + T_i \cdot sen\theta_i - W_i = 0 \therefore N'_i = \frac{W_i}{cos\theta_i} - U_i - T_i \cdot tg\theta_i$$

$$T_i = \frac{F_i}{FS} = \left(\frac{c' \cdot b_i}{cos\theta_i} + N'_i \cdot tg\phi' \right) \frac{1}{FS}$$

$$N'_i = \frac{W_i}{cos\theta_i} - U_i - \left(\frac{c' \cdot b_i}{cos\theta_i} + N'_i \cdot tg\phi' \right) \frac{tg\theta_i}{FS} \therefore N'_i = \frac{W_i - u_i \cdot b_1 - \frac{c' \cdot b_i \cdot tg\theta_i}{FS}}{cos\theta_i + \frac{tg\phi' \cdot sen\theta_i}{FS}}$$

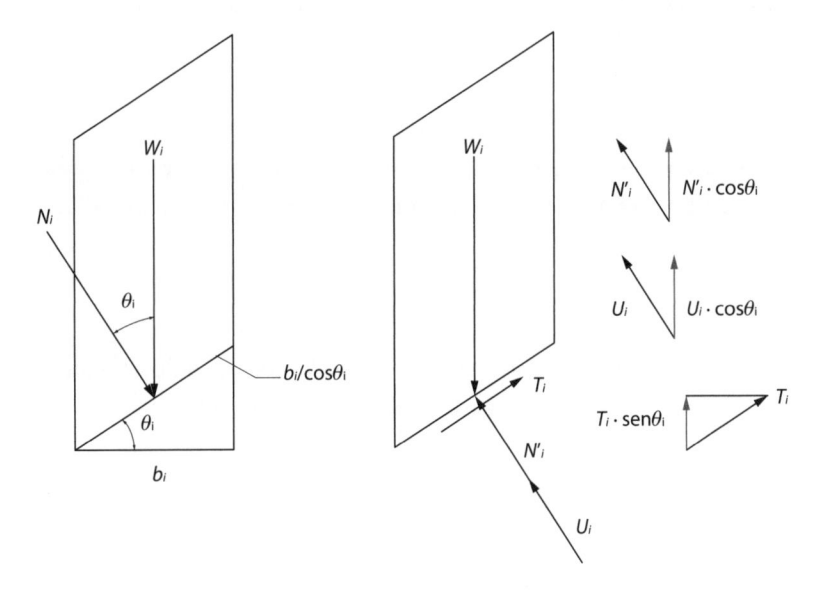

Fig. 6.32 Esquema de forças para análise de equilíbrio

Com a equação correspondente à força N'_i, é possível o cálculo de FS, entretanto é necessário arbitrar um valor inicial para FS e iniciar um processo iterativo. O término do cálculo de FS se dá com uma convergência entre o valor arbitrado e o calculado. A Tab. 6.7 mostra os resultados com a convergência ocorrendo para FS = 0,8.

De acordo com o método de Bishop simplificado, o deslizamento aconteceu com fator de segurança inferior a 1 e, com isso, provavelmente havia coesão aparente no momento da ruptura. Com uma coesão de 13 kPa e ϕ = 30°, tem-se FS = 1, portanto, segundo essa retroanálise, a coesão aparente seria de aproximadamente 6,1 kPa.

Tab. 6.7 Termos necessários para o cálculo de FS

Fatia	W_i (kN/m)	N_i' (kN/m)	$c' \cdot b_i / \cos\theta_i$ (kN/m)	$N_i' \cdot \text{tg}\phi'$ (kN/m)	$W_i \cdot \text{sen}\theta_i$ (kN/m)
1	53	35	16	20	27
2	66	48	9	28	40
3	87	65	9	37	58
4	106	80	10	46	78
5	103	77	11	45	82
6	74	52	14	30	64
7	30	4	22	2	29
		Σ	91	209	377

Essa última conclusão é apenas uma especulação, pois outros aspectos podem influenciar o FS. Por exemplo, no ensaio triaxial convencional a ruptura ocorre com solicitação axissimétrica, o que não condiz com a realidade, tendo em vista a restrição de deslocamento longitudinal para a encosta, além da diferença entre trajetórias de tensões.

O próprio modelo de análise de estabilidade tem hipóteses simplificadoras, com as quais é gerada uma incerteza no valor de FS. Ademais, existe também uma variabilidade espacial dos parâmetros geomecânicos, que também contribui para uma incerteza.

Finalmente, são várias as fontes de incerteza, o que conduz à adoção de um fator de segurança admissível para a avaliação do projetista geotécnico acerca da necessidade de uma eventual obra de contenção para um determinado talude. Valores para FS entre 1,4 e 1,5 são frequentemente estabelecidos como admissíveis.

Exercício 6.6

Duas jazidas (A e B) foram pesquisadas para extrações de solos, visando à construção da barragem de terra homogênea mostrada no início do Cap. 4 (Fig. 4.1).

As curvas de compactação, bem como os parâmetros efetivos de resistência dos solos, foram obtidas com amostras compactadas com duas energias, do Proctor Padrão (ou Normal) e do Proctor Intermediário. As Tabs. 6.8 e 6.9 mostram dados de granulometria, limites de consistência, umidades ótimas, pesos específicos aparentes secos máximos e os valores de c' e ϕ'. Sabe-se que as jazidas A e B encontram-se a 100 m e a 10 km, respectivamente, em relação ao local da obra.

Com base em todas as informações disponíveis, pede-se:
- a classificação dos solos das duas jazidas com base no Sistema Unificado;
- uma análise dos efeitos da energia de compactação e do tipo de solo nos valores dos pesos específicos aparentes secos máximos e das umidades ótimas;

- uma análise do possível uso desses materiais no corpo da barragem, tomando como admissível um fator de segurança mínimo igual a 1,5 para o talude de jusante;
- uma reflexão qualitativa acerca dos custos referentes ao transporte e à compactação.

Tab. 6.8 Resultados da caracterização dos solos das jazidas A e B

Jazida	Granulometria		Limites de consistência	
	Peneira	% que passa	LL (%)	LP (%)
A	P4 (4,75 mm)	100	42	14
	P10 (2 mm)	95		
	P40 (0,42 mm)	78		
	P200 (0,075 mm)	65		
B	P4 (4,75 mm)	100	35	13
	P10 (2 mm)	60		
	P40 (0,42 mm)	30		
	P200 (0,075 mm)	10		

Tab. 6.9 Resultados de ensaios de compactação e de cisalhamento direto

Jazida	Energia	Umidade ótima (%)	$\gamma_{d\,máx}$ (kN/m³)	c' (kPa)	ϕ' (°)
A	Proctor Padrão	20	17,0	5	25
	Proctor Intermediário	15	19,0	10	32
B	Proctor Padrão	18	17,5	9	30
	Proctor Intermediário	13	19,5	15	35

Solução:

Este exercício envolve uma série de matérias da Mecânica dos Solos:
- classificação dos solos;
- compactação;
- fluxo;
- resistência ao cisalhamento;
- análise de estabilidade.

O Sistema Unificado de Classificação dos Solos (SUCS) divide os solos em duas categorias: solos grossos e solos finos. Nesse caso particular, o solo da jazida B apresenta um percentual de finos (% que passa na peneira 200) inferior a 50%, portanto é predominantemente grosso. Sendo um solo grosso, a segunda verificação do SUCS é referente às frações areia e pedregulho. O percentual que passa na peneira de número 4 é igual a 100%, ou seja, não há partículas de pedregulho. Conclui-se que o solo da jazida B é uma areia (classificação primária).

A classificação secundária de um solo grosso é pautada pelo percentual que passa na peneira 200. Com fração abaixo de 5%, o solo grosso é considerado limpo e seu comportamento geomecânico tem relação apenas com sua distribuição granulométrica. Dessa forma, o solo pode ser classificado como bem graduado ou mal graduado. Com percentual passante na peneira 200 acima de 12%, é relevante o tipo de fino existente na matriz grossa e, assim, têm-se duas possibilidades, solo argiloso ou siltoso. O solo da jazida B tem 10% de sólidos passando na peneira 200, portanto as duas características mencionadas, distribuição granulométrica e tipo de fino, são relevantes para sua classificação secundária.

Com base nos coeficientes de não uniformidade (CNU) e de curvatura (CC) da curva granulométrica (Fig. 6.33), a areia pode ser classificada quanto à distribuição granulométrica. Com coeficiente de não uniformidade superior a 6 e coeficiente de curvatura entre 1 e 3, tem-se uma areia bem graduada, caso contrário a areia é mal graduada. O tipo de fino é classificado com o ponto definido pelo par limite de liquidez (LL) e índice de plasticidade (IP = LL – LP, sendo LP o limite de plasticidade), plotado no ábaco de Casagrande (Fig. 6.34).

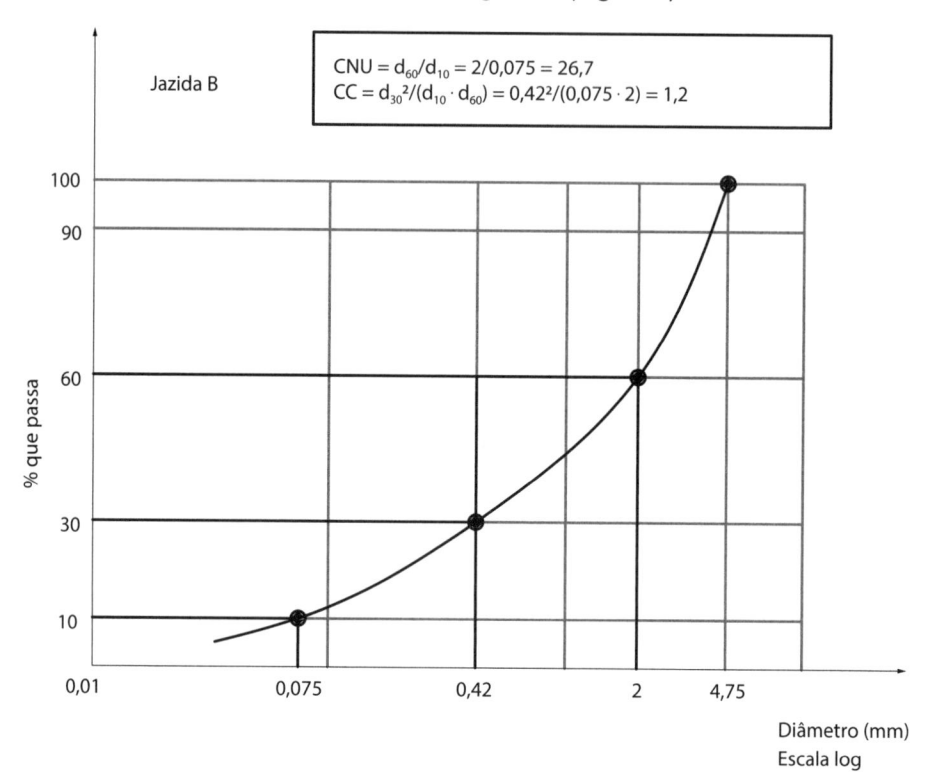

Jazida B

$CNU = d_{60}/d_{10} = 2/0,075 = 26,7$
$CC = d_{30}^2/(d_{10} \cdot d_{60}) = 0,42^2/(0,075 \cdot 2) = 1,2$

Fig. 6.33 Curva granulométrica

Com as informações das Figs. 6.33 e 6.34, o solo da jazida B é classificado como areia bem graduada argilosa (SW-SC). O solo da jazida A é predominantemente fino, com 65% passando na peneira 200, e, assim, existem duas possibilidades de classificação primária: argila (C) ou silte (M). Como o ponto apresentado no ábaco de Casagrande (Fig. 6.34) está acima da linha que divide os tipos de finos, o solo da jazida A é uma argila, e, com limite de liquidez inferior a 50%, sua classificação secundária é de baixa plasticidade.

Além das classificações primária e secundária, com um percentual de solo grosso (areia) superior a 30%, o solo da jazida A é uma argila de baixa plasticidade (CL) arenosa.

Para cada amostra de solo são realizados normalmente cinco ensaios de compactação, com diferentes umidades, para a obtenção de uma curva de

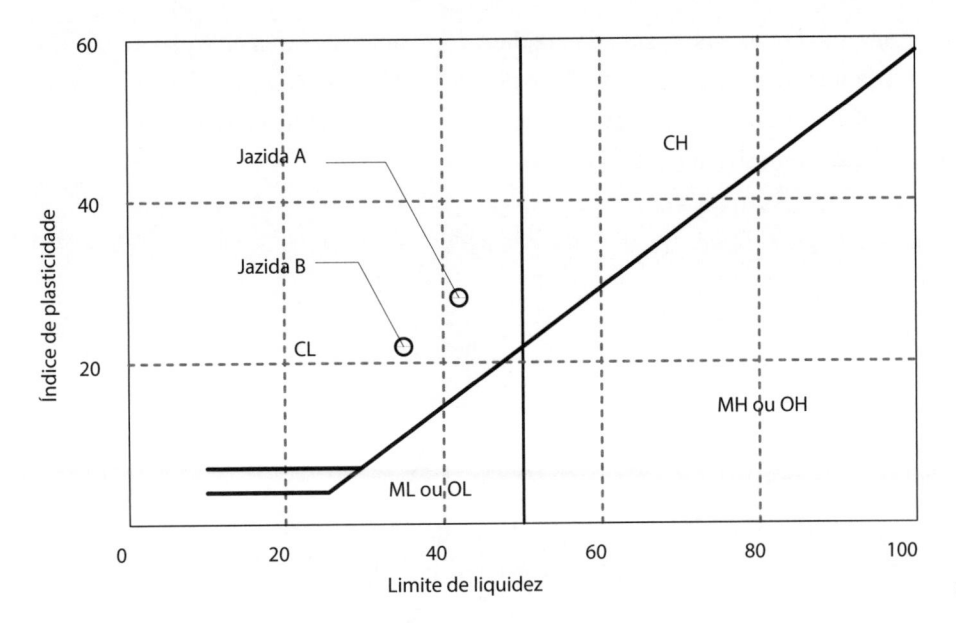

Fig. 6.34 Ábaco de Casagrande

compactação, da qual é possível a extração da umidade ótima e do peso específico aparente seco máximo. Cada ensaio é executado com golpes de um martelo em um determinado número (n) de camadas de solo, acondicionadas em um cilindro metálico (Fig. 6.35). Para cada camada são aplicados N golpes de uma massa M caindo de uma altura h, em um determinado volume. A energia (E) de compactação, com essas variáveis, é a seguinte:

$$E = \frac{M \cdot h \cdot N \cdot n}{Vol}$$

Fig. 6.35 Itens básicos para um ensaio de compactação

A energia para o Proctor Padrão é de 5,9 kg · cm/cm³ e, para o Proctor Intermediário, o valor é de 13,4 kg · cm/cm³. Existe ainda uma terceira energia típica, que é a do Proctor Modificado (28,3 kg · cm/cm³). Na Fig. 6.36 constam as curvas de compactação, nas quais se notam as influências da energia de compactação e do tipo de solo nos valores das umidades ótimas e dos pesos específicos aparentes secos máximos.

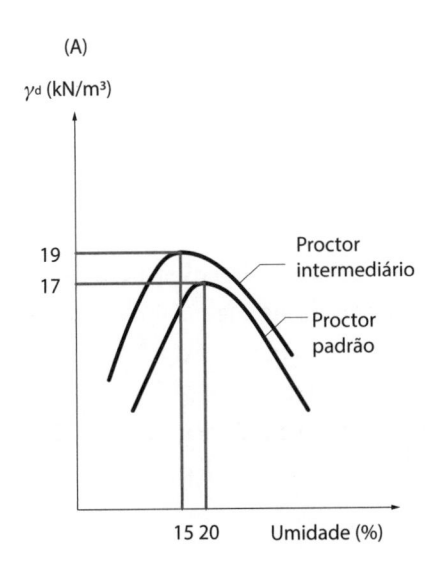

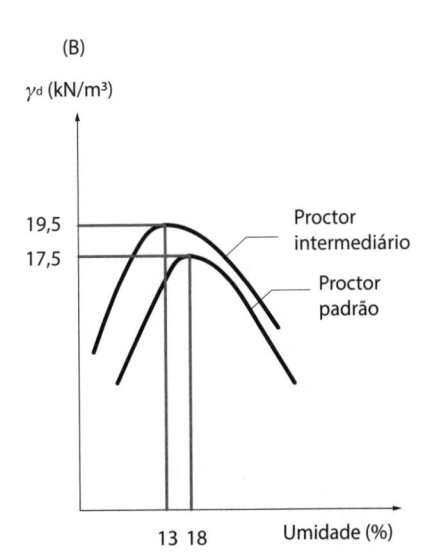

Fig. 6.36 Curvas de compactação: (A) jazida A e (B) jazida B

Tomando como base o solo da jazida A compactado com a energia do Proctor Padrão, aplicado na barragem em foco (Fig. 6.37), têm-se os resultados mostrados na Tab. 6.10, obtidos com o método de Bishop simplificado, adotando o arco de circunferência usado no Exercício 4.7.

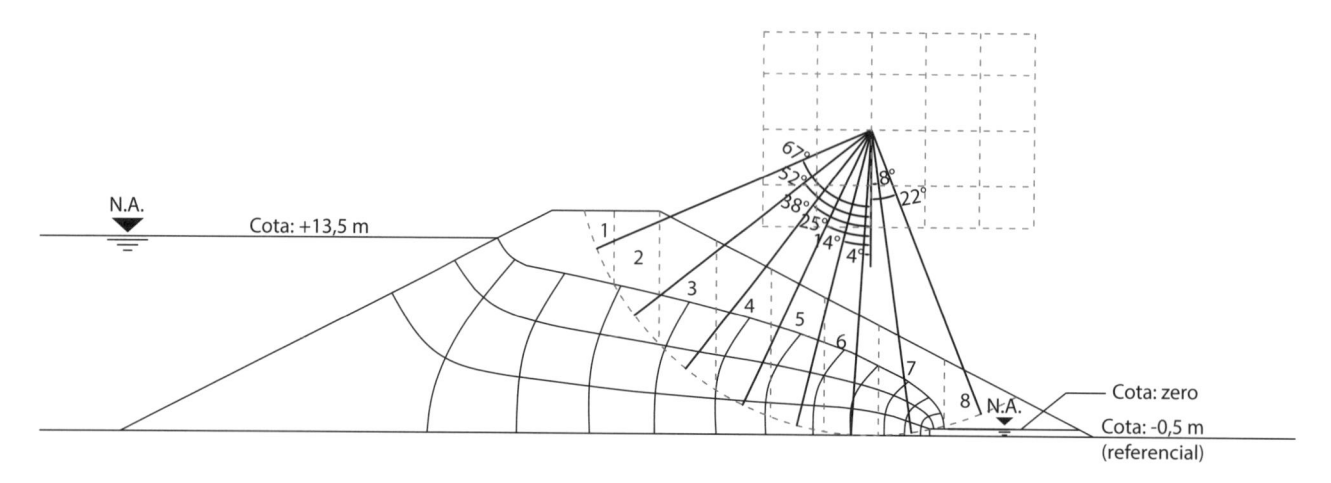

Fig. 6.37 Talude de jusante da barragem com a superfície adotada no Exercício 4.7

Tab. 6.10 Termos para o cálculo de FS

c' (kPa)	5
ϕ' (°)	25
γ_{sat} (kN/m³)	20,58
FS	1,36

Fatia	b_i (m)	Área (m²)	θ_i (°)	u_i (kPa)	W_i (kN/m)	N_i' (kN/m)	$c' \cdot b_i / \cos q_i$ (kN/m)	$N_i' \cdot tg\phi'$ (kN/m)	$W_i \cdot sen\theta_i$ (kN/m)
1	2,26	6,0	67	0	123	147	29	69	114
2	3,30	24,5	52	18,45	504	483	27	225	397
3	4,20	42,6	38	44,40	877	679	27	317	540
4	4,00	42,7	25	56,10	879	616	22	287	371
5	4,00	40,5	14	58,03	833	567	21	265	202
6	4,00	35,1	4	49,60	722	512	20	239	50
7	4,86	30,8	−8	20,80	634	568	25	265	−88
8	5,28	12,6	−22	0	259	334	28	156	−97
						Σ	198	1.822	1.489

Pesquisando uma série de outras superfícies, com diferentes pontos de origem e raios, tem-se a superfície crítica apresentada na Fig. 6.38, associada a um fator de segurança mínimo. Nas Tabs. 6.11 e 6.12 constam os cálculos das poropressões nas bases das fatias e os termos para o cálculo de FS.

A Tab. 6.13 apresenta os valores mínimos de FS, usando-se os solos das jazidas A e B, de acordo com as diferentes energias de compactação.

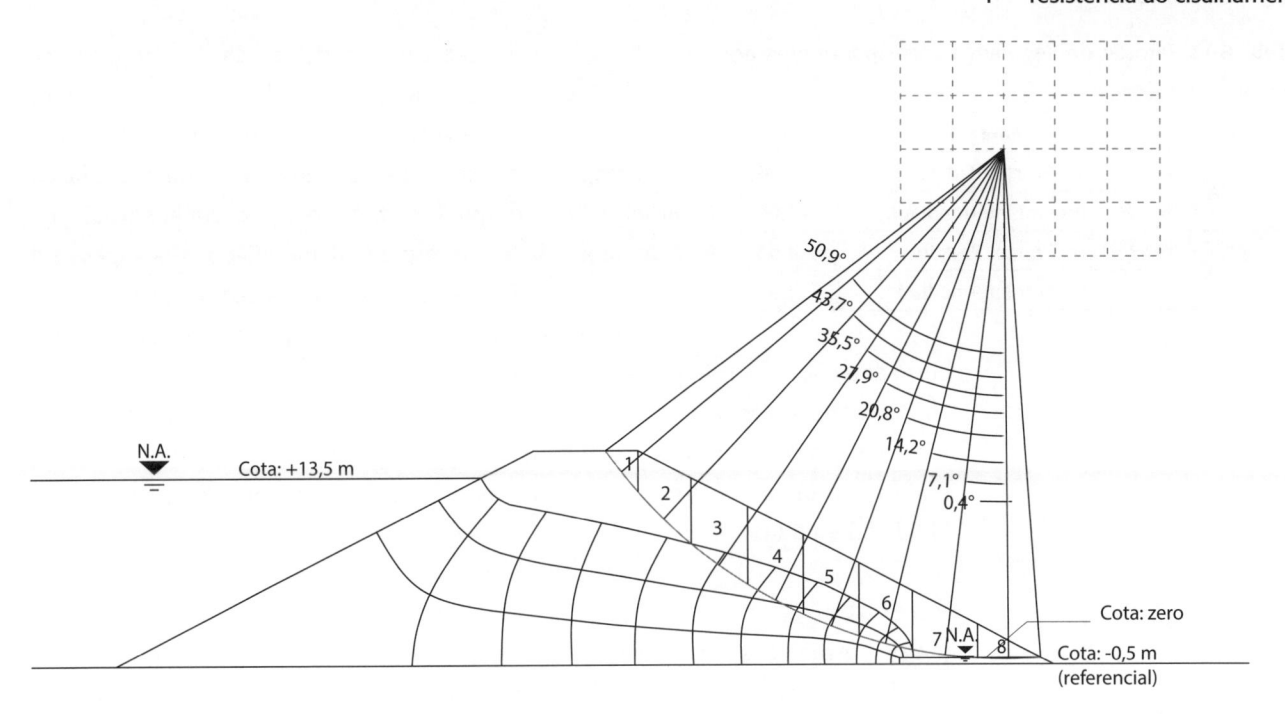

Fig. 6.38 Talude de jusante da barragem com a superfície crítica

Tab. 6.11 Poropressões nas bases das fatias da superfície crítica

Fatia	h_{ei} (m)	n_{ei}	Δh_i (m)	h_i (m)	h_p (m)	u_i (kPa)
3	7,44	5,1	5,74	8,26	0,82	8,2
4	4,81	6,4	7,20	6,80	1,99	19,9
5	2,88	8,2	9,23	4,78	1,90	19,0
6	1,55	10,3	11,59	2,41	0,86	8,6

Tab. 6.12 Termos para o cálculo de FS mínimo

c' (kPa)	5
ϕ' (°)	25
γ_{sat} (kN/m³)	20,58
FS	1,16

Fatia	b_i (m)	Área (m²)	θ_i (°)	u_i (kPa)	W_i (kN/m)	N_i' (kN/m)	$c' \cdot b_i / \cos\theta_i$ (kN/m)	$N_i' \cdot tg\phi'$ (kN/m)	$W_i \cdot sen\theta_i$ (kN/m)
1	2,49	3,8	50,9	0	78	69	20	32	61
2	4,09	16,8	43,7	0	346	329	28	153	239
3	4,25	23,2	35,5	8,2	478	411	26	192	278
4	4,25	25,4	27,9	19,9	522	399	24	186	244
5	4,25	24,5	20,8	19,0	505	387	23	181	179
6	4,16	20,8	14,2	8,6	427	362	21	169	105
7	5,00	17,8	7,1	0	366	349	25	163	45
8	4,99	6,7	−0,4	0	139	139	25	65	−1
						Σ	193	1.140	1.150

Tab. 6.13 Fatores de segurança correspondentes aos solos das jazidas A e B

Jazida	Energia	FS
A	Proctor Padrão	1,16
A	Proctor Intermediário	1,65
B	Proctor Padrão	1,53
B	Proctor Intermediário	1,97

Para a utilização do solo da jazida A, atingindo-se FS > 1,5, é necessária a aplicação da energia do Proctor Intermediário, que gera evidentemente um custo maior de compactação em relação à aplicação da energia do Proctor Padrão, que, por sua vez, poderia ser usada no solo da jazida B. A energia é influenciada pela espessura da camada, pelo peso do rolo compactador e pelo número de passadas. Para os solos em questão, é adequada a compactação com rolo pé de carneiro.

A escolha do solo da jazida B, visando a um menor custo de compactação, tem a desvantagem de um custo maior de transporte, em razão da distância mencionada no enunciado. Uma análise de custo é imprescindível para a escolha da jazida adequada.

Exercício 6.7

Amostras foram extraídas do ponto indicado na Fig. 6.39, a partir das quais foram moldados oito corpos de prova para ensaios triaxiais convencionais com solo saturado. Quatro deles foram submetidos a ensaios triaxiais adensados drenados, com tensões confinantes de 50 kPa, 100 kPa, 200 KPa e 50 kPa (após alívio), como mostra a Fig. 6.40. Com essas mesmas tensões, os outros quatro corpos de prova foram submetidos a ensaios adensados não drenados.

Com base nos resultados desses ensaios, apresentados nas Tabs. 6.14 e 6.15, calcule:

a) Os parâmetros de resistência c' e ϕ' para as condições de solo normalmente adensado e de solo sobreadensado.

b) As resistências ao cisalhamento na condição drenada para os corpos de prova com tensão confinante de 50 kPa, normalmente adensado e sobreadensado.

c) As resistências ao cisalhamento na condição não drenada para os corpos de prova com tensão confinante de 50 kPa, normalmente adensado e sobreadensado.

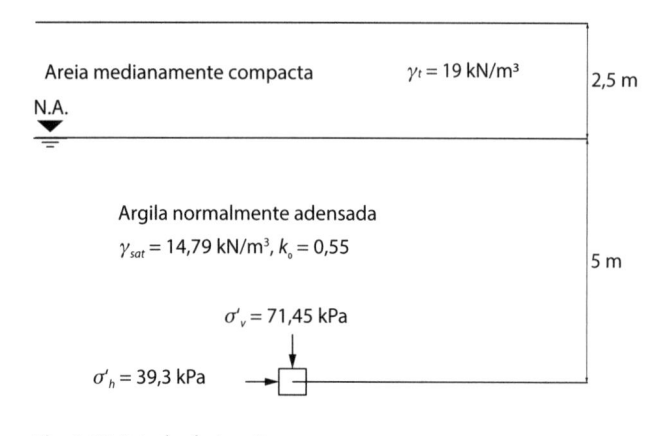

Areia medianamente compacta $\gamma_t = 19$ kN/m³   2,5 m
N.A.

Argila normalmente adensada
$\gamma_{sat} = 14,79$ kN/m³, $k_o = 0,55$ 5 m

$\sigma'_v = 71,45$ kPa
$\sigma'_h = 39,3$ kPa

Fig. 6.39 Estado de tensões no campo

Tab. 6.14 Resultados dos ensaios adensados drenados

C.P.	σ'_c (kPa)	$\sigma_{d\,rup}$ (kPa)	σ'_1 (kPa)	σ'_1/σ'_3
A	50	81,8	131,8	2,64
B	100	163,6	263,6	2,64
C	200	327,3	527,3	2,64
D	50	130,0	180,0	3,60

Tab. 6.15 Resultados dos ensaios adensados não drenados

C.P.	σ_c (kPa)	$\sigma_{d\,rup}$ (kPa)	σ_1 (kPa)	σ_3 (kPa)	Δ_u (kPa)	σ'_1 (kPa)	σ'_3 (kPa)
A	50	40,9	90,9	50	25,0	65,9	25,0
B	100	81,8	181,8	100	50,0	131,8	50,0
C	200	163,6	363,6	200	100,0	263,6	100,0
D	50	140,3	190,3	50	−7,8	198,1	57,8

d) O parâmetro A de Skempton, de 1954, para os corpos de prova com tensão confinante de 50 kPa, normalmente adensado e sobreadensado.

Solução:

a) De acordo com as tensões apresentadas na Fig. 6.39, a tensão efetiva média de campo é de 50 kPa. Assim, os corpos de prova A, B e C encontram-se em condição normalmente adensada. O corpo de prova D está sobreadensado, em razão do alívio mostrado na Fig. 6.40.

A Fig. 6.41 ilustra as envoltórias tangenciando os círculos de Mohr de ruptura. Nota-se que, para a existência de um intercepto efetivo de coesão, é necessário um sobreadensamento. Conclui-se que, se o solo em questão tivesse uma razão de sobreadensamento igual a 4, em termos de tensões efetivas médias, seus parâmetros de resistência seriam $c' = 21{,}11$ kPa e $\phi' = 23{,}37°$.

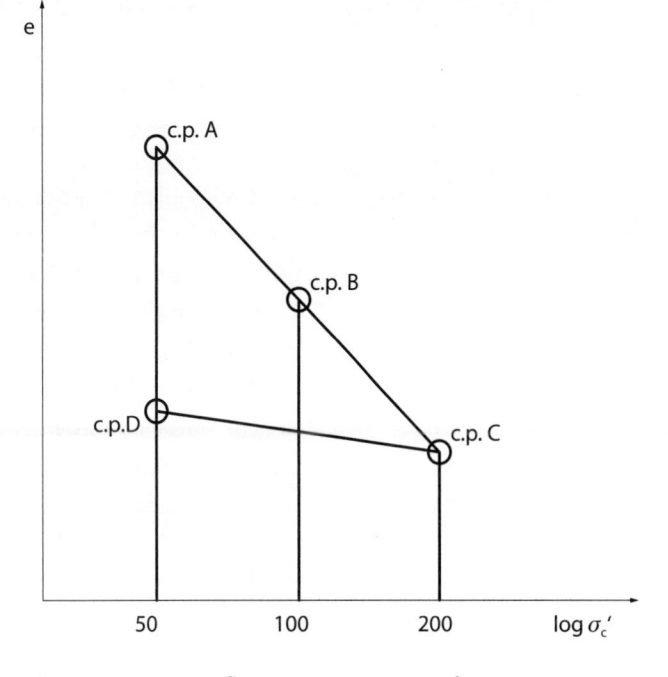

Fig. 6.40 Tensões confinantes para os corpos de prova

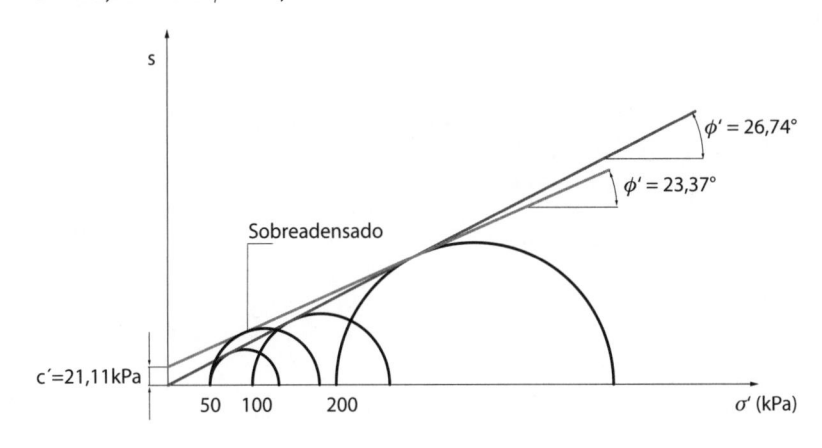

Fig. 6.41 Envoltórias de resistência em termos de tensões efetivas

b) Para o cálculo das tensões cisalhantes nos planos de ruptura, que são as resistências ao cisalhamento, basta multiplicar os raios dos círculos de Mohr pelos cossenos dos ângulos de atrito efetivos, como ilustra a Fig. 6.29. Para as condições normalmente adensada e sobreadensada, as resistências são, respectivamente:

$$s = \frac{81{,}8}{2} \times \cos(26{,}74°) = 36{,}5 \text{ kPa}$$

$$s = \frac{130}{2} \times \cos(23{,}37°) = 59{,}7 \text{ kPa}$$

c) O ensaio triaxial convencional adensado não drenado tem a primeira fase idêntica àquela descrita no Exercício 6.5, para o ensaio adensado drenado. No entanto, no ensaio adensado não drenado, na segunda fase não é permitida a variação volumétrica do corpo de prova, pois fecha-se a drenagem. Com isso, de acordo com sua tendência de variação volumétrica, o corpo de prova pode experimentar uma variação positiva ou negativa de poropressão (Δu), que é medida via transdutor de pressão.

Solos normalmente adensados ou levemente sobreadensados sofrem tipicamente reduções volumétricas em ensaios com segunda fase drenada, ao passo que solos fortemente sobreadensados experimentam um aumento de volume. No caso do ensaio com segunda fase não drenada, uma tendência de redução volumétrica gera uma solicitação positiva da água intersticial em face da tendência de deslocamento das partículas para os poros. Uma situação contrária ocorre para a tendência de aumento de volume, uma vez que as partículas tendem a uma expansão e, assim, é gerada variação negativa de poropressão.

Esses comportamentos descritos são verificados a partir dos resultados mostrados na Tab. 6.15 e ilustrados na Fig. 6.42. Para o solo normalmente adensado, o círculo de tensões efetivas fica deslocado para a esquerda em relação ao círculo de tensões totais (mais denso), com uma distância que é Δu = 25 kPa.

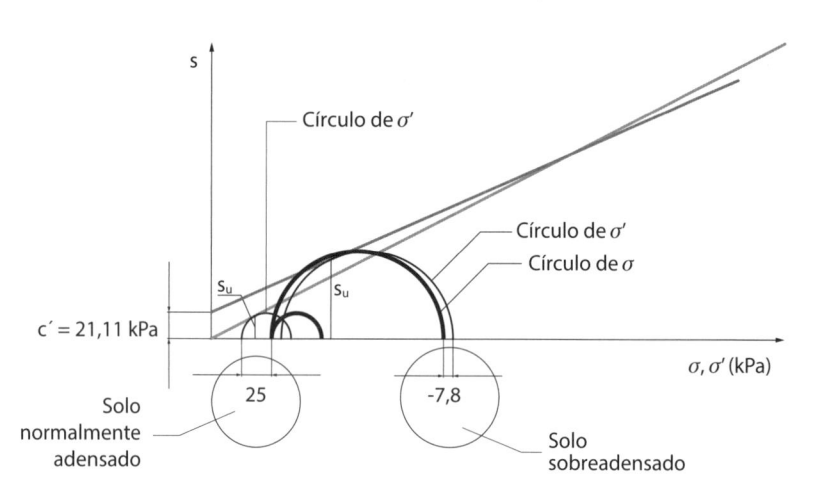

Fig. 6.42 Círculos de Mohr de σ e σ' para o ensaio adensado não drenado

Com variação de poropressão negativa, o círculo de σ' fica deslocado para a direita em relação ao círculo de σ para o solo sobreadensado. As tensões principais efetivas são, literalmente:

$$\sigma'_3 = \sigma_3 - \Delta u$$
$$\sigma'_1 = \sigma_1 - \Delta u$$

As resistências não drenadas (s_u) ilustradas na Fig. 6.42, para as condições normalmente adensada e sobreadensada, são, respectivamente:

$$s_u = \frac{40,9}{2} \times \cos(26,74°) = 18,3 \text{ kPa}$$
$$s_u = \frac{140,3}{2} \times \cos(23,37°) = 64,4 \text{ kPa}$$

Em virtude da variação positiva de poropressão, a resistência não drenada do solo normalmente adensado é inferior à resistência drenada. Para o solo sobreadensado em questão, verifica-se o contrário, sendo a resistência não drenada superior à resistência drenada, pois a variação de poropressão é negativa.

d) Skempton, em 1954, deduziu uma equação para a variação de poropressão na condição não drenada, com os seguintes termos:

$$\Delta u = B\left[\Delta\sigma_3 + A(\Delta\sigma_1 - \Delta\sigma_3)\right]$$

Os parâmetros B e A de Skempton dependem, respectivamente, do grau de saturação do solo e de seu sobreadensamento. O parâmetro B é igual a 1 para solos saturados e inferior a 1 para solos não saturados. O parâmetro A geralmente assume valor positivo para solos normalmente adensados ou levemente sobreadensados. Para solos fortemente sobreadensados, uma solicitação não drenada geralmente promove variação negativa de poropressão e, com isso, A torna-se negativo.

No presente exercício, os solos ensaiados estão saturados (B = 1) e na segunda fase não há variação da tensão total horizontal (σ_c), ocorrendo apenas variação da tensão total vertical ($\Delta\sigma_1 = \sigma_d$). Dessa forma, a variação de poropressão é a seguinte:

$$\Delta u = B\left[\Delta\sigma_3 + A(\Delta\sigma_1 - \Delta\sigma_3)\right] = A \cdot \Delta\sigma_1 \therefore A = \frac{\Delta u}{\Delta\sigma_1}$$

Portanto, o parâmetro A no ensaio triaxial convencional axissimétrico é simplesmente a razão entre a variação de poropressão e a tensão desviadora. Em gráficos com eixos p, p' e q, como ilustra a Fig. 6.43, é possível a análise das

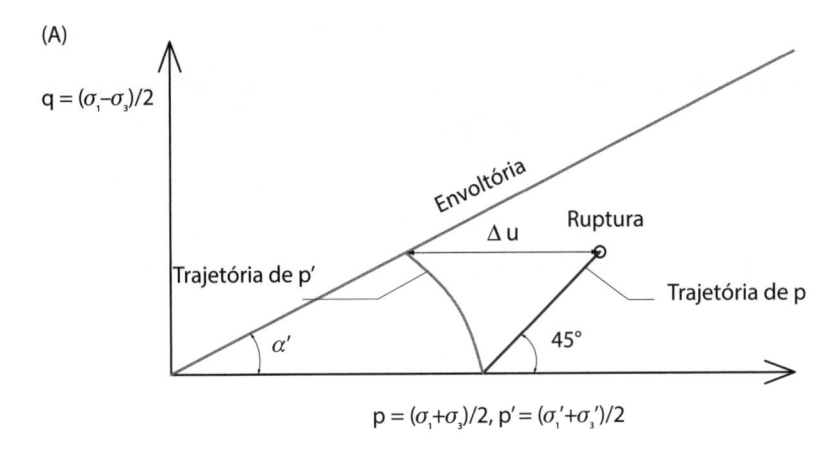

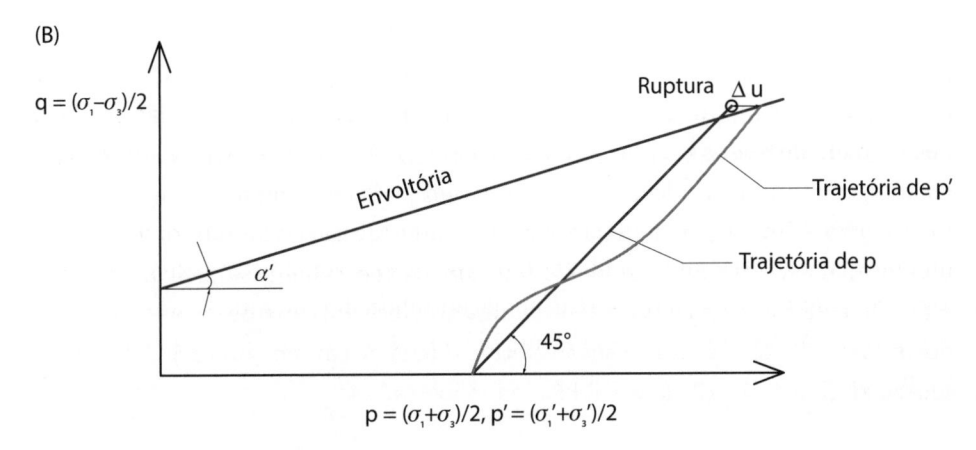

Fig. 6.43 Trajetórias de tensões com variações de poropressões: (A) trajetória com Δu positivo e (B) trajetória com Δu negativo

trajetórias de tensões com Δu positivo e Δu negativo. É importante observar que o parâmetro A de Skempton varia ao longo das trajetórias de tensões. Os valores de A na ruptura, para os corpos de prova analisados neste exercício, são os seguintes:

- $A = \dfrac{\Delta u}{\Delta \sigma_1} = \dfrac{25}{40,9} = 0,6$, para o solo normalmente adensado;

- $A = \dfrac{\Delta u}{\Delta \sigma_1} = \dfrac{-7,8}{140,3} = -0,06$, para o solo sobreadensado.

Exercício 6.8

Supondo que, com a extração do solo do exercício anterior da profundidade indicada na Fig. 6.39, a amostra tenha ficado com 40% da tensão efetiva média de campo, mantida por uma variação negativa de poropressão, calcule a resistência não drenada que seria obtida em um ensaio triaxial não adensado não drenado, admitindo que, com o leve sobreadensamento gerado, têm-se $c' = 5$ kPa, $\phi' = 24°$ e $A = 0,5$.

Solução:

Com a inserção de um tubo de parede fina no solo, é feita a extração de uma amostra. Com esse evento, o solo sofre um alívio não drenado de tensões, com uma variação negativa de poropressão oriunda de uma tendência de expansão volumétrica:

$$\Delta u = B\left[\Delta \sigma_3 + A(\Delta \sigma_1 - \Delta \sigma_3)\right] = B\left[-\sigma_h + A(-\sigma_v + \sigma_h)\right]$$
$$= B\left[-(\sigma'_h + u_0) - A(\sigma'_v + u_0) + A(\sigma'_h + u_0)\right]$$

Se B for igual a 1 (solo saturado) e A for igual a 1/3 (material elástico), a poropressão na amostra retirada será a seguinte:

$$u = u_0 + \Delta u = u_0 - \left(\dfrac{\sigma'_v + 2 \cdot \sigma'_h}{3}\right) - u_0 = -\left(\dfrac{\sigma'_v + 2 \cdot \sigma'_h}{3}\right)$$

Com essa poropressão negativa, é garantida uma tensão efetiva positiva na amostra:

$$\sigma' = \sigma - u = 0 - \left[-\left(\dfrac{\sigma'_v + 2 \cdot \sigma'_h}{3}\right)\right] = \dfrac{\sigma'_v + 2 \cdot \sigma'_h}{3}$$

Se realmente o solo tivesse o comportamento descrito, com o parâmetro A de material elástico, e, além disso, se a amostra não tivesse perturbação, principalmente no enseio da inserção do tubo de parede fina, a tensão efetiva média de campo estaria mantida pela poropressão negativa. Com isso, não haveria necessidade de adensar o corpo de prova em uma primeira fase de um ensaio triaxial, com o objetivo de conhecer sua resistência não drenada.

Todavia, é impossível a extração e a manutenção de uma amostra realmente indeformada e, ademais, o solo não tem um comportamento elástico, portanto a tensão efetiva na amostra difere da tensão efetiva média de campo. No caso deste exercício, têm-se uma tensão efetiva média de campo igual a 50 kPa e uma tensão efetiva de 20 kPa ($u = -20$ kPa) na amostra.

Imaginando um ensaio não adensado não drenado nessas condições, na primeira fase é aplicada a tensão confinante sem a possibilidade de variação volumétrica do corpo de prova e, assim, é gerada uma variação de poropressão idêntica à tensão confinante aplicada, bastando observar a equação de Skempton, com $\Delta\sigma_1 = \Delta\sigma_3 = \sigma_c$:

$$\Delta u = B\left[\Delta\sigma_3 + A(\Delta\sigma_1 - \Delta\sigma_3)\right] \therefore \Delta u = \Delta\sigma_3 = \sigma_c$$

A Fig. 6.44 ilustra uma situação com a aplicação de uma tensão confinante de 100 kPa, em um solo saturado, sem a possibilidade de adensamento, com uma poropressão inicial de –20 kPa.

Com $\sigma_c = 100$ kPa, a poropressão e a tensão efetiva no corpo de prova são as seguintes:

$$u = -20 + 100 = 80 \text{ kPa}$$
$$\sigma' = \sigma - u = 100 - 80 = 20 \text{ kPa}$$

Verifica-se, assim, que o solo não experimenta variação de tensão efetiva, ou seja, com tensão total nula tem-se $\sigma' = 20$ kPa, que é exatamente a mesma para uma tensão total de 100 kPa. Para ocorrer variação de tensão efetiva é imperativa a drenagem, com o consequente adensamento do corpo de prova. Tendo em vista esse caráter não adensado, com a aplicação da tensão desviadora sob condição não drenada (segunda fase) tem-se uma única σ_d de ruptura, independente da tensão confinante aplicada na primeira fase. Como σ_d é o diâmetro do círculo de Mohr, a envoltória é horizontal e em termos de tensões totais (Fig. 6.45), uma vez que não é possível, nesse caso, o controle da tensão efetiva confinante.

Fig. 6.44 Primeira fase não adensada de um ensaio triaxial

Como não se tem a envoltória em termos de tensões efetivas, adota-se o raio do círculo de Mohr como resistência ao cisalhamento não drenada.

Para atender à solicitação do exercício, são necessários os parâmetros drenados de resistência e o parâmetro A de Skempton apresentados no enunciado, ou seja, em um ensaio adensado não drenado com tensão confinante de 20 kPa, a variação da poropressão seria igual a $0{,}5 \cdot \sigma_d$ e a tensão efetiva principal maior seria:

Fig. 6.45 Envoltória de resistência para o ensaio não adensado não drenado

$$\sigma'_1 = \sigma'_3 \cdot K_p + 2 \cdot c' \cdot \sqrt{K_p}$$
$$K_p = \text{tg}^2(45° + \phi'/2) = \text{tg}^2(45° + 12°) = 2{,}37$$

Assim, a tensão desviadora de ruptura pode ser calculada com a seguinte linha de raciocínio:

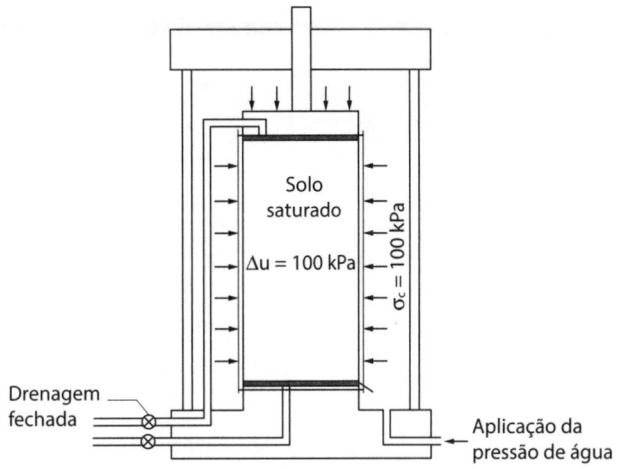

$$\Delta u = A \cdot \sigma_d = A(\sigma_1 - \sigma_3)$$
$$\sigma'_1 = \sigma'_3 \cdot K_p + 2 \cdot c' \cdot \sqrt{K_p} \therefore \sigma_1 - A(\sigma_1 - \sigma_3) = [\sigma_3 - A(\sigma_1 - \sigma_3)]K_p + 2 \cdot c' \cdot \sqrt{K_p}$$
$$\sigma_1 = \frac{\sigma_3(K_p + A \cdot K_p - A) + 2 \cdot c' \cdot \sqrt{K_p}}{1 - A + A \cdot K_p} = \frac{20(2{,}37 + 0{,}5 \times 2{,}37 - 0{,}5) + 2 \times 5 \times \sqrt{2{,}37}}{1 - 0{,}5 + 0{,}5 \times 2{,}37} = 45{,}4 \text{ kPa}$$
$$\sigma_d = \sigma_1 - \sigma_3 = 45{,}4 - 20 = 25{,}4 \text{ kPa}$$

Com o diâmetro do círculo de Mohr, que é 25,4 kPa, a resistência não drenada (raio) é igual a 12,7 kPa.

Todos esses cálculos foram possíveis em virtude das informações fornecidas neste exercício, no entanto, a partir do ensaio não adensado não drenado, a única informação disponível seria a tensão desviadora de ruptura, ilustrada na Fig. 6.46.

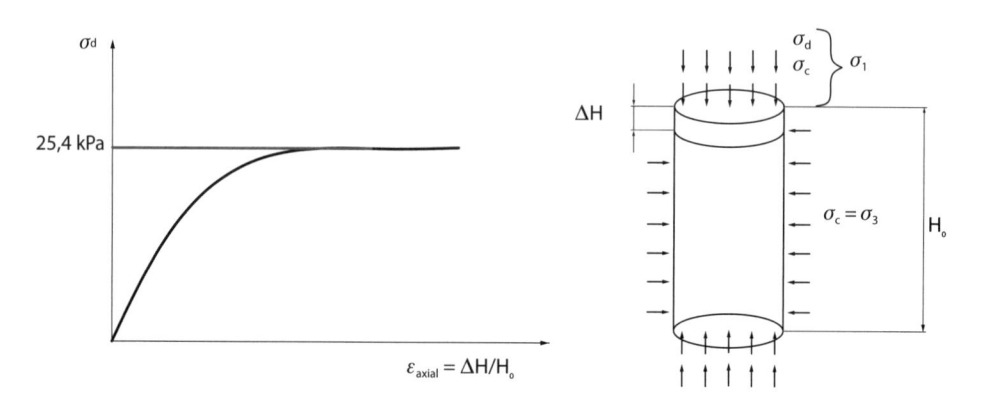

Fig. 6.46 Segunda fase do ensaio não adensado não drenado

Comparando as duas resistências não drenadas, do ensaio adensado não drenado (18,3 kPa) e do ensaio não adensado não drenado (12,7 kPa), conclui-se que houve influência da tensão efetiva na amostra em relação à tensão efetiva média de campo.

Um caso particular do ensaio não adensado não drenado é o ensaio de compressão simples, cuja tensão confinante é nula, haja vista que o corpo de prova é simplesmente submetido a uma tensão axial aplicada por uma prensa. A velocidade de carregamento é geralmente alta, em torno de 1% de deformação por minuto, visando à transcorrência do ensaio de maneira não drenada, uma vez que não é possível fechar a drenagem, pois o corpo de prova não é acondicionado em uma câmara triaxial.

Estudos mostram que a resistência não drenada é influenciada pela velocidade de deformação. As tensões desviadoras de ruptura apresentadas na Fig. 6.47 mostram que a resistência aumenta com a aplicação de velocidades maiores de deformação. Essa influência é acentuada com o aumento da plasticidade do solo.

Portanto, o controle da velocidade de deformação é relevante. O correto seria simular aproximadamente a velocidade aplicada no campo com a construção de um aterro sobre uma camada de argila mole, por exemplo. Tendo em vista todos os aspectos apresentados, os ensaios de laboratório tradicionalmente usados para a obtenção da resistência não drenada têm as seguintes características:

- No ensaio adensado não drenado, a tensão efetiva é controlada na primeira fase, com a possibilidade de se recuperar a tensão efetiva média de campo. Na segunda fase, é possível o controle da velocidade de deformação, o que é vantajoso para simular aproximadamente a velocidade que será aplicada no campo.
- No ensaio não adensado não drenado, a tensão efetiva não é controlada na primeira fase, o que pode ocasionar a obtenção de uma baixa resistência não drenada, com a aplicação de uma velocidade de deformação adequada à obra, na segunda fase, resultando em um projeto conservador.
- No ensaio de compressão simples, não há controle da tensão efetiva confinante e também não é possível o controle da velocidade de deformação. Assim, dos três ensaios, é o que apresenta uma maior incerteza. A resistência não drenada pode ser inferior à obtida com o ensaio adensado não drenado, eventualmente para um solo de baixa plasticidade. No entanto, a resistência não drenada pode ser também superior em relação à obtida com o ensaio adensado não drenado, sendo contrária à segurança em um determinado projeto.

Fig. 6.47 Influência da velocidade de deformação no comportamento tensão × deformação

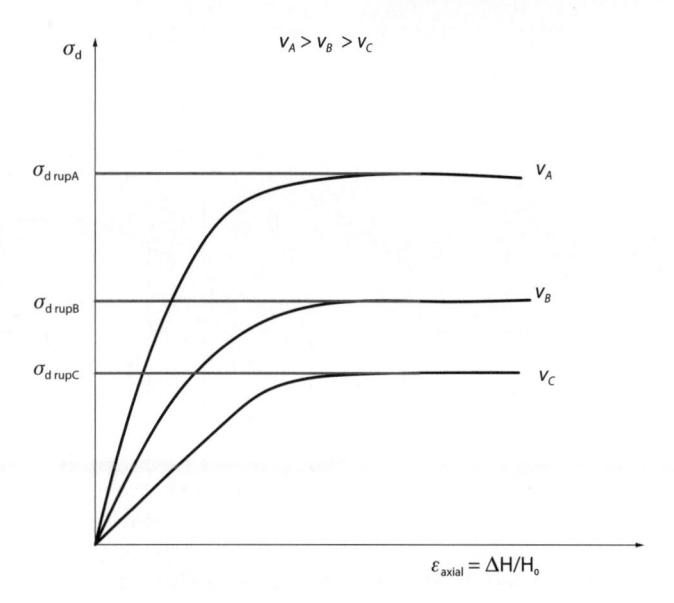

Exercício 6.9

Calcule o fator de segurança correspondente à situação descrita na Fig. 6.48. Os torques máximos, apresentados na Tab. 6.16, são de ensaios de palheta executados nos pontos de base das fatias, de 1 a 12.

Solução:

A resolução deste exercício está dividida em duas partes. A primeira versa sobre o ensaio de palheta usado para a obtenção da resistência não drenada nos pontos existentes ao longo da superfície crítica. A segunda parte apresenta uma reflexão sobre o uso da resistência não drenada para o caso em tela, com a conseguinte análise de estabilidade pelo método das fatias, visto em exercícios anteriores, mediante uma pequena adaptação.

O ensaio de palheta, também conhecido como *Vane Test*, é frequentemente utilizado para a obtenção da resistência não drenada de depósitos de argilas moles a muito moles. De forma sucinta, o ensaio consiste em inserir no solo uma palheta formada por duas lâminas ortogonais, com a posterior aplicação

Exercícios de Mecânica dos Solos

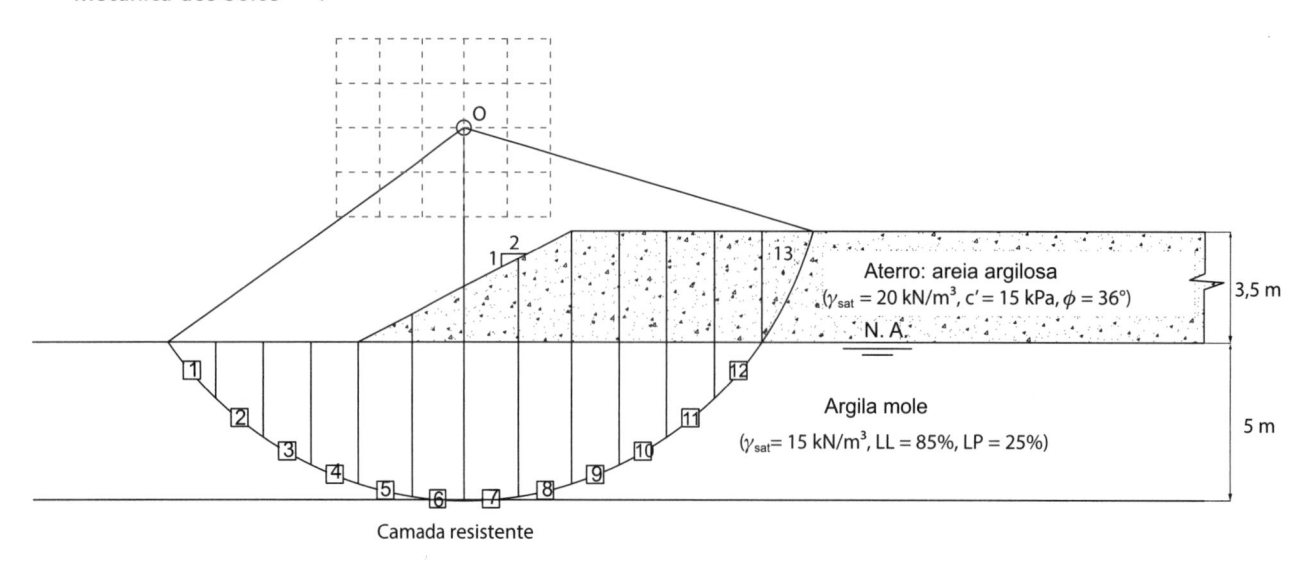

Fig. 6.48 Superfície crítica para aterro sobre argila mole

Tab. 6.16 Torques máximos de ensaios de palheta

Fatia	$T_{máx}$ (kN · m)	s_u (kPa)
1	0,0192	19,1
2	0,0141	20,6
3	0,0149	21,8
4	0,0159	23,2
5	0,0161	23,5
6	0,0172	25,1
7	0,0172	25,1
8	0,0160	23,4
9	0,0156	22,8
10	0,0151	22,1
11	0,0139	20,3
12	0,0131	19,1

de um esforço de torque, que promove o giro da palheta com uma velocidade-padrão de 6° ± 0,6° por minuto.

Com a aplicação do torque, a palheta cisalha o solo, com as superfícies de ruptura formando um cilindro, com a tensão cisalhante atuando em suas áreas de base, de topo e lateral, como ilustra a Fig. 6.49. O cilindro de ruptura tem as dimensões da palheta, que são de 6,5 cm de diâmetro e 13 cm de altura, normalmente.

Analisando o equilíbrio de momentos, no instante da ruptura, com o torque máximo ($T_{máx}$), tem-se:

$$T_{máx} = M_{base} + M_{topo} + M_{lateral} = 2 \cdot \int_0^R 2 \cdot \pi \cdot r^2 \cdot dr \cdot s_u + s_u \cdot 2 \cdot \pi \cdot R^2 \cdot H$$

$$= 4 \cdot \frac{R^3}{3} \cdot \pi \cdot s_u + 8 \cdot \pi \cdot R^3 \therefore s_u = \frac{3 \cdot T_{máx}}{28 \cdot \pi \cdot R^3}$$

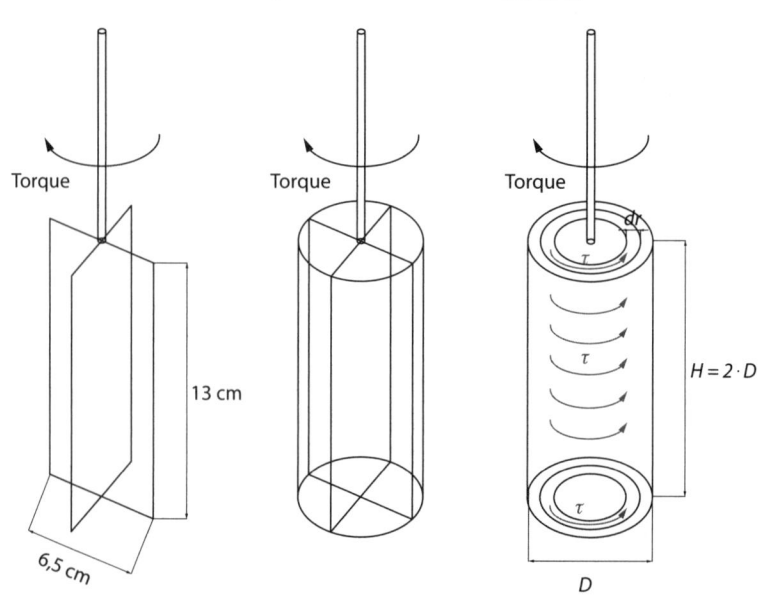

Fig. 6.49 Ensaio de palheta

Ajustando a equação ao diâmetro da palheta, a resistência não drenada é a seguinte:

$$s_u = \frac{6 \cdot T_{máx}}{7 \cdot \pi \cdot D^3}$$

O ensaio de palheta tem a mesma peculiaridade vista para o ensaio de compressão simples, que é a necessidade de aplicar uma alta velocidade de solicitação com o intuito de evitar a drenagem. Essa velocidade tem influência na resistência não drenada, como foi observado no exercício anterior. Além disso, a inserção da palheta provoca um certo amolgamento do solo, gerando posterior recuperação tixotrópica, que é a movimentação das partículas para a recuperação de sua microestrutura original. Aliado a esse efeito, tem-se a possibilidade de um certo adensamento do solo, em função do intervalo de tempo entre a inserção da palheta e o início de sua rotação.

Observa-se que a superfície de cisalhamento do ensaio não simula a superfície analisada para um caso de aterro sobre solo mole, por exemplo. Dessa forma, se houver uma anisotropia pronunciada de resistências não drenadas, existirá uma incerteza acerca da resistência obtida com o ensaio de palheta.

Bjerrum (1973) propôs o uso de um fator μ para a correção da resistência não drenada obtida a partir de ensaios de palheta, com base no índice de plasticidade. A Fig. 6.50 apresenta a proposta mais conservadora, extraída do estudo de Bjerrum, que foi embasado em retroanálises de rupturas de aterros. Neste exercício, o índice de plasticidade da argila mole é igual a 60%, o que conduz a um fator de correção $\mu = 0{,}68$. Assim, na Tab. 6.17 todas as resistências apresentadas têm valores reduzidos, com a multiplicação de μ pelas resistências da Tab. 6.16.

A análise de estabilidade propriamente dita pode ser feita com o método das fatias, aplicando as hipóteses de Bishop mostradas no Exercício 6.5. No caso em foco, têm-se dois solos com comportamentos distintos, a areia argilosa (aterro) e a argila mole saturada, de alta compressibilidade e baixa permeabilidade. De maneira conservadora, a resistência ao cisalhamento drenada, em termos de seus parâmetros efetivos, pode ser usada ao longo do trecho da superfície crítica que passa pelo aterro, portanto sem o uso de uma coesão aparente.

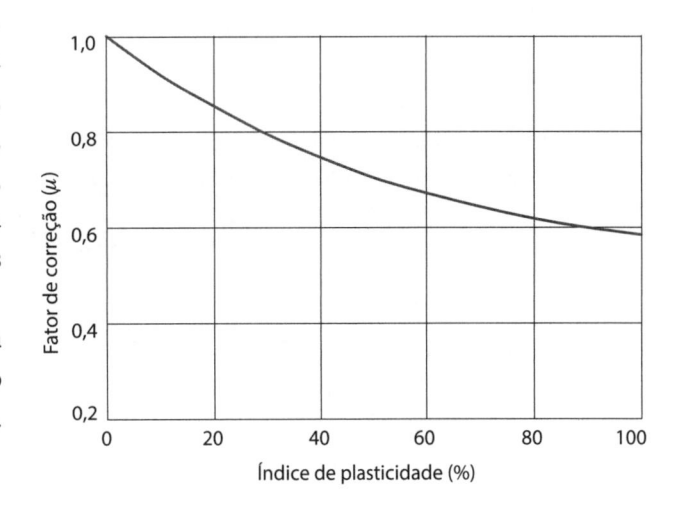

Fig. 6.50 Gráfico para obtenção do fator de correção

Para o solo mole natural, em razão de suas características geomecânicas, ocorre uma baixa taxa de dissipação de poropressões com o tempo (baixo coeficiente de adensamento) em relação à velocidade de solicitação. Dessa forma, é prudente a análise com a resistência não drenada, tendo em vista que solos moles superficiais têm tipicamente um ligeiro sobreadensamento, cujo comportamento é de variação positiva de poropressão com a solicitação, com uma resistência não drenada inferior à resistência drenada (ver o Exercício 6.7).

O fator de segurança, a partir do método de Bishop simplificado, em termos de tensões totais para o extenso trecho da superfície crítica, ao longo da argila mole, e em termos de tensões efetivas para o pequeno intervalo ao longo do aterro, fica com o seguinte formato:

$$FS = \frac{\sum_{i=1}^{n}\left(\frac{s_u \cdot b_i}{\cos\theta_i} + \frac{c' \cdot b_i}{\cos\theta_i} + N'_i \cdot \text{tg}\phi'\right)}{\sum_{i=1}^{n} W_i \cdot \text{sen}\theta_i}$$

A Tab. 6.17 apresenta os termos para o cálculo de FS com a discriminação de duas áreas, em razão da presença de dois solos com diferentes pesos específicos (área 1 para fatia de argila e área 2 para fatia de aterro), como mostrado na Fig. 6.48.

Tab. 6.17 Termos para o cálculo de FS

Aterro	c' (kPa)	15
	ϕ' (°)	36
	γ_t (kN/m³)	20
Argila mole	γ_{sat} (kN/m³)	15
	s_u (kPa)	Var.
FS		1,3

Fatia	s_u (kPa)	b_i (m)	Área 1 (m²)	Área 2 (m²)	θ_i (°)	W_i (kN/m)	N'_i (kN/m)	$c' \cdot b_i/\cos\theta_i$ ou $s_u \cdot b_i/\cos\theta_i$ (kN/m)	$N'_i \cdot \text{tg}\phi'$ (kN/m)	$W_i \cdot \text{sen}\theta_i$ (kN/m)
1	13,0	1,53	1,35	0,00	−49	20	-	30	-	−15
2	14,0	1,53	3,65	0,00	−39	55	-	28	-	−34
3	14,8	1,53	5,25	0,00	−30	79	-	26	-	−39
4	15,8	1,53	6,37	0,00	−21	96	-	26	-	−34
5	16,0	1,75	8,17	0,77	−13	138	-	29	-	−31
6	17,1	1,75	8,63	2,30	−4	175	-	30	-	−12
7	17,1	1,75	8,64	3,83	4	206	-	30	-	14
8	15,9	1,75	8,17	5,36	13	230	-	29	-	52
9	15,5	1,53	6,37	5,35	21	203	-	25	-	73
10	15,0	1,53	5,25	5,35	30	186	-	27	-	93
11	13,8	1,53	3,65	5,35	39	162	-	27	-	102
12	13,0	1,53	1,35	5,35	49	127	-	30	-	96
13	-	1,67	0,00	2,93	64	59	20	57	15	53
							Σ	394	15	315

Com a adoção de um fator de segurança admissível igual a 1,5, é necessário o uso de um ou mais métodos para a promoção de uma segurança adequada. Dois métodos são exibidos na Fig. 6.51: o uso de um geossintético na interface entre o aterro e a argila mole, e o lançamento de uma berma de equilíbrio.

O primeiro método utiliza-se de um elemento passivo com resistência a esforços de tração, ou seja, com uma pequena movimentação da zona ativa, constituída pelos solos situados dentro da área delimitada pela superfície crítica, o geossintético é solicitado. Aproveitando sua resistência a esforços de tração, é possível estimar a força de tração necessária para promover um determinado fator de segurança admissível para o sistema. Com esse esforço de tração, dois critérios básicos de projeto têm que ser verificados:

- deve existir um fator de segurança adequado com relação ao arrancamento do geossintético, que fica confinado entre o aterro e a argila mole;
- deve ser respeitado também um fator de segurança com relação à ruptura do geossintético por esforço de tração. Esse FS deve contemplar as possibilidades de fluência, de danos mecânicos, de degradação química e de incertezas estatísticas.

O segundo método está associado a uma simples adição de peso do lado que promove momentos atuantes negativos, com o uso da chamada berma de equilíbrio.

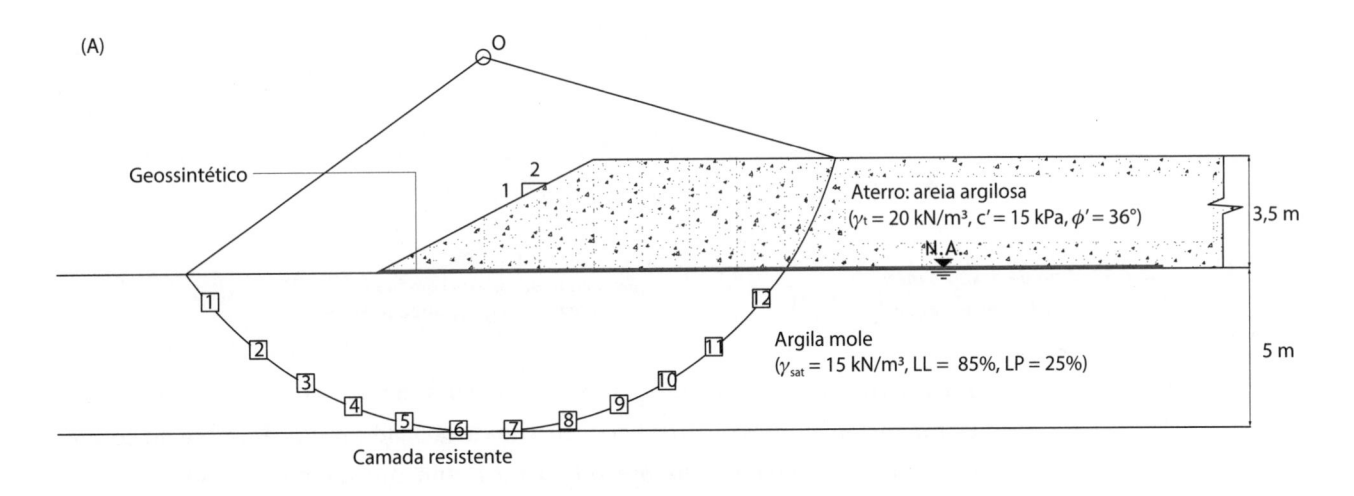

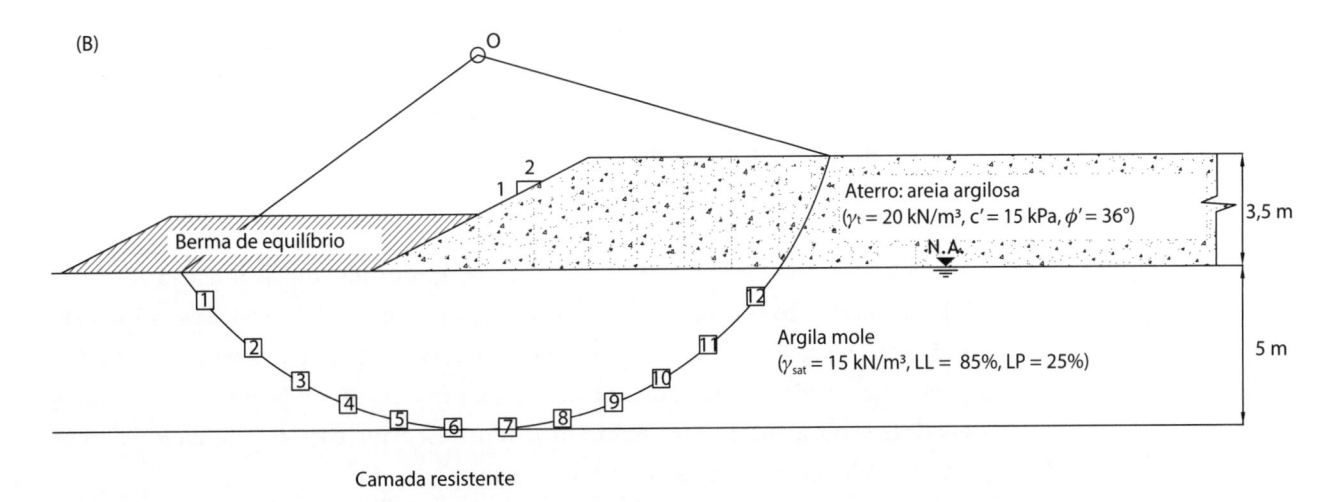

Fig. 6.51 Métodos para aumentar FS: (A) geossintético na interface aterro-argila mole e (B) berma de equilíbrio

Exercício 6.10

O aterro descrito na Fig. 6.52 é uma areia limpa, uniforme, compactada com dez passadas de uma placa vibratória a cada 50 cm de solo lançado. Dimensione a base do muro de flexão para conter o aterro, com fatores de segurança superiores a 1,5, com relação ao deslizamento e ao tombamento, no caso ativo. Contemple também a existência de tensões positivas de compressão ao longo de todo o contato da base do muro com o solo de fundação.

Observação: considere uma eventual escavação do solo que promove o embutimento da laje horizontal do muro, com 1,5 m de espessura, desprezando o empuxo passivo.

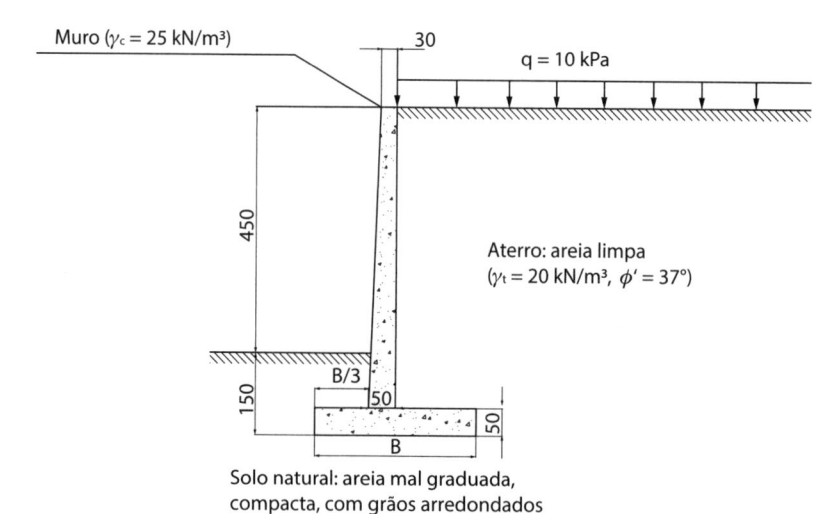

Fig. 6.52 Muro de flexão e aterro (dimensões em cm)

Muro (γ_c = 25 kN/m³); 30; q = 10 kPa; 450; Aterro: areia limpa (γ_t = 20 kN/m³, ϕ' = 37°); B/3; 50; 150; 50; B; Solo natural: areia mal graduada, compacta, com grãos arredondados

Solução:

O dimensionamento de uma estrutura de contenção é feito com base no conhecimento do empuxo (E) atuante, que pode se enquadrar em três casos:

- empuxo no repouso (E_0), com deslocamento horizontal nulo da estrutura de contenção;
- empuxo ativo (E_a), com deslocamento do muro, aliviando o solo e gerando uma consequente mobilização de uma superfície de ruptura;
- empuxo passivo (E_p), com deslocamento do muro, comprimindo o solo e gerando uma consequente mobilização de uma superfície de ruptura.

Na Fig. 6.53 são ilustrados os três casos.

Os estados de tensões para os três casos, admitindo que as tensões verticais e horizontais são tensões principais, são mostrados na Fig. 6.54. Essa hipótese, nos casos ativo e passivo, despreza a existência de atrito entre o solo e o tardoz (face interna do muro), portanto com tensões cisalhantes nulas nos planos vertical e horizontal. A relação entre tensões principais foi estabelecida por Rankine (1857), para os casos ativo e passivo:

$$\sigma'_3 = \sigma'_1 \cdot K_a - 2 \cdot c' \cdot \sqrt{K_a}$$

em que K_a é o coeficiente de empuxo ativo:

$$K_a = \frac{1 - \operatorname{sen}\phi'}{1 + \operatorname{sen}\phi'} = \operatorname{tg}^2\left(45° - \phi'/2\right)$$

Com $\sigma_h' = \sigma_3'$ e $\sigma_v' = \sigma_1'$, no caso ativo, a equação fica:

$$\sigma'_h = \sigma'_v \cdot K_a - 2 \cdot c' \cdot \sqrt{K_a}$$

Para o caso passivo, ocorre uma inversão, com $\sigma_h' = \sigma_1'$ e $\sigma_v' = \sigma_3'$:

$$\sigma'_h = \sigma'_v \cdot \frac{1}{K_a} + 2 \cdot c' \cdot \sqrt{\frac{1}{K_a}} = \sigma'_v \cdot K_p + 2 \cdot c' \cdot \sqrt{K_p}$$

em que K_p é o coeficiente de empuxo passivo:

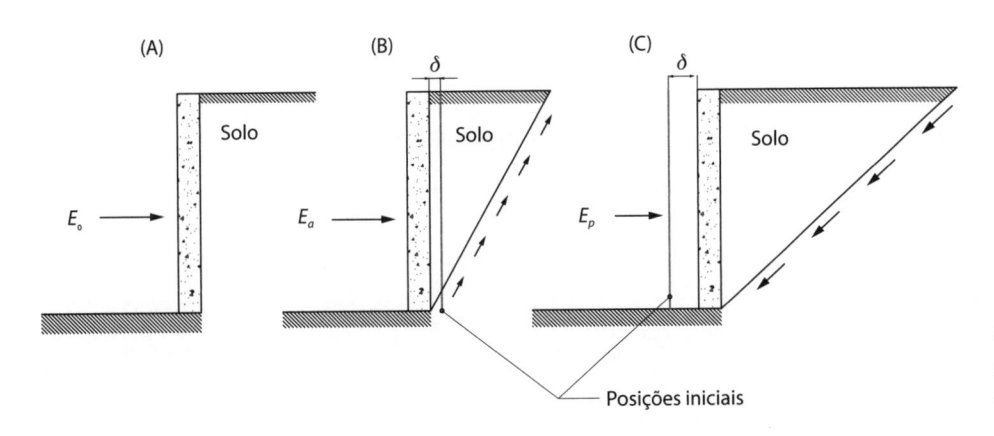

$$K_p = \frac{1 + \operatorname{sen}\phi'}{1 - \operatorname{sen}\phi'} = \operatorname{tg}^2\left(45° + \phi'/2\right)$$

Fig. 6.53 Empuxos (A) no repouso, (B) no caso ativo e (C) no caso passivo

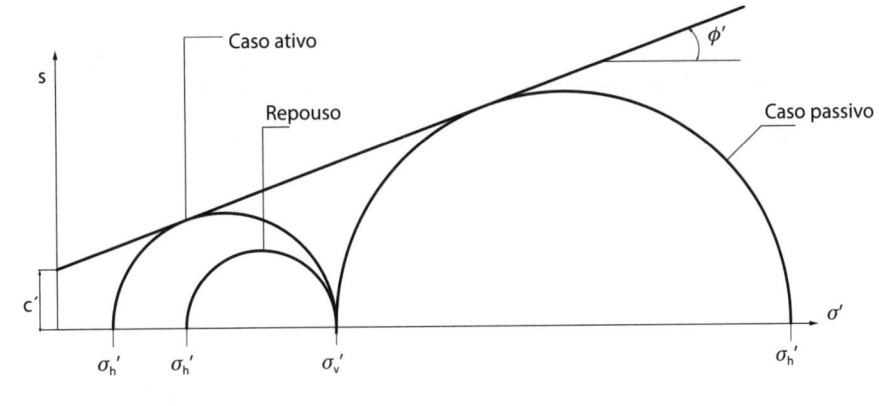

Fig. 6.54 Tensões horizontais e verticais nos casos ativo, passivo e repouso

Em um gráfico com eixos $p' = (\sigma_v' + \sigma_h')/2$ e $q = (\sigma_v - \sigma_h)/2$, são reveladas as trajetórias de tensões para os casos ativo e passivo, partindo da condição de repouso (Fig. 6.55).

A Tab. 6.18 mostra uma ordem de grandeza dos deslocamentos horizontais necessários para mobilizar os casos ativo e passivo, com base na altura da contenção (H). É importante notar que os deslocamentos necessários para o caso ativo são significativamente inferiores quando comparados com os correspondentes ao caso passivo. Outra observação relevante: para um solo granular compacto, tem-se o menor deslocamento, que é um aspecto vantajoso e deve ser considerado na escolha do tipo de solo para o terrapleno.

Tab. 6.18 Deslocamentos horizontais para mobilização dos casos ativo e passivo

Solo	Caso ativo	Caso passivo
Granular compacto	$5 \times 10^{-4} \cdot H$	$5 \times 10^{-3} \cdot H$
Granular fofo	$2 \times 10^{-3} \cdot H$	$10^{-2} \cdot H$
Coesivo rijo	$10^{-2} \cdot H$	$2 \times 10^{-2} \cdot H$
Coesivo mole	$2 \times 10^{-2} \cdot H$	$4 \times 10^{-2} \cdot H$

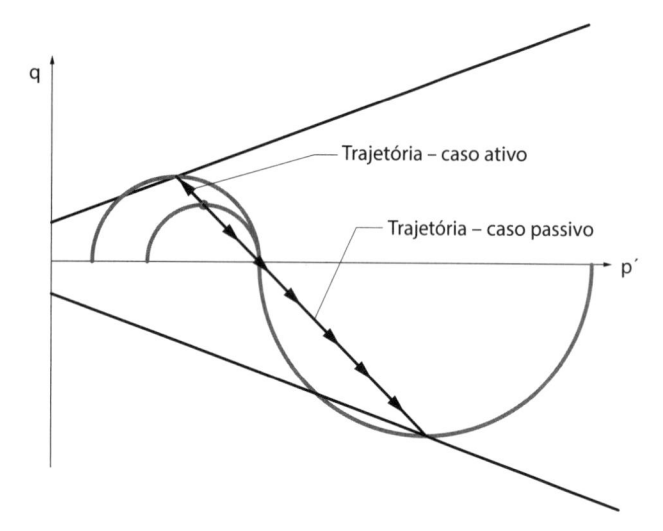

Fig. 6.55 Trajetórias de tensões para os casos ativo e passivo

O empuxo ativo pode ser calculado com integração a partir do elemento infinitesimal descrito na Fig. 6.56, em um muro de gravidade convencional. A integral para o caso particular do solo não coesivo deste exercício, submetido a uma carga superficial q, fica da seguinte maneira:

$$E_a = \int_0^H \sigma_h' \cdot dz \cdot 1\,\mathrm{m} + \int_0^H q \cdot K_a \cdot dz \cdot 1\,\mathrm{m} = \int_0^H \sigma_v' \cdot K_a \cdot dz + q \cdot K_a \cdot dz$$

$$= \int_0^H \gamma_t \cdot z \cdot K_a \cdot dz + q \cdot K_a \cdot dz = \frac{\gamma_t \cdot H^2 \cdot K_a}{2} + q \cdot K_a \cdot H$$

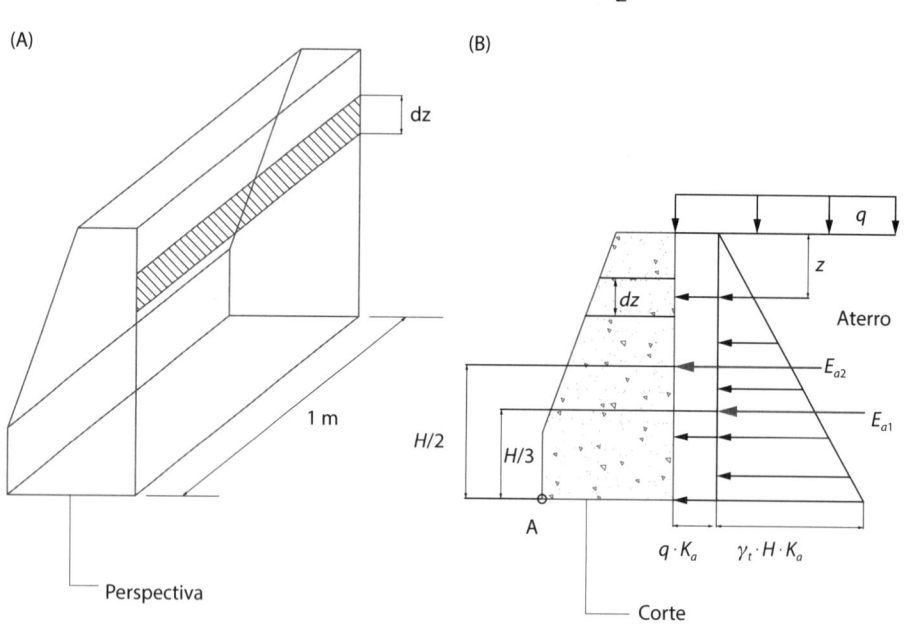

Fig. 6.56 Tensões geradas por solo não coesivo e carga distribuída: (A) perspectiva e (B) corte

Assim, o empuxo ativo pode ser desmembrado em duas parcelas:

$$E_{a1} = \frac{\gamma_t \cdot H^2 \cdot K_a}{2}$$
$$E_{a2} = q \cdot K_a \cdot H$$

Basicamente, o empuxo é resultante de dois diagramas, um triangular, com a tensão efetiva horizontal crescendo linearmente com a profundidade ($\sigma_h' = \gamma_t \cdot z \cdot K_a$), e o outro retangular, com a tensão $\sigma_h' = q \cdot K_a$ constante ao longo de z. Os pontos de aplicação dos empuxos E_{a1} e E_{a2}, em relação ao ponto A, também podem ser obtidos por integrações, visando à determinação dos momentos ativos:

$$M_{a1} = \int_0^H \sigma_h' \cdot dz \cdot 1 \text{ m}(H-z) = \int_0^H \gamma_t \cdot z \cdot K_a (H-z)dz = \frac{\gamma_t \cdot H^3 \cdot K_a}{2} - \frac{\gamma_t \cdot H^3 \cdot K_a}{3}$$

$$= \frac{\gamma_t \cdot H^3 \cdot K_a}{6} = \frac{E_{a1} \cdot H}{3}$$

$$M_{a2} = \int_0^H q \cdot K_a \cdot dz \cdot 1 \text{ m}(H-z) = q \cdot H^2 \cdot K_a - \frac{q \cdot H^2 \cdot K_a}{2} = \frac{q \cdot H^2 \cdot K_a}{2} = \frac{E_{a2} \cdot H}{2}$$

Na Fig. 6.57 são mostrados os valores dos empuxos E_{a1} e E_{a2}, calculados com um coeficiente de empuxo ativo igual a 0,2486. Com braços de alavanca iguais a 2 m e 3 m, os momentos atuantes são, respectivamente, $M_{a1} = 179$ kN · m/m e $M_{a2} = 44{,}7$ kN · m/m, em relação ao ponto A.

Algumas adaptações para o muro de flexão ficam claras na Fig. 6.57, sendo referentes ao plano vertical de aplicação dos esforços. Para o muro de flexão, é comum a análise com um plano vertical caracterizado por uma interface entre o solo que está apoiado na laje horizontal e o solo que exerce empuxo. Dessa forma, o solo apoiado na laje horizontal atua estabilizando o sistema, uma vez que exerce momento no sentido horário e adiciona carga ao plano onde atua a força resistente F_r.

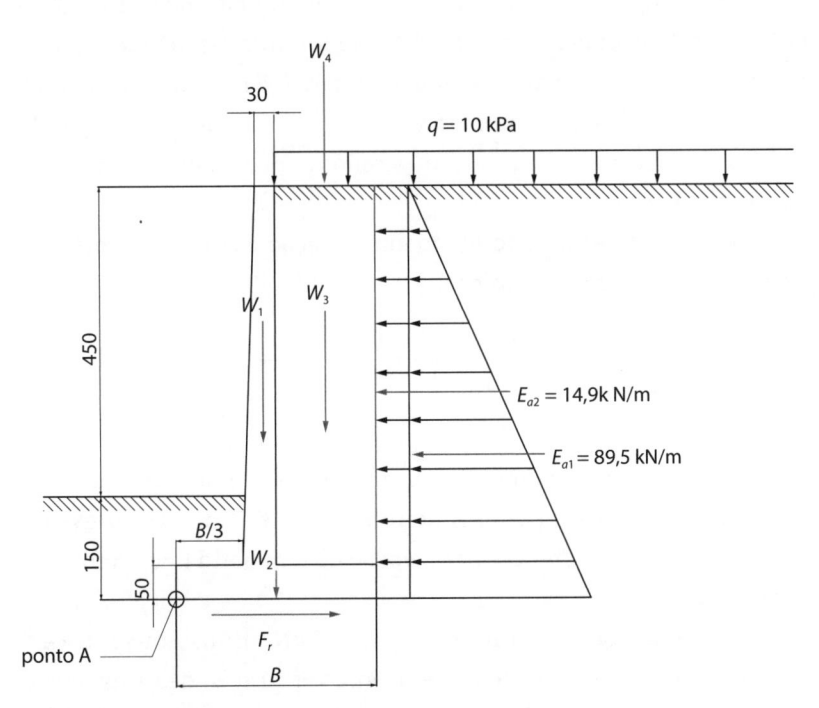

Fig. 6.57 Muro de flexão, com diagramas de empuxos e pesos

Para o dimensionamento da base B, o único peso constante é W_1, sendo os outros dependentes de B:

$$W_1 = \frac{(0,5+0,3)5,5}{2} \cdot \gamma_c = 55 \text{ kN/m}$$

$$W_2 = 0,5 \cdot B \cdot \gamma_c$$

$$W_3 = \left(\frac{2 \cdot B}{3} - 0,5\right)5,5 \cdot \gamma_t$$

$$W_4 = \left(\frac{2 \cdot B}{3} - 0,5\right)q$$

O fator de segurança com relação ao deslizamento (translação horizontal do muro) é o seguinte:

$$FS = \frac{F_r}{E_a} = \frac{\sum_{i=1}^{n} W_i \cdot \text{tg}\delta}{\sum_{i=1}^{n} E_{ai}}$$

em que F_r atua na interface entre a base do muro e seu solo de fundação e δ é o ângulo de atrito solo/muro. Normalmente, para a estimativa de δ utiliza-se uma correlação empírica com ϕ'. O ângulo de atrito efetivo do solo de fundação ($\phi' = 35°$) pode ser extraído da Tab. 6.2, com base nas características apresentadas (areia mal graduada, compacta, com grãos arredondados).

Adotando $\delta = 2 \cdot \phi'/3$ e FS = 1,5, a equação para a determinação de B é a seguinte:

$$\left[\left(\frac{2 \cdot B}{3} - 0,5\right)(q + 5,5 \cdot \gamma_t) + 0,5 \cdot B \cdot \gamma_c + 55\right]\text{tg}\left(\frac{2}{3} \times 35°\right) = 1,5 \cdot \sum_{i=1}^{n} E_{ai} \therefore B = 3,98 \text{ m} \rightarrow 4 \text{ m}$$

Tipicamente, a base de um muro de flexão fica entre $0,4 \cdot H$ e $0,7 \cdot H$. É importante observar que o empuxo passivo do solo solicitado pelo muro e o efeito de um peso (W_5) de solo apoiado no trecho B/3 não foram considerados, tendo em vista uma eventual escavação. O empuxo passivo seria somado à força resistente, enquanto W_5 entraria aumentando o ΣW_i, com evidente redução da dimensão B. Efeitos positivos também seriam gerados para a análise a seguir, de FS com relação ao tombamento.

O fator de segurança referente ao tombamento (rotação do muro em torno do ponto A; Fig. 6.57) tem a seguinte definição:

$$FS = \frac{\sum_{i=1}^{n} M_{ri}}{\sum_{i=1}^{n} M_{ai}} = \frac{W_1 \cdot x_1 + W_2 \cdot x_2 + W_3 \cdot x_3 + W_4 \cdot x_4}{M_{a1} + M_{a2}}$$

em que M_r é o momento resistente, que promove uma tendência de giro no sentido horário em torno do ponto A, e x_i é a distância horizontal entre o centro de carga de cada peso e o ponto A de referência. A Tab. 6.19 apresenta os momentos resistentes para a base de 4 m obtida na análise de deslizamento.

Tab. 6.19 Momentos resistentes

W_i (kN/m)	x_i (m)	M_{ri} (kN · m/m)
55,0	1,63	89,6
50,0	2,00	100,0
238,3	2,92	695,1
21,7	2,92	63,2
	Σ	947,9

Com um momento ativo total de 223,7 kN · m/m, tem-se FS = 4,2 com relação ao tombamento. A última verificação deste exercício é referente à posição de ΣW, de tal maneira que sejam aplicadas apenas tensões positivas no solo de fundação. A Fig. 6.58 mostra o esquema para a obtenção dessa posição, que basicamente consiste em trocar o momento resultante $(\Sigma M_r - \Sigma M_a)$ por uma carga distante em relação ao ponto A:

$$\bar{x} = \frac{\sum M_r - \sum M_a}{\sum W} = \frac{947,9 - 223,7}{365} = 1,984 \text{ m}$$

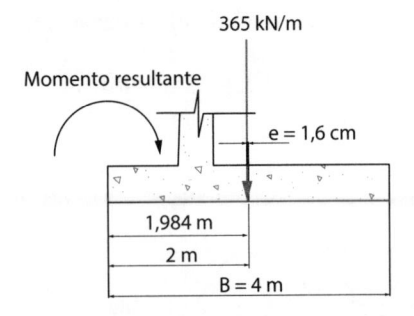

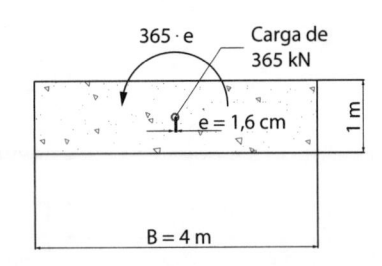

Fig. 6.58 Esquema para obtenção da excentricidade: (A) corte e (B) planta

Em relação ao centro da área da base ocorre um esforço com uma excentricidade (e). Com uma transferência das solicitações para esse ponto central, tem-se uma carga normal ao plano (ΣW = 365 kN/m) combinada a um esforço de momento ($\Sigma W \cdot e$), que gera tensões máxima e mínima nas extremidades da base (B):

$$\sigma_{máx} = \frac{\sum W}{B \cdot 1 \text{ m}} + \frac{\sum W \cdot e \cdot B/2}{1 \text{ m} \cdot B^3 / 12} = \frac{\sum W}{B}\left[1 + \frac{6 \cdot e}{B}\right]$$

$$\sigma_{mín} = \frac{\sum W}{B}\left[1 - \frac{6 \cdot e}{B}\right]$$

Para que a tensão mínima seja nula, é necessária uma excentricidade igual a B/6. Assim, com excentricidade menor do que B/6, os esforços são apenas de compressão na base. No caso deste exercício, a excentricidade é de 0,016 m e B/6 é igual a 0,67 m. Dessa forma, a tensão mínima é de compressão. Constam na Fig. 6.59 os valores máximo e mínimo das tensões na base do muro.

Se acaso a excentricidade for superior a B/6, um trecho do contato da base do muro com o solo tenderá a tracioná-lo, todavia esse esforço não será transferido ao solo, pois não há resistência à tração nessa interface. Desse modo, fisicamente ocorrerá um descolamento da base do muro.

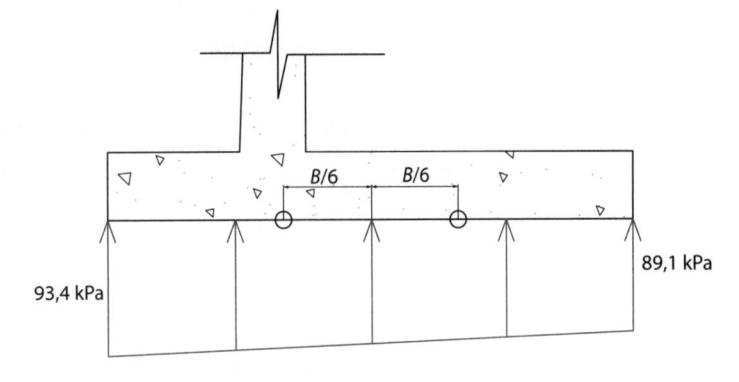

Fig. 6.59 Tensões máxima e mínima e zona do terço médio

Exercício 6.11

A Fig. 6.60 mostra o muro de flexão da questão anterior com a presença de um nível d'água no terrapleno, alterando o peso W_3, modificando o diagrama de tensões efetivas horizontais e exercendo um empuxo adicional de água. Com esse novo cenário, calcule o fator de segurança com relação ao deslizamento, desprezando o efeito de subpressão na base do muro.

Observação: despreze o empuxo passivo.

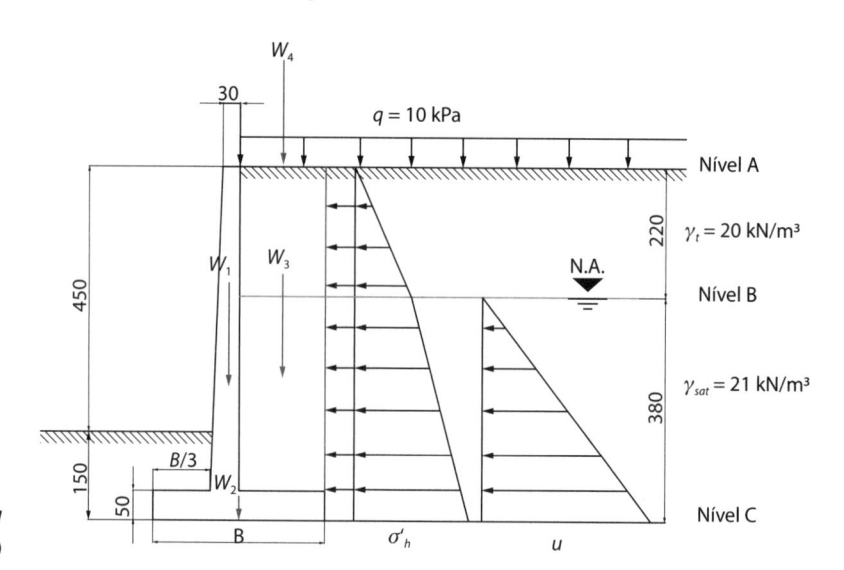

Fig. 6.60 Muro de flexão com nível d'água presente no terrapleno (cotas em cm)

Solução:

Basicamente são três modificações em relação à situação apresentada no exercício anterior, sem considerar o efeito de subpressão na base do muro:

- modificação do diagrama de tensões efetivas horizontais, pois abaixo do N.A. a tensão efetiva vertical é calculada com o peso específico submerso;
- adição de um empuxo significativo, em virtude da poropressão;
- um pequeno aumento da carga W_3, em virtude da saturação da coluna de solo abaixo do N.A.

Tab. 6.20 Tensões efetivas horizontais

Nível	σ_v' (kPa)	$\sigma_h' = \sigma_v' \cdot K_a$ (kPa)
A	10,0	2,49
B	54,0	13,42
C	95,8	23,81

As novas tensões efetivas horizontais estão compiladas na Tab. 6.20, que apresenta como referenciais os níveis A, B e C da Fig. 6.60.

O empuxo ativo é de 88,25 kN/m (área total do diagrama de σ_h'). Ocorre, assim, uma redução de empuxo gerado por tensões efetivas horizontais. No entanto, com a presença da poropressão, tem-se o diagrama triangular com $u = 38$ kPa em sua base, o que provoca um empuxo de água (E_w) de 72,2 kN/m. A poropressão tem a mesma magnitude em todas as direções.

O ligeiro aumento do peso W_3 de solo apoiado na laje horizontal ocorre em um trecho de saturação com 3,3 m de altura, o que resulta em 245,5 kN/m.

Com essa nova configuração, o fator de segurança com relação ao deslizamento é o seguinte:

$$FS = \frac{\sum_{i=1}^{n} W_i \cdot tg\delta}{\sum_{i=1}^{n} E_{ai}} = \frac{372,2 \cdot tg\left(\frac{2 \times 35°}{3}\right)}{160,45} = 1$$

Portanto, com a presença do diagrama de poropressão apresentado, acontece o deslizamento do muro. Fica evidente que é fundamental minimizar a infiltração de água no terrapleno e, se houver infiltração, é imperativo um adequado sistema de drenagem para promover a rápida saída da água. A Fig. 6.61 mostra alguns dispositivos de drenagem e um artifício para a redução da permeabilidade superficial.

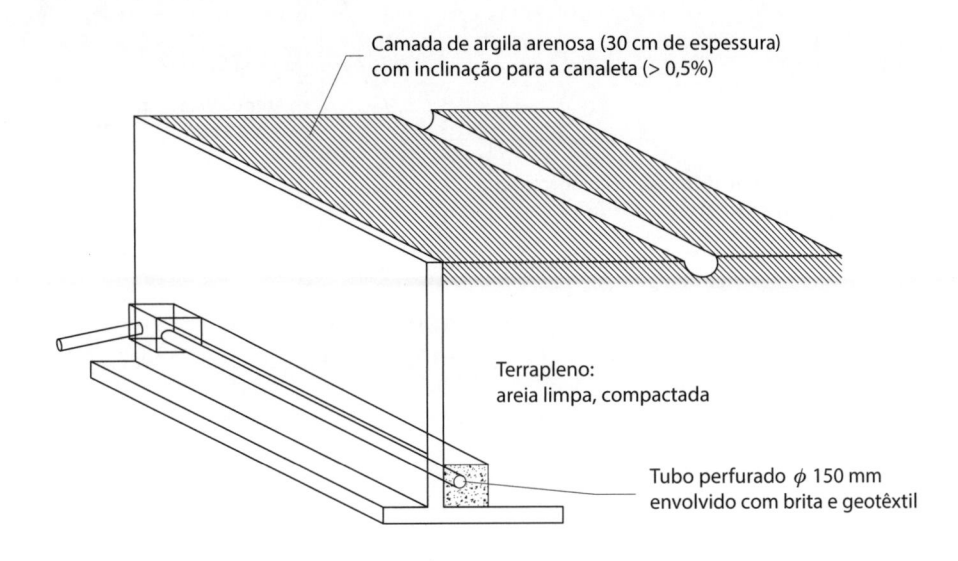

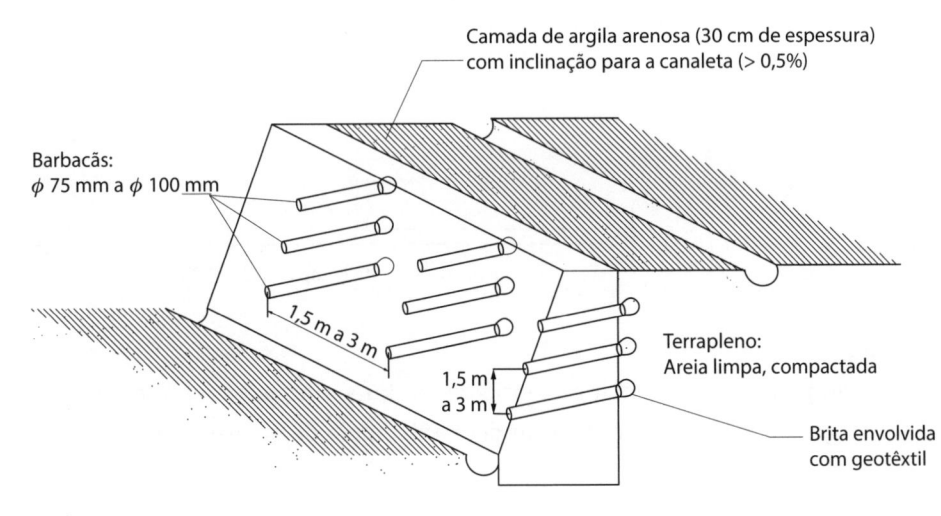

Fig. 6.61 Drenagem e redução da permeabilidade superficial

Exercício 6.12

O muro A apresentado na Fig. 6.62 pode ser dimensionado no caso ativo, com consequente empuxo passivo do solo solicitado, com 1,5 m de altura. O muro B tem restrição de deslocamento horizontal ($\delta = 0$) em razão da estrutura do viaduto, que induz tensões horizontais na condição de repouso. Com base nessas duas situações, calcule:

a) O fator de segurança com relação ao deslizamento para o caso ativo, com empuxos calculados a partir das teorias de Rankine (1857) e de Coulomb (1776). Use um fator de segurança igual a 3 com relação ao empuxo passivo.

b) O empuxo para o muro B, que vai permanecer no repouso. Sabe-se que o terrapleno foi compactado em camadas de 50 cm de espessura, com uma tensão de 9,5 kPa, aplicada por placa vibratória.

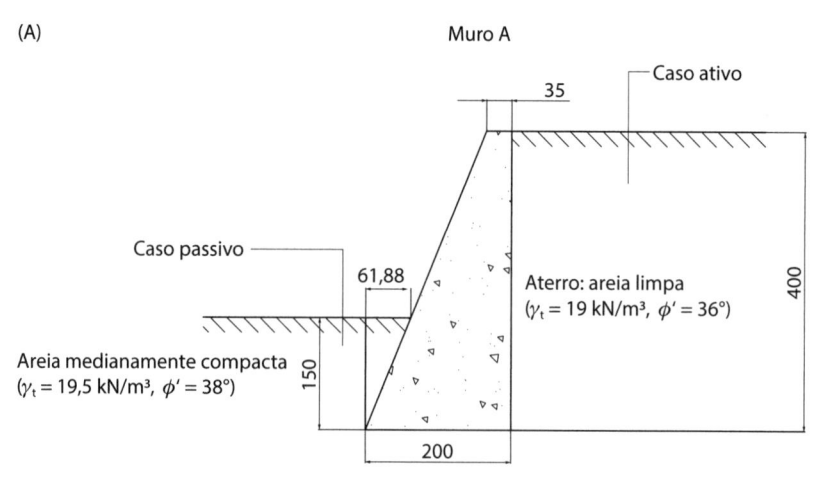

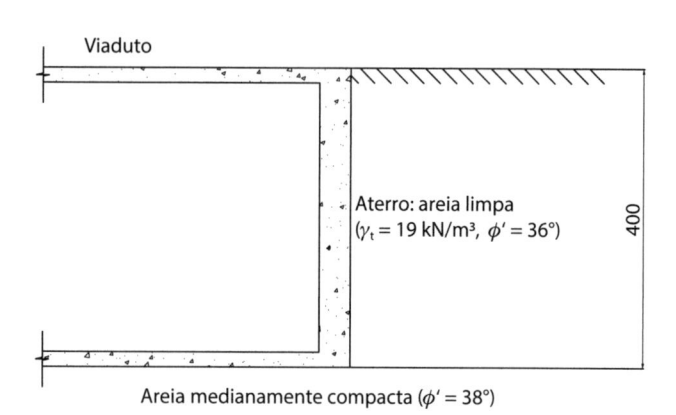

Fig. 6.62 Muros com empuxos (A) no caso ativo e (B) no repouso (cotas em cm)

Solução:

a) O empuxo ativo, a partir da teoria de Rankine, é aquele resultante de um diagrama triangular, desprezando a existência de atrito entre o solo e o tardoz:

$$E_a = \frac{\gamma_t \cdot H^2 \cdot K_a}{2} = \frac{19 \times 4^2 \cdot \text{tg}^2(45° - 36°/2)}{2} = 39,5 \text{ kN/m}$$

No caso passivo, também atua um diagrama triangular, porém com coeficiente de empuxo passivo:

$$E_p = \frac{\gamma_t \cdot H^2 \cdot K_p}{2} = \frac{19,5 \times 1,5^2 \cdot \text{tg}^2(45° + 38°/2)}{2} = 92,2 \text{ kN/m}$$

A força resistente, os empuxos, o peso do muro e o peso do solo localizado na zona passiva são mostrados na Fig. 6.63. Com todas as informações pertinentes, o valor de FS é o seguinte:

$$FS = \frac{\dfrac{E_p}{3} + F_r}{E_a} = \frac{\dfrac{92,2}{3} + (117,5 + 9,05)\text{tg}(2 \times 38°/3)}{39,5} = 2,3$$

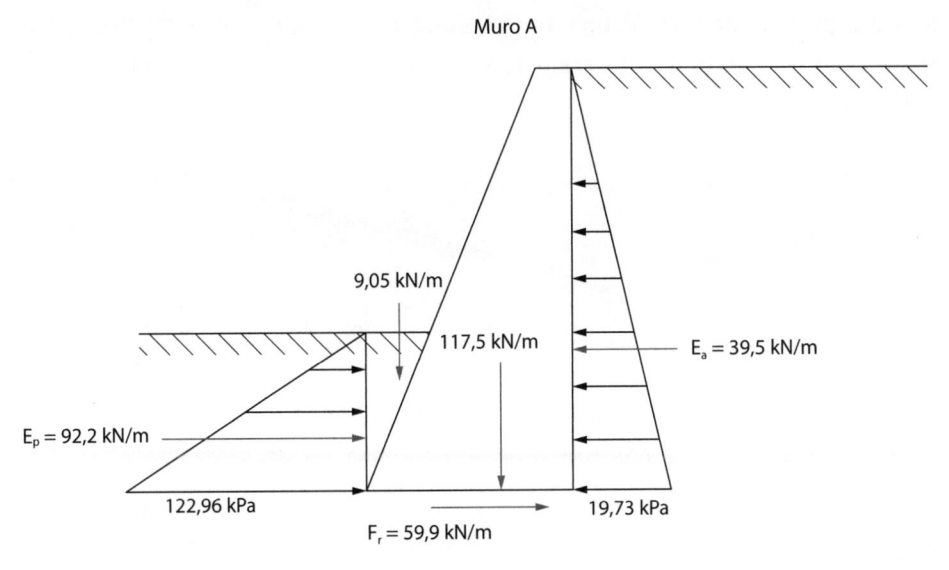

Fig. 6.63 Forças para o cálculo de FS com relação ao deslizamento

O fator de segurança aplicado ao empuxo passivo visa minimizá-lo, em virtude da ocorrência de uma fração do deslocamento necessário para sua completa mobilização.

O uso de um solo coesivo no terrapleno resultaria nos diagramas apresentados na Fig. 6.64. Na zona tracionada, em razão da baixíssima resistência a esforços de tração, é comum considerar a existência de trincas no solo. Assim, em função da descontinuidade não haveria transmissão de tensão ao muro. No entanto, com uma postura conservadora, adiciona-se um diagrama de poropressão até a profundidade z_t, simulando infiltração e preenchimento das trincas com água. A profundidade z_t é correspondente ao ponto onde a tensão efetiva horizontal se anula:

$$\sigma'_v \cdot K_a = 2 \cdot c' \cdot \sqrt{K_a} \therefore \gamma_t \cdot z_t \cdot K_a = 2 \cdot c' \cdot \sqrt{K_a} \therefore z_t = \frac{2 \cdot c'}{\gamma_t \cdot \sqrt{K_a}}$$

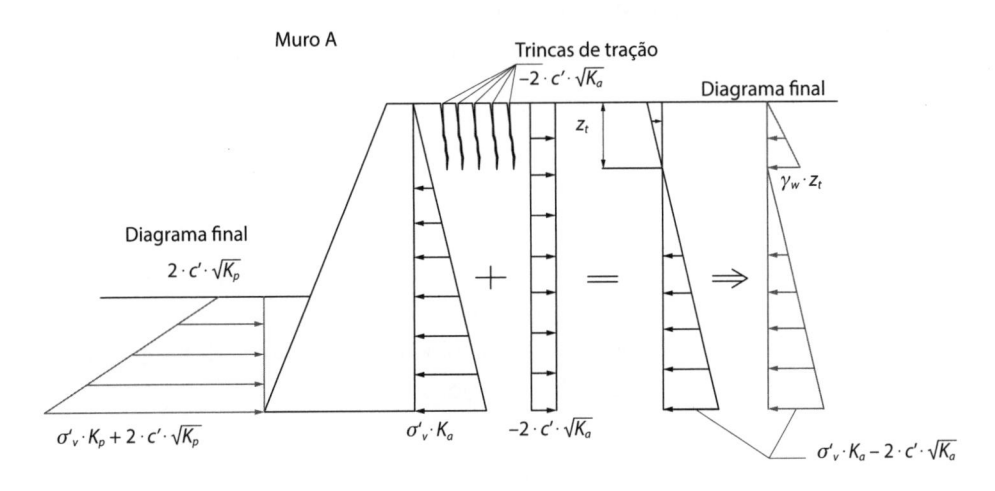

Fig. 6.64 Diagramas de tensões horizontais para solos coesivos

Coulomb (1776) desenvolveu sua teoria com base em um equilíbrio de forças, considerando a existência de atrito na interface solo/tardoz, uma inclinação α

para a superfície do terrapleno e uma inclinação θ para o tardoz. Na Fig. 6.65 é apresentado o esquema de forças para um solo não coesivo com ângulo δ (atrito solo/muro).

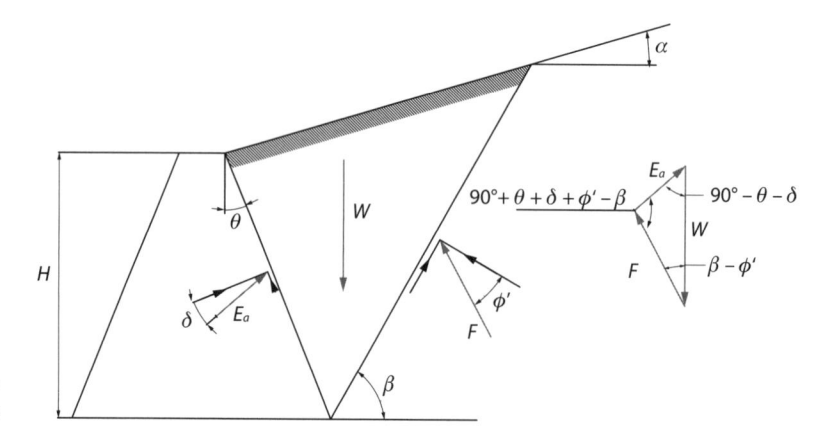

Fig. 6.65 Esquema para análise de equilíbrio, com terrapleno de solo não coesivo

O empuxo ativo, resultante do equilíbrio de forças atuantes no triângulo de solo, pode ser escrito da seguinte maneira:

$$E_a = \frac{1}{2} \cdot \gamma_t \cdot H^2 \left[\frac{\cos(\theta-\beta)\cos(\theta-\alpha)\text{sen}(\beta-\phi')}{\cos^2\theta \cdot \text{sen}(\beta-\alpha)\text{sen}(90°+\theta+\delta-\beta+\phi')} \right]$$

Existe uma inclinação crítica ($\beta_{crítico}$) com a qual o empuxo ativo é máximo (Fig. 6.66). Igualando a zero a derivada de E_a em relação ao ângulo β, tem-se o seguinte empuxo ativo máximo:

$$E_a = \frac{1}{2} \cdot \gamma_t \cdot H^2 \frac{\cos^2(\phi'-\theta)}{\cos^2\theta \cdot \cos(\delta+\theta)\left[1+\sqrt{\frac{\text{sen}(\delta+\phi')\text{sen}(\phi'-\alpha)}{\cos(\delta+\theta)\cos(\theta-\alpha)}}\right]^2}$$

Para este exercício, os valores de θ e α são nulos na zona ativa, e, com isso, o empuxo máximo para δ = 2 · ϕ'/3 é o seguinte:

$$E_a = \frac{\gamma_t \cdot H^2 \cdot K_a}{2} = \frac{19 \times 4^2 \times 0{,}2349}{2} = 35{,}7 \text{ kN/m}$$

Para o caso passivo, tem-se a mesma linha de raciocínio desenvolvida para a obtenção do empuxo ativo. A diferença básica é que, para o empuxo passivo, o ângulo $\beta_{crítico}$ é o que promove empuxo passivo mínimo, cujo valor para solos não coesivos é obtido por meio da seguinte equação:

$$E_p = \frac{1}{2} \cdot \gamma_t \cdot H^2 \frac{\cos^2(\phi'+\theta)}{\cos^2\theta \cdot \cos(\delta-\theta)\left[1-\sqrt{\frac{\text{sen}(\delta+\phi')\text{sen}(\phi'+\alpha)}{\cos(\delta-\theta)\cos(\alpha-\theta)}}\right]^2}$$

Fig. 6.66 Variação do empuxo ativo com a inclinação β

No lado passivo, o tardoz tem uma inclinação de 22,42° e $\alpha = 0$. Para $\delta = 2 \cdot \phi/3$, o empuxo passivo mínimo é o seguinte:

$$E_p = \frac{\gamma_t \cdot H^2 \cdot K_p}{2} = \frac{19,5 \times 1,5^2 \times 5,491}{2} = 120,5 \text{ kN/m}$$

Visando a uma análise de deslizamento, é conveniente a decomposição dos empuxos ativo e passivo. As componentes verticais e horizontais são mostradas na Fig. 6.67.

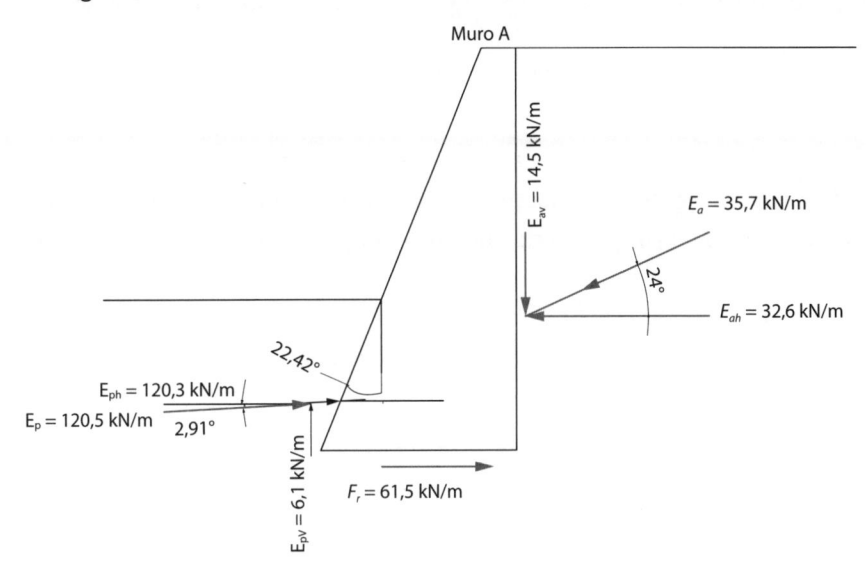

Fig. 6.67 Empuxos ativo e passivo, com suas componentes

Finalmente, o fator de segurança com relação ao deslizamento é o seguinte:

$$FS = \frac{\frac{E_{ph}}{3} + F_r}{E_{ah}} = \frac{\frac{120,3}{3} + \left(117,5 + 14,5 - \frac{6,1}{3}\right) \text{tg}(2 \times 38°/3)}{32,6} = 3,1$$

Comparando os empuxos obtidos por meio das duas teorias, conclui-se que os empuxos ativo e passivo resultantes das equações da teoria de Rankine são conservadores e subestimam o fator de segurança com relação ao deslizamento. Evidentemente que esse aspecto conservador ocorreria também em uma análise de estabilidade com relação ao tombamento.

Considerando escavação na zona passiva, como foi feito nos exercícios anteriores, haveria fatores de segurança com valores iguais a 1,4 e 1,9, com as teorias de Rankine e Coulomb, respectivamente. Dessa forma, com base na teoria de Rankine, a dimensão B teria que ser modificada para se atingir FS = 1,5.

b) No primeiro exercício deste capítulo foi deduzida uma equação para o coeficiente de empuxo no repouso, que seria útil nessa análise do muro B. Entretanto, o enunciado não informa o valor do coeficiente de Poisson, tendo-se apenas o ângulo de atrito efetivo e o peso específico total do solo do terrapleno.

Uma equação empírica muito usada na Geotecnia, de Mayne e Kulhawy (1982), relaciona K_0 ao ângulo de atrito efetivo e à razão de sobreadensamento:

$$K_0 = (1 - \text{sen}\phi')\text{RSA}^{\text{sen}\phi'}$$

A partir de 0,5 m de profundidade ($\sigma'_{campo} = 0{,}5 \times 19 = 9{,}5$ kPa), o solo do terrapleno possui como tensão efetiva máxima a tensão efetiva de campo ($\sigma_p' = \sigma'_{campo} \to \text{RSA} = 1$), tendo em vista que foi compactado com uma placa vibratória aplicando uma tensão de 9,5 kPa. Para solo normalmente adensado, tem-se:

$$K_0 = 1 - \text{sen}\phi'$$

Esta última relação empírica foi proposta por Jaky (1944).

Portanto, ao longo da camada mais superficial (0,5 m), o solo do terrapleno fica sobreadensado. Negligenciando essa pequena influência do sobreadensamento em K_0, é possível simplificar o cálculo do empuxo por meio do K_0 de Jaky:

$$K_0 = 1 - \text{sen}(36°) = 0{,}4122$$

O diagrama triangular de tensões efetivas horizontais no repouso gera o seguinte empuxo resultante:

$$E_0 = \frac{\gamma_t \cdot H^2 \cdot K_0}{2} = \frac{19 \times 4^2 \times 0{,}4122}{2} = 62{,}7 \text{ kN/m}$$

Tab. 6.21 Empuxos horizontais de acordo com os casos e os métodos

Caso	Empuxo horizontal (kN/m)		
	Rankine	Coulomb	Jaky
Ativo	39,5	32,6	-
Passivo	92,2	120,3	-
Repouso	-	-	62,7

Uma conclusão óbvia é que o empuxo no repouso é superior ao empuxo no caso ativo para uma mesma altura de contenção. Esse aspecto já estava claro na Fig. 6.54, em termos de tensões efetivas horizontais. A Tab. 6.21 compila todos os empuxos horizontais calculados.

Neste exercício não foram aplicadas sobrecargas no terrapleno. Entretanto, em projeto, é relevante a consideração de cargas permanentes e acidentais gerando acréscimos de empuxos.

Exercício 6.13

As análises realizadas nos exercícios anteriores foram associadas a problemas de contenção de aterros (terraplenos), lançados com compactação, após a execução do muro de gravidade ou de flexão. A Fig. 6.68 apresenta uma situação diferente, com uma estrutura de contenção construída para conter um solo natural que será escavado. Gradativamente, com o avanço da profundidade de escavação, são aplicadas estroncas, ora representadas por lajes, para suportar as tensões horizontais que são ativadas.

O processo executivo tem influência nas tensões horizontais atuantes, tendo em vista que o uso das estroncas minimiza os deslocamentos em alguns pontos (A e B da Fig. 6.69), mas permite deslocamentos nos intervalos sem apoios. Sowers e Sowers (1979) apresentaram o diagrama empírico descrito na Fig. 6.69 para contemplar o efeito de arqueamento do solo, que ocorre em função de deslocamentos horizontais diferenciais da parede de contenção estroncada.

Estado de tensões e resistência ao cisalhamento

(A)

```
Parede                SPT
///////               ///////
       |330  |230  |130
                    ▓  6
                    ▓  6
                    ▓  8
                       10
                       13
                       9
                       15
```

Areia fina a média, cinza
($\gamma_t = 19$ kN/m³)

(B)

Laje de teto do subsolo

Cota zero   SPT

Berma de Equilíbrio

Cota: – 4 m

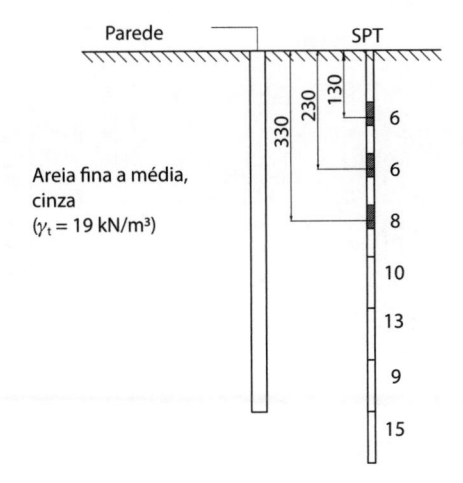

6
6
8
10
13
9
15

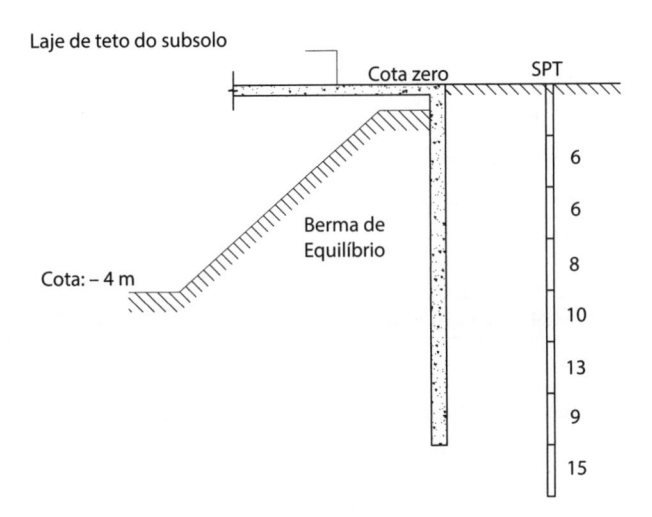

(C)

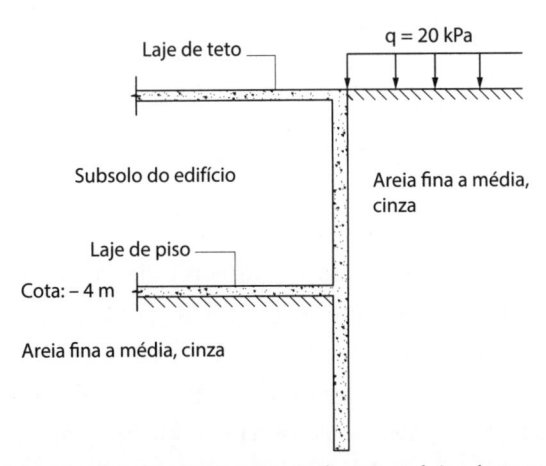

Laje de teto   q = 20 kPa

Subsolo do edifício   Areia fina a média, cinza

Laje de piso

Cota: – 4 m

Areia fina a média, cinza

Fig. 6.68 Sequência executiva de parede estroncada com as lajes de um edifício (cotas em cm): (A) execução da parede (primeira etapa), (B) execução da primeira laje e escavação (segunda etapa) e (C) execução da segunda laje e escavação da berma (terceira etapa)

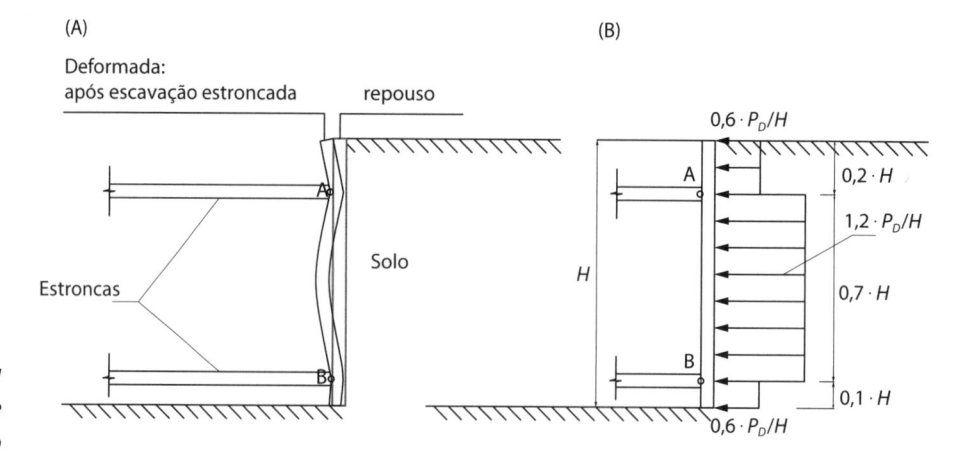

Fig. 6.69 (A) Deformada da contenção e (B) diagrama empírico

O diagrama empírico apresentado na Fig. 6.69 é condicionado às posições das estroncas, cujos pontos de encontro com a parede podem divergir de 1 m em relação ao ponto A ou ao ponto B.

Os valores de P_D variam de acordo com o tipo de solo contido (Tab. 6.22).

Tab. 6.22 Valores de P_D

Solo	P_D
Areia e pedregulho fofos	$1,4 \cdot E_a$
Areia e pedregulho compactos	$1,3 \cdot E_a$
Argila mole	$1,5 \cdot E_a$ ou E_0 (use o maior)
Argila rija	$1,4 \cdot E_a$ ou $0,9 \cdot E_0$ (use o maior)
Argila parcialmente saturada	$1,3 \cdot E_a$ ou $0,8 \cdot E_0$ (use o maior)

Com base nos resultados da sondagem apresentada na Fig. 6.68, na altura da escavação e na sobrecarga, calcule o empuxo resultante.

Solução:

O solo em questão é uma areia e, assim, são pertinentes a compacidade relativa e o ângulo de atrito efetivo para as obtenções dos diagramas de empuxo ativo e empírico. A compacidade pode ser calculada por meio da equação empírica de Gibbs e Holtz. Com o valor de CR, é possível a estimativa de ϕ' com a equação do Professor Victor de Mello. Essas equações foram apresentadas no Exercício 6.3.

A Tab. 6.23 exibe as tensões efetivas verticais para os níveis médios (1,3 m, 2,3 m e 3,3 m), onde foram contados os números de golpes do SPT correspondentes ao intervalo de 4 m (altura da escavação). Em seguida, são mostrados os valores de CR e de ϕ'. É importante observar que os números de golpes usados no cálculo de CR são corrigidos para 60% da energia teórica, assumindo que o equipamento de sondagem transfere uma energia de 70% da energia teórica (típico para sondagens brasileiras).

Tab. 6.23 Compacidades relativas e ângulos de atrito efetivos

N_{SPT}	Profundidade (m)	σ_v' (kPa)	CR	ϕ' (°)
6	1,3	24,70	0,57	37,68
6	2,3	43,70	0,52	36,23
8	3,3	62,70	0,55	37,26

O valor médio do ângulo de atrito efetivo é de aproximadamente 37°. Segundo a teoria de Rankine, o empuxo ativo é o seguinte:

$$E_a = \frac{\gamma_t \cdot H^2 \cdot K_a}{2} + q \cdot K_a \cdot H = \left(\frac{19 \times 4}{2} + 20\right) 0{,}24858 \times 4 = 57{,}67 \text{ kN/m}$$

Com uma compacidade média de 55%, a areia em foco é medianamente compacta (35% < CR < 70%). De acordo com a Tab. 6.22, é razoável o uso de $P_D = 1{,}35 \cdot E_a$ (médio, entre os sugeridos para as condições fofa e compacta). O valor do empuxo empírico é simplesmente a soma das áreas retangulares descritas na Fig. 6.69:

$$E_{empírico} = \frac{0{,}6 \cdot P_D}{H} \cdot 0{,}3 \cdot H + \frac{1{,}2 \cdot P_D}{H} \cdot 0{,}7 \cdot H = 1{,}02 \cdot P_D = 1{,}02 \times 1{,}35 \times 57{,}67 = 79{,}41 \text{ kN/m}$$

Exercício 6.14

Considere o uso de grampos (Fig. 6.70) para a situação apresentada no exercício anterior, substituindo as estroncas. Calcule o espaçamento horizontal (Fig. 6.71) necessário para o uso de barras de aço CA-50, com 20 mm de diâmetro. Em seguida, especifique os comprimentos necessários para os grampos, tendo em vista que ficarão envolvidos por uma calda de cimento injetada em uma perfuração com 76 mm de diâmetro. Sabe-se que um esforço médio de tração de 104 kN, obtido a partir de 20 ensaios de arrancamento, foi necessário para promover a ruptura na interface solo/grampo. A configuração do ensaio é mostrada na Fig. 6.72.

Solução:

Os grampos ou agulhas ou chumbadores têm resistência a esforços de tração, que são acionados com um deslocamento da zona ativa (Fig. 6.70), sendo, dessa forma, elementos passivos. Assim, os grampos se diferenciam dos chamados tirantes, que são executados para serem protendidos, com trechos livres e bulbos de ancoragem.

De maneira simplificada, as componentes horizontais dos esforços de tração nos grampos têm que suportar o empuxo de 79,41 kN/m calculado no Exercício 6.13:

$$N \cdot T \cdot \cos\alpha = E_{empírico} \cdot e_h \therefore e_h = \frac{N \cdot T \cdot \cos\alpha}{E_{empírico}}$$

em que e_h é o espaçamento horizontal entre grampos, N é o número de grampos, T é o esforço de tração e α é a inclinação do grampo em relação à horizontal. O esforço de tração é o menor valor obtido ao comparar a resistência estrutural admissível do grampo com sua resistência admissível ao arrancamento. Uma postura comum de projeto é usar o máximo possível do grampo, ou seja, sua resistência estrutural. Para tanto, especifica-se um comprimento de ancoragem na zona passiva suficiente para que a resistência admissível ao arrancamento seja igual ou maior do que a resistência estrutural admissível (T_{est}):

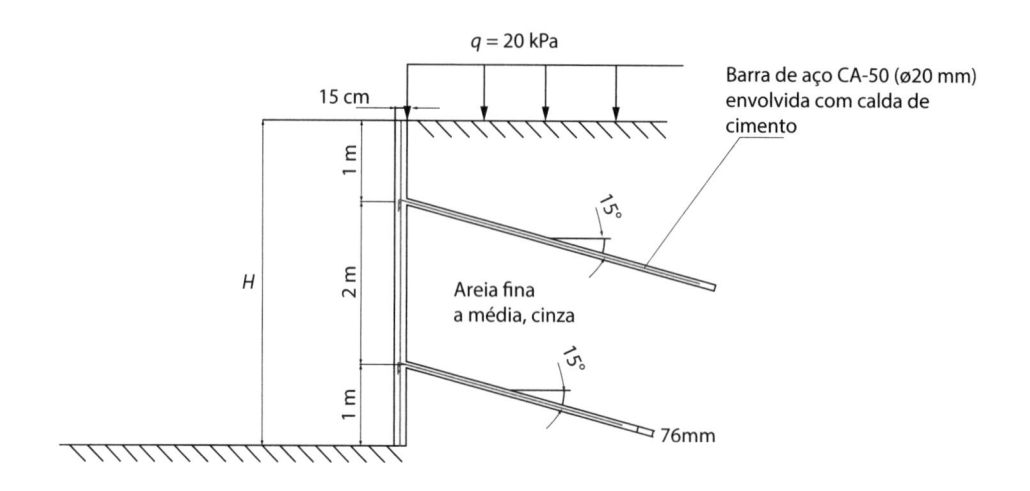

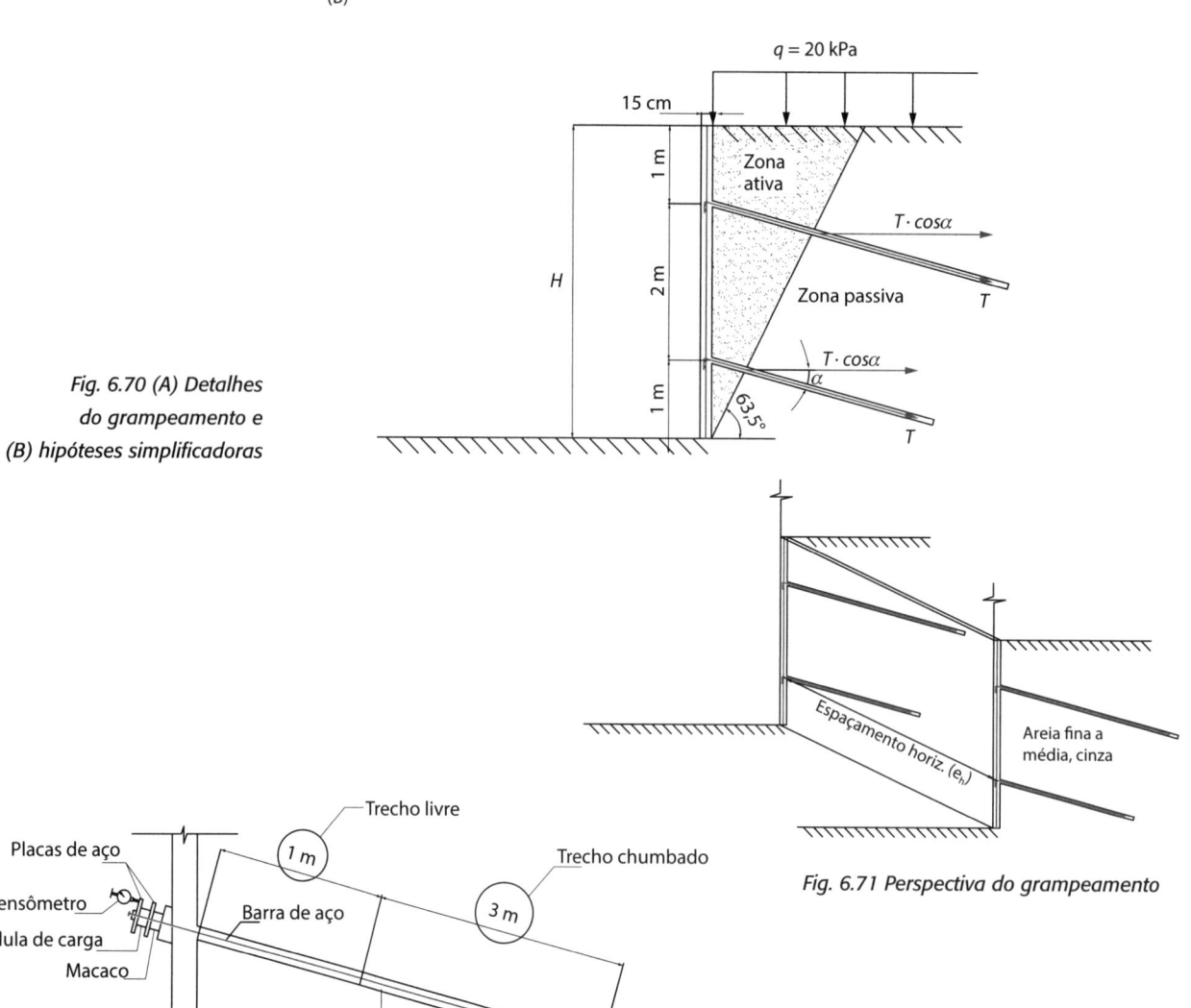

Fig. 6.70 (A) Detalhes do grampeamento e (B) hipóteses simplificadoras

Fig. 6.71 Perspectiva do grampeamento

Fig. 6.72 Detalhes do ensaio de arrancamento

$$T_{est} = \frac{0,9 \cdot F_{yk} \cdot \pi \cdot r^2}{1,75} = \frac{0,9 \times 500.000 \cdot \pi \cdot 0,01^2}{1,75} = 80,78 \text{ kN}$$

em que F_{yk} é a resistência característica ao escoamento do aço (500 MPa para o aço CA-50) e r é o raio da barra de aço. Portanto, substituindo T_{est} na equação de equilíbrio, tem-se:

$$e_h = \frac{2 \times 80,78 \cdot \cos(15°)}{79,41} = 1,97 \text{ m} \rightarrow 1,9 \text{ m}$$

Normalmente, os espaçamentos vertical e horizontal têm valores entre 1,5 m e 2 m.

Com o arredondamento do espaçamento horizontal, o esforço de tração em cada grampo torna-se:

$$T = \frac{e_h \cdot E_{empírico}}{N \cdot \cos\alpha} = \frac{1,9 \times 79,41}{2 \cdot \cos(15°)} = 78,10 \text{ kN}$$

Para a definição do comprimento de ancoragem na zona passiva, é necessário o conhecimento da tensão resistente ao arrancamento (q_s). No caso deste exercício, tem-se disponível o valor médio dos esforços de tração obtidos com base em 20 resultados de ensaios de arrancamento, para a condição de ruptura da interface solo/grampo. Tais ensaios geralmente são feitos após a conclusão do grampeamento, apenas para verificar a necessidade de um número adicional de grampos. Na etapa de projeto, é comum o uso de correlações empíricas para a obtenção de q_s a partir do N_{SPT} (Tab. 6.24).

Tab. 6.24 Correlações empíricas para obtenção de q_s

Autor	q_s (kPa)
Ortigão (1997)	$50 + 7,5 \cdot N_{SPT}$
Springer (2001)	$45,12 \cdot \ln(N_{SPT}) - 14,99$

Com a força de tração mencionada no enunciado, tem-se o seguinte valor médio de q_s:

$$q_s = \frac{T_{ensaio}}{\pi \cdot d \cdot l} = \frac{104}{\pi \cdot 0,076 \times 3} = 145,19 \text{ kPa}$$

em que d e l são o diâmetro e o comprimento, respectivamente, para o trecho chumbado. Aplicando um fator de segurança igual a 2 com relação ao arrancamento, o comprimento (l_{anc}) necessário para o trecho de ancoragem é o seguinte:

$$FS = \frac{q_s \cdot \pi \cdot d \cdot l_{anc}}{T} \therefore l_{anc} = \frac{T \cdot FS}{q_s \cdot \pi \cdot d} = \frac{78,1 \times 2}{145,19 \cdot \pi \cdot 0,076} = 4,5 \text{ m}$$

Adotando o plano de ruptura do caso ativo (inclinação de 45° + $\phi/2$), segundo a teoria de Rankine, os comprimentos dos grampos são apresentados na Fig. 6.73. Na primeira linha de grampos, instalados a partir de 3 m de altura, tem-se um comprimento necessário de 5,87 m, ao passo que na segunda linha o comprimento é de 4,96 m.

Como a barra de aço CA-50 é fabricada com 12 m de comprimento, é razoável arredondar os comprimentos nas duas linhas de grampos para 6 m. Assim, para cada seção transversal, basta dividir uma barra em duas partes iguais, sem gerar perdas.

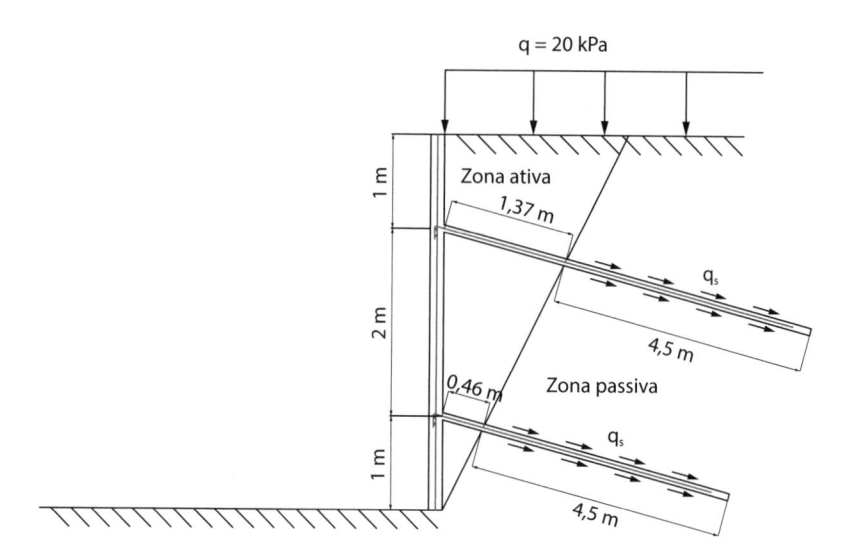

Fig. 6.73 Comprimentos dos grampos

Exercício 6.15

Verifique se a estrutura de contenção com grampeamento mostrada na Fig. 6.74 é suficiente para se atingir um fator de segurança igual a 1,5 para o talude analisado no Exercício 6.5. A resistência média admissível da interface solo/grampo é igual a 100 kPa e os grampos têm 8 m de comprimento, com espaçamentos vertical e horizontal de 2 m e 1,7 m, respectivamente.

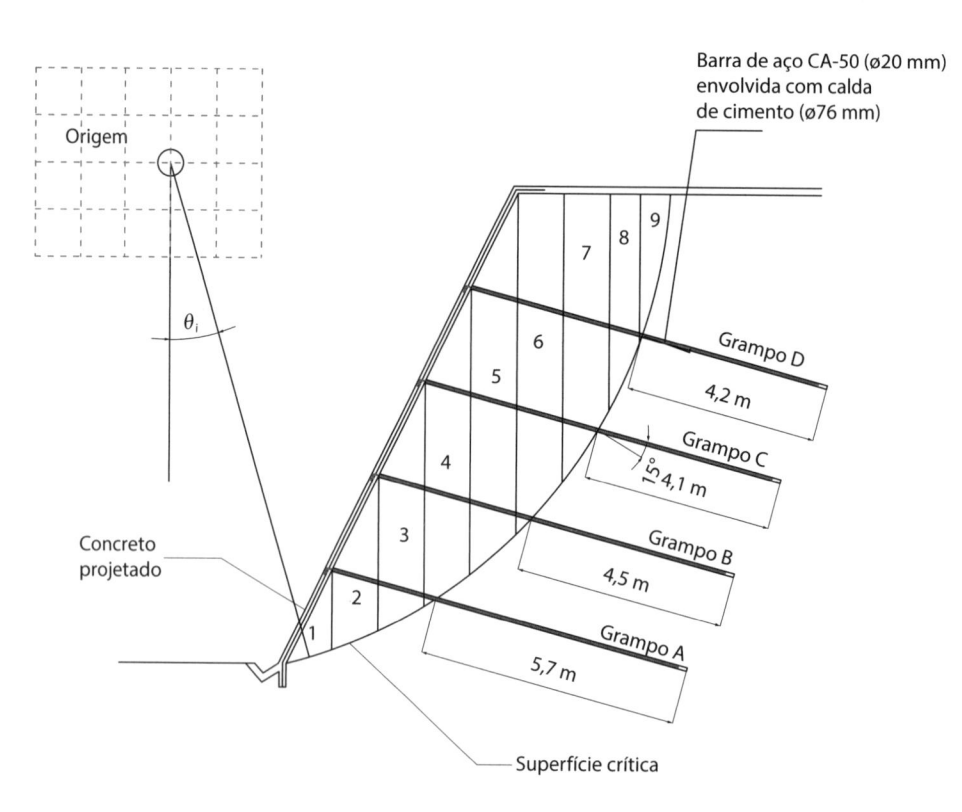

Fig. 6.74 Superfície crítica, fatias e grampos

Solução:

No exercício anterior, os esforços nos grampos foram calculados a partir do empuxo atuante no paramento. Uma abordagem diferente é aplicada neste exercício, que reside inicialmente na determinação do esforço de tração admissível para um determinado grampo comparando-se duas cargas admissíveis: uma é a resistência estrutural do grampo e a outra é sua resistência ao arrancamento. Com o esforço de tração admissível, é possível a decomposição mostrada na Fig. 6.75, com forças normal ($T_i \cdot \cos\alpha_i$) e paralela ($T_i \cdot \text{sen}\alpha_i$) à superfície crítica, que geram respectivamente um aumento da resistência ao cisalhamento e uma redução das tensões cisalhantes atuantes. Esses efeitos podem ser introduzidos na equação de FS, que fica com o seguinte formato:

$$FS = \frac{e_h \sum_{i=1}^{n}\left(\frac{c' \cdot b_i}{\cos\theta_i} + N'_i \cdot \text{tg}\phi'\right) + \sum_{i=1}^{n} T_i \cdot \cos\alpha_i \cdot \text{tg}\phi'}{e_h \sum_{i=1}^{n} W_i \cdot \text{sen}\theta_i - \sum_{i=1}^{n} T_i \cdot \text{sen}\alpha_i}$$

Esquema de forças nos grampos

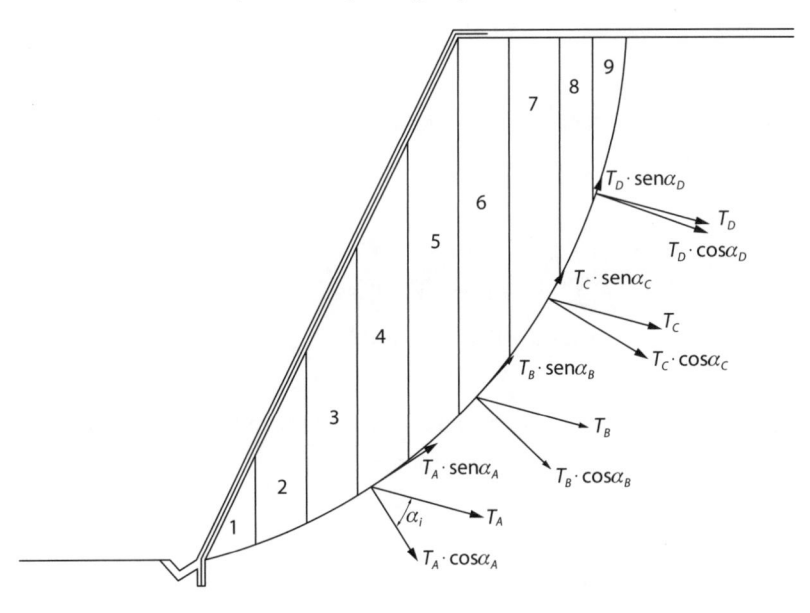

Fig. 6.75 Esquema de forças nos grampos

Eventualmente, as contribuições geradas pelas componentes dos esforços de tração podem ser minoradas com a aplicação de FS, da seguinte forma:

$$FS = \frac{e_h \sum_{i=1}^{n}\left(\frac{c' \cdot b_i}{\cos\theta_i} + N'_i \cdot \text{tg}\phi'\right) + \sum_{i=1}^{n} \frac{T_i \cdot \cos\alpha_i \cdot \text{tg}\phi'}{FS}}{e_h \sum_{i=1}^{n} W_i \cdot \text{sen}\theta_i - \sum_{i=1}^{n} \frac{T_i \cdot \text{sen}\alpha_i}{FS}}$$

A Tab. 6.25 apresenta os comprimentos de ancoragem, as resistências admissíveis de arrancamento, os valores das trações (T_i) usadas (resistências estruturais admissíveis), os valores dos ângulos α_i e as componentes $T_i \cdot \text{sen}\alpha_i$ e $T_i \cdot \cos\alpha_i$.

Constam na Tab. 6.26 os dados pertinentes ao cálculo de FS, a partir do método de Bishop simplificado, com FS arbitrado de 1,53.

Tab. 6.25 Determinação de T_i e de suas componentes

Grampo	Comprimento de ancoragem (m)	Resistência admissível de arrancamento (kN)	T_i (kN)	α_i (°)	$T_i \cdot sen\alpha_i$ (kN)	$T_i \cdot cos\alpha_i$ (kN)
A	5,66	135,03	80,78	42,5	54,57	59,56
B	4,54	108,50	80,78	28,4	38,42	71,06
C	4,10	97,92	80,78	15,9	22,13	77,69
D	4,16	99,34	80,78	4,2	5,92	80,56

Tab. 6.26 Dados para o cálculo de FS

Fatia	θ_i (°)	Área (m²)	b_i (m)	W_i (kN/m)	N_i' (kN/m)	$c' \cdot b_i/cos\theta_i$ (kN/m)	$N_i' \cdot tg\phi'$ (kN/m)	$W_i \cdot sen\theta_i$ (kN/m)
1	16,5	0,8520	1	16,19	13,93	7,20	8,04	4,60
2	22,1	2,5014	1	47,53	42,77	7,45	24,69	17,88
3	27,9	4,0343	1	76,65	70,04	7,81	40,44	35,87
4	34,0	5,4326	1	103,22	96,32	8,32	55,61	57,72
5	40,6	6,6660	1	126,65	122,20	9,09	70,55	82,42
6	48,0	6,6808	1	126,94	128,40	10,31	74,13	94,33
7	56,8	5,3617	1	101,87	110,02	12,60	63,52	85,24
8	65,7	2,5209	0,65	47,90	54,81	10,90	31,64	43,65
9	78,4	1,2154	0,65	23,09	15,44	22,30	8,91	22,62

Com a influência dos grampos e do espaçamento horizontal, tem-se o seguinte FS resultante:

$$FS = \frac{e_h \sum_{i=1}^{n}\left(\frac{c' \cdot b_i}{\cos\theta_i} + N_i' \cdot tg\phi'\right) + \sum_{i=1}^{n} T_i \cdot \cos\alpha_i \cdot tg\phi'}{e_h \sum_{i=1}^{n} W_i \cdot sen\theta_i - \sum_{i=1}^{n} T_i \cdot sen\alpha_i}$$

$$= \frac{(96 + 378)1,7 + 289 \cdot tg(30°)}{444 \times 1,7 - 121} = 1,53$$

Conclui-se que o fator de segurança é superior a 1,5, sem a aplicação do fator de segurança nos termos associados aos reforços.

Exercício 6.16

Adotando estacas do tipo hélice contínua (300 mm de diâmetro), apresente uma planta de fundações para os pilares mostrados na Fig. 6.76, com as cargas descritas na Tab. 6.27. Especifique também o comprimento total das estacas, sabendo que serão executadas em um terreno composto de areia medianamente compacta, com γ_t = 19 kN/m³ e ϕ' = 37°.

Observação: despreze a resistência de ponta. Para o uso da resistência de ponta, o contato efetivo entre o concreto e o solo subjacente tem que ser assegurado pelo executor, com o uso dos procedimentos especificados na norma NBR 6122 (ABNT, 2019, anexo N).

Solução:

Para o cálculo do número de estacas correspondente a cada um dos pilares, é necessária a adoção de uma carga de trabalho (Q) que esteja de acordo com os seguintes critérios:

- Deve existir uma margem de segurança com relação à carga que provoca a ruptura do elemento estrutural de fundação. Assim, Q tem que ser inferior ou igual à resistência estrutural admissível (R_{est}).
- É necessário um fator de segurança (FS) adequado com relação à carga que promove a ruptura do sistema solo/fundação (R), resultante da resistência lateral (R_l) somada à resistência de ponta (R_p). Dessa forma, Q deve ser inferior ou igual a $R_{adm} = R/FS$.

Tab. 6.27 Cargas nos pilares

Pilar	Carga vertical (kN)
P1	1.600
P2	2.400
P3	1.600
P4	3.200
P5	4.000
P6	3.200
P7	4.200
P8	8.000
P9	4.200
P10	3.200
P11	4.000
P12	3.200
P13	1.600
P14	2.400
P15	1.600

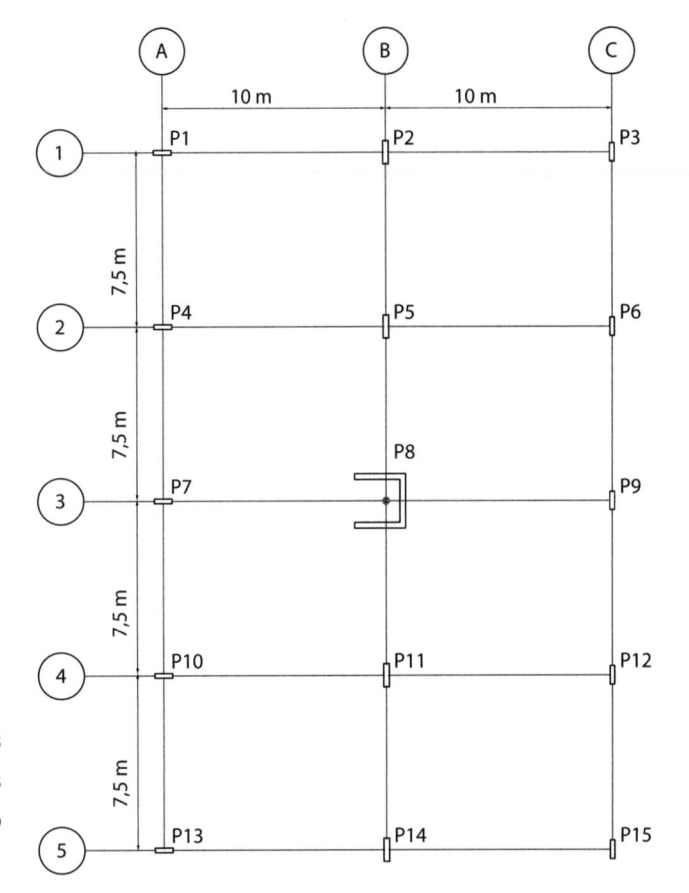

Fig. 6.76 Planta de pilares

Além dos critérios citados, em algumas situações são necessárias previsões de recalques. Os recalques previstos têm que ser inferiores a um determinado recalque admissível.

Uma postura usual de projeto consiste na utilização da resistência estrutural admissível como carga de trabalho. Para tanto, estima-se o comprimento da estaca para se atingir R_{adm} superior ou igual a R_{est}. Essa medida visa ao uso de um número mínimo de estacas por bloco, tendo em vista a utilização da carga de trabalho máxima.

Em algumas situações, dependendo do tipo escolhido de estaca para um determinado terreno, não é possível atingir o comprimento necessário para R_{adm} sobrepujar R_{est}.

Neste exercício, a resistência estrutural admissível para a estaca hélice contínua com 300 mm de diâmetro (D) é obtida facilmente usando-se a tensão admissível (6 MPa) indicada pela norma vigente de projeto e execução de fundações (NBR 6122 – ABNT, 2019):

Exercícios de Mecânica dos Solos

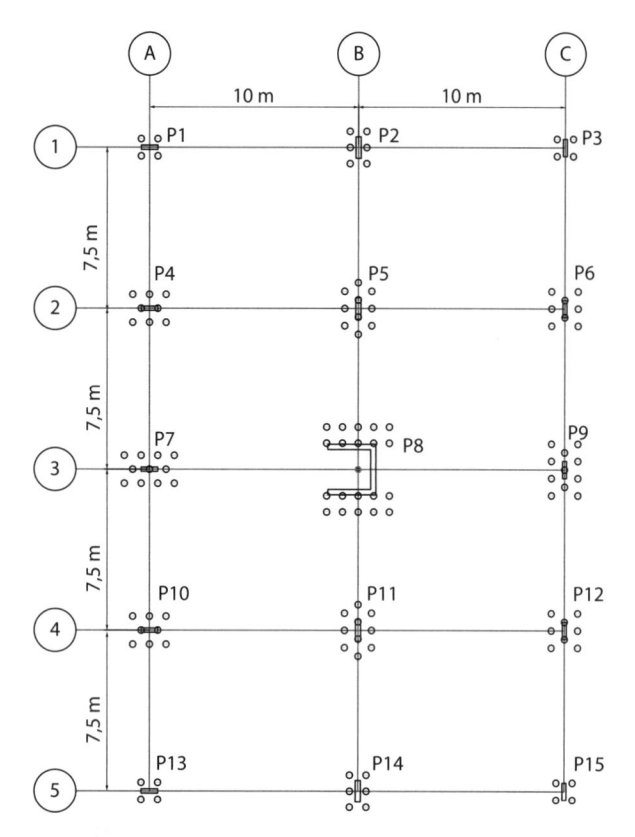

Fig. 6.77 Planta de fundações

$$R_{est} = q_{adm} \cdot A = q_{adm} \cdot \frac{\pi \cdot D^2}{4} = 6.000 \cdot \frac{\pi \cdot 0{,}3^2}{4} = 424 \text{ kN}$$

Utilizando 424 kN como carga de trabalho, o número (N) necessário de estacas por pilar é calculado da seguinte forma:

$$N = \frac{P \cdot 1{,}05}{Q} = \frac{P \cdot 1{,}05}{424}$$

em que P é a carga no pilar, que está majorada em 5% para levar em consideração o peso próprio do bloco de coroamento. Assim, é gerada a planta de fundações apresentada na Fig. 6.77.

A carga de ruptura ou capacidade de carga do sistema solo/estaca é a seguinte:

$$R = R_l + R_p = \int_0^L r_l \cdot U \cdot dz + r_p \cdot A$$

em que U é o perímetro da seção transversal da estaca e r_l e r_p são as tensões resistentes, lateral e de ponta. Em se tratando de uma areia ao longo do fuste da estaca, Moretto (1972) propõe que a variação da tensão resistente lateral com a profundidade z ocorre de acordo com o gráfico da Fig. 6.78. A partir daí, desprezando a resistência de ponta, tem-se:

$$R = R_l = \int_0^{15 \cdot D} \sigma'_h \cdot \text{tg}\delta \cdot U \cdot dz + \int_{15 \cdot D}^{L} \sigma'_{hm} \cdot \text{tg}\delta \cdot U \cdot dz$$

$$= \int_0^{15 \cdot D} \gamma_t \cdot z \cdot K \cdot \text{tg}\delta \cdot U \cdot dz + \int_{15 \cdot D}^{L} 15 \cdot D \cdot \gamma_t \cdot K \cdot \text{tg}\delta \cdot U \cdot dz$$

$$R = \frac{\gamma_t (15 \cdot D)^2 K \cdot \text{tg}\delta \cdot U}{2} + 15 \cdot D \cdot \gamma_t \cdot K \cdot \text{tg}\delta \cdot U(L - 15 \cdot D)$$

$$= 15 \cdot D \cdot \gamma_t \cdot K \cdot \text{tg}\delta \cdot U(L - 7{,}5 \cdot D)$$

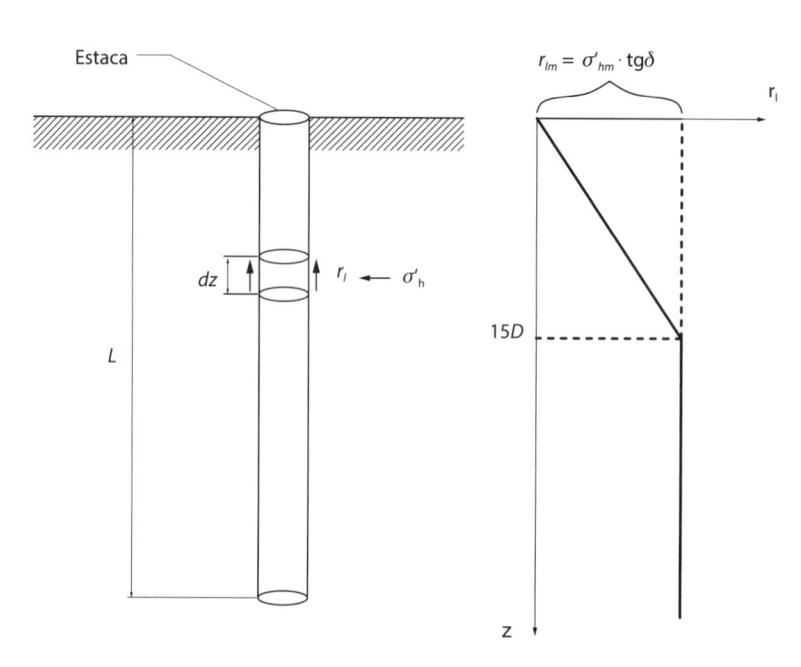

Fig. 6.78 Variação da tensão resistente lateral com a profundidade

em que δ é o ângulo de atrito de interface solo/estaca, que pode ser obtido por meio de correlação empírica com o ângulo de atrito efetivo (Tab. 6.28), e K é o coeficiente de empuxo, que varia de acordo com o tipo de estaca (Tab. 6.29).

Tab. 6.28 Razões δ/ϕ'

Material	Características da superfície	Areia seca	Areia saturada
Aço	Lisa (polida)	0,54	0,64
	Áspera (oxidada)	0,76	0,80
Madeira	Paralela às fibras	0,76	0,85
	Normal às fibras	0,88	0,89
Concreto	Liso (forma metálica)	0,76	0,80
	Áspero (forma metálica)	0,88	0,88
	Rugoso (sem forma)	0,98	0,90

Fonte: Potyondy (1961).

Tab. 6.29 Coeficientes de empuxo

Tipo de estaca	K		
	Areia fofa	Areia medianamente compacta	Areia compacta
Metálica	0,5	0,75	1,0
Escavada ou hélice contínua	0,5	0,75	1,0
Pré-moldada de concreto	1,0	1,50	2,0
Madeira	1,5	2,75	4,0

Adotando $\delta = 0{,}94 \cdot \phi'$ (valor médio para concreto rugoso) e $K = 0{,}75$, a capacidade de carga é a seguinte:

$$R = 15 \times 0{,}3 \times 19 \times 0{,}75 \cdot \mathrm{tg}(0{,}94 \times 37°) \pi \cdot 0{,}3 (L - 7{,}5 \times 0{,}3)$$

Com um fator de segurança mínimo igual a 2, tem-se o comprimento necessário para cada estaca:

$$R_{adm} \geq Q \therefore R \geq 2 \cdot Q$$
$$15 \times 0{,}3 \times 19 \times 0{,}75 \cdot \mathrm{tg}(0{,}94 \times 37°) \pi \cdot 0{,}3 (L - 7{,}5 \times 0{,}3) \geq 2 \cdot Q$$
$$L \geq \frac{2 \times 424}{15 \times 0{,}3 \times 19 \times 0{,}75 \cdot \mathrm{tg}(0{,}94 \times 37°) \pi \cdot 0{,}3} + 7{,}5 \times 0{,}3 \therefore L \geq 22{,}5 \text{ m}$$

A Tab. 6.30 detalha, por pilar, o número de estacas, a carga por estaca, o comprimento unitário e o comprimento total das estacas. Portanto, para a obra são necessárias 122 estacas, com um total de 2.723 m.

É importante destacar que os comprimentos especificados para os pilares P7 e P9, inferiores aos definidos para os outros pilares, ocorrem em razão do arredondamento do número de estacas, que reduz a carga de trabalho e possibilita a redução do comprimento mínimo unitário.

Tab. 6.30 Quadro de estacas hélice ($D = 300$ mm)

Pilar	Carga vertical (kN)	N	Carga por estaca (kN)	Comprimento unitário (m)	Comprimento total (m)
P1	1.600	4	420	22,5	90,0
P2	2.400	6	420	22,5	135,0
P3	1.600	4	420	22,5	90,0
P4	3.200	8	420	22,5	180,0
P5	4.000	10	420	22,5	225,0
P6	3.200	8	420	22,5	180,0
P7	4.200	11	401	21,5	236,5
P8	8.000	20	420	22,5	450,0
P9	4.200	11	401	21,5	236,5
P10	3.200	8	420	22,5	180,0
P11	4.000	10	420	22,5	225,0
P12	3.200	8	420	22,5	180,0
P13	1.600	4	420	22,5	90,0
P14	2.400	6	420	22,5	135,0
P15	1.600	4	420	22,5	90,0

Exercício 6.17

Apresente os blocos de estacas definidos no exercício anterior, com espaçamento mínimo de 2,5 · D, em planta, entre os centros das estacas. Verifique a necessidade de alteração do bloco correspondente ao pilar do poço do elevador (P8), se acaso houvesse a incidência de esforços de momentos M_x (momento em torno do eixo x) e M_y (momento em torno do eixo y), não atuando concomitantemente, de 180 kN · m e 60 kN · m, respectivamente. Tais momentos seriam gerados por cargas de vento.

Solução:

Normalmente, especifica-se um espaçamento entre estacas de 2,5 · D a 3 · D. Neste exercício, para estacas com 30 cm de diâmetro, o espaçamento mínimo é igual a 75 cm. Assim, os blocos definidos no exercício anterior ficam com a distribuição de estacas mostrada na Fig. 6.79.

O bloco para o poço do elevador tem uma configuração diferenciada, com um espaçamento elevado (250 cm) entre as linhas de estacas (B e C) mais próximas ao centro de carga. Tal espaçamento visa à necessidade de uma menor profundidade de escavação para a execução do bloco de coroamento, e, assim, o poço fica apoiado em dois blocos (Fig. 6.80). Nesse caso, o espaçamento entre a linha C e a face interna do pilar, por exemplo, tem que ser superior ou igual a 15 cm + D/2, o que garante uma distância maior ou igual a 15 cm entre a face do bloco e a face da estaca.

A existência de esforços de momentos em conjunto com a carga vertical promove uma distribuição desigual de cargas nas estacas. A maior e a menor carga ocorrem em estacas de extremidade, com a ocorrência de M_x e M_y de maneira simultânea:

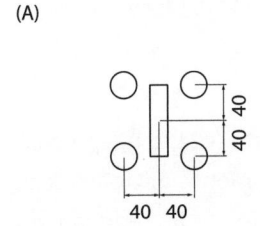

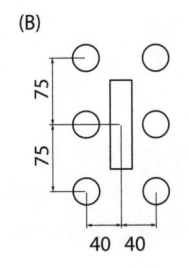

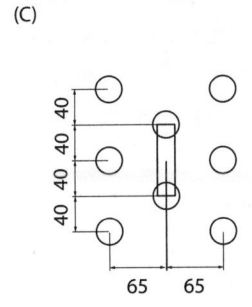

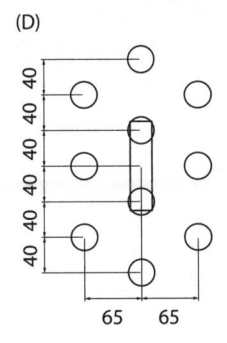

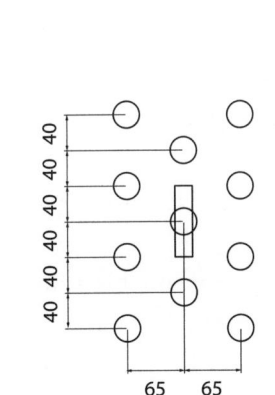

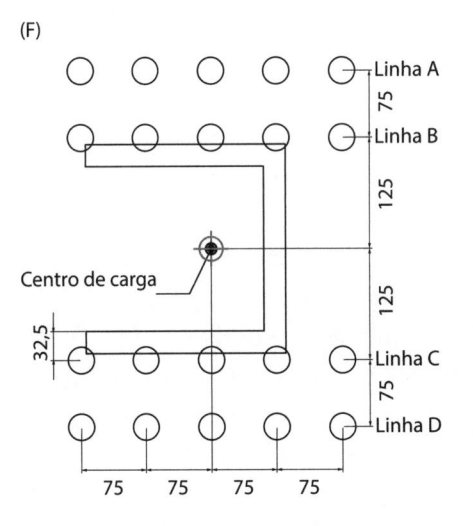

Estado de tensões e resistência ao cisalhamento

Fig. 6.79 Blocos de estacas hélice de 30 cm de diâmetro (cotas em cm): (A) bloco para P1, P3, P13 e P15; (B) bloco para P2 e P14; (C) bloco para P4, P6, P10 e P12; (D) bloco para P5 e P11; (E) bloco para P7 e P9; (F) bloco para P8 (poço do elevador)

▶ Carga máxima: $Q_{máx} = \dfrac{P \cdot 1{,}05}{N} + \dfrac{M_x \cdot y}{\sum y^2} + \dfrac{M_y \cdot x}{\sum x^2}$

▶ Carga mínima: $Q_{mín} = \dfrac{P \cdot 1{,}05}{N} - \dfrac{M_x \cdot y}{\sum y^2} - \dfrac{M_y \cdot x}{\sum x^2}$

em que x e y são as coordenadas das estacas, em planta, em relação ao centro de carga.

O enunciado menciona que os momentos não ocorrerão de maneira simultânea, situação típica. Dessa forma, simulando a ocorrência de M_x em conjunto com a carga vertical, têm-se os seguintes esforços nas linhas D e A:

▶ Carga máxima: $Q_{máx} = \dfrac{8.000 \times 1{,}05}{20} + \dfrac{180 \times 2}{(10 \times 2^2 + 10 \times 1{,}25^2)} = 426 \text{ kN}$

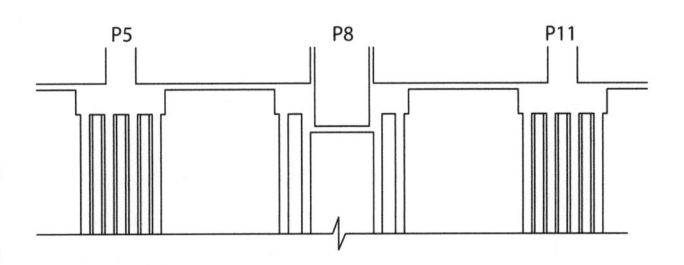

Fig. 6.80 Detalhe dos blocos de estacas em corte

▶ Carga mínima:
$$Q_{mín} = \frac{8.000 \times 1,05}{20} - \frac{180 \times 2}{(10 \times 2^2 + 10 \times 1,25^2)} = 414 \text{ kN}$$

Como a carga máxima é superior à resistência estrutural (424 kN), é necessário aumentar o número de estacas ou modificar o espaçamento entre estacas em y. Aumentando o espaçamento em y, tem-se um efeito de redução da diferença entre as cargas máxima e mínima. Usando, por exemplo, um espaçamento de 4,5 m entre as linhas B e C e uma distância de 6 m entre as linhas A e D, têm-se cargas máxima e mínima iguais a 424 kN e 416 kN, respectivamente.

Simulando a incidência do momento em torno do eixo y, as cargas máxima e mínima são, respectivamente:

▶ Carga máxima: $Q_{máx} = \dfrac{8.000 \times 1,05}{20} + \dfrac{60 \times 1,5}{(8 \times 1,5^2 + 8 \times 0,75^2)} = 424$ kN

▶ Carga mínima: $Q_{mín} = \dfrac{8.000 \times 1,05}{20} - \dfrac{60 \times 1,5}{(8 \times 1,5^2 + 8 \times 0,75^2)} = 416$ kN

Portanto, com $Q_{máx} = 424$ kN, o espaçamento em x não precisa ser modificado.

Exercício 6.18

No Exercício 6.16, a análise de capacidade de carga do sistema solo/estaca foi feita de maneira teórica para um solo homogêneo. Na prática, é muito frequente o uso de métodos empíricos ou semiempíricos para previsões de capacidades de carga em meios estratificados. Este exercício visa à aplicação dessa metodologia tradicional.

Para a planta de pilares mostrada na Fig. 6.76, calcule o comprimento total necessário de estacas hélice (D = 300 mm) e também o comprimento total para uma solução alternativa em estacas pré-moldadas de concreto (D = 260 mm), tomando como base o perfil apresentado na Fig. 6.81, revelado a partir de sondagens SPT. Use o método de Aoki e Velloso (1975), modificado por Monteiro (1997), para as previsões de capacidade de carga.

Observação: de acordo com o fabricante, a resistência estrutural admissível é de 700 kN para a estaca pré-moldada com 260 mm de diâmetro.

Solução:

Os métodos semiempíricos, amplamente usados para previsões de capacidade de carga do sistema solo/estaca, baseiam-se em ensaios *in situ* de penetração (CPT ou SPT) para a obtenção das tensões resistentes de ponta e lateral. De acordo com o método semiempírico de Aoki e Velloso (1975), tais tensões são as seguintes:

$$r_p = \frac{q_c}{F1}$$
$$r_l = \frac{f_s}{F2}$$

(A)

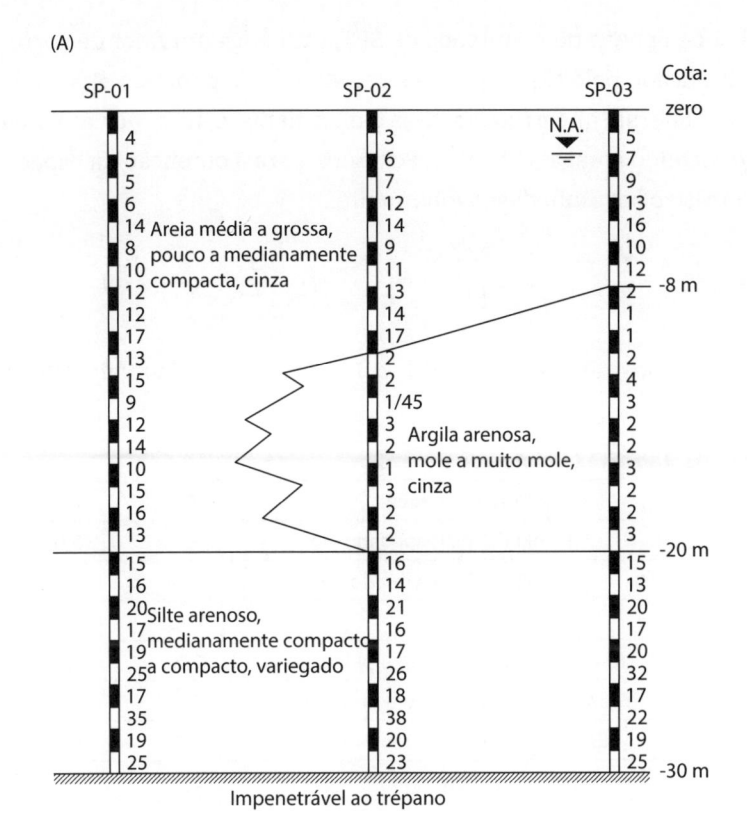

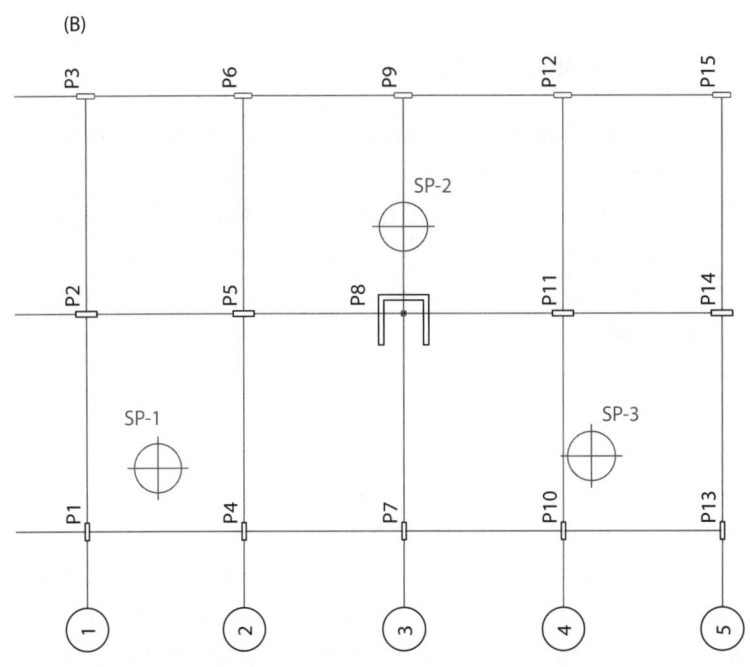

Fig. 6.81 (A) Perfil geotécnico e (B) planta de locação dos furos de sondagem

em que q_c é o valor médio da resistência de ponta do cone, para uma zona compreendida entre $3{,}5 \cdot D$ e $7 \cdot D$, abaixo e acima da ponta da estaca, respectivamente (Monteiro, 1997), e f_s é a resistência lateral do CPT para um intervalo (ΔL) ao longo do fuste da estaca. Os termos F1 e F2 são fatores de escala e execução das estacas.

Quando se dispõe apenas de resultados de SPT, utiliza-se um fator de correlação k, que, multiplicado pelo N_{SPT}, fornece a resistência de ponta do ensaio de cone. A resistência lateral (f_s) correlaciona-se linearmente com q_c por meio de um coeficiente α, ficando igual a $\alpha \cdot k \cdot N_{SPT}$. Portanto, para a obtenção da capacidade de carga, tem-se o seguinte desenvolvimento:

$$R = R_p + R_l = \frac{q_c \cdot A}{F1} + \frac{U}{F2}\sum_{i=1}^{n} f_{si} \cdot \Delta L_i = \frac{A}{F1}\left(\frac{\sum_{i=1}^{n} k_i \cdot N_{SPT_i}}{n}\right) + \frac{U}{F2}\sum_{i=1}^{n} \alpha_i \cdot k_i \cdot N_{SPT_i} \cdot \Delta L_i$$

As Tabs. 6.31 e 6.32 mostram os valores de k, α, F1 e F2, segundo Monteiro (1997).

Tab. 6.31 Valores de k e α

Tipo de solo	k (kPa)	α (%)
Areia (S)	730	2,1
Areia siltosa (SM)	680	2,3
Areia siltoargilosa (SMC)	630	2,4
Areia argilossiltosa (SCM)	570	2,9
Areia argilosa (SC)	540	2,8
Silte arenoso (MS)	500	3,0
Silte arenoargiloso (MSC)	450	3,2
Silte (M)	480	3,2
Silte argiloarenoso (MCS)	400	3,3
Silte argiloso (MC)	320	3,6
Argila arenosa (CS)	440	3,2
Argila arenossiltosa (CSM)	300	3,8
Argila siltoarenosa (CMS)	330	4,1
Argila siltosa (CM)	260	4,5
Argila (C)	250	5,5

Fonte: Monteiro (1997).

Tab. 6.32 Valores de F1 e F2

Tipo de estaca	F1	F2
Franki de fuste apiloado	2,3	3,0
Franki de fuste vibrado	2,3	3,2
Metálica	1,75	3,5
Pré-moldada de concreto a percussão	2,5	3,5
Pré-moldada de concreto a prensagem	1,2	2,3
Escavada com lama bentonítica	3,5	4,5
Raiz	2,2	2,4
Strauss	4,2	3,9
Hélice contínua	3,0	3,8

Fonte: Monteiro (1997).

Para o dimensionamento das estacas hélice, é possível a adoção do critério descrito no exercício anterior, que consiste em estabelecer um comprimento com o qual a capacidade de carga admissível do sistema solo/estaca torna-se superior ou igual à resistência estrutural admissível (424 kN para o diâmetro de 300 mm). Usando as informações das sondagens SP-1, SP-2 e SP-3, têm-se na Tab. 6.33 as resistências lateral e de ponta para a estaca em análise, bem como os valores de R e R_l/2.

Verifica-se que, a partir da sondagem SP-1, aos 21 m a capacidade de carga admissível do sistema solo/estaca é igual a 427 kN, desprezando a contribuição da resistência de ponta. Assim, tal comprimento é suficiente para o uso da resistência estrutural admissível como carga de trabalho. No entanto, a presença de uma camada de argila mole a muito mole, revelada a partir dos furos SP-2 e SP-3, gera uma redução significativa da resistência lateral, com a capacidade de carga admissível sobrepujando a resistência estrutural às profundidades de 26 m e 27 m.

Se o executor for capaz de assegurar o efetivo contato do concreto com o solo existente na ponta da estaca, os comprimentos necessários são de 17 m, 23 m e 25 m, com base nos furos SP-1, SP-2 e SP-3, respectivamente.

Tab. 6.33 Capacidades de carga para estaca hélice ($D = 300$ mm)

Profundidade (m)	Sondagem SP-1				Sondagem SP-2				Sondagem SP-3			
	R_l (kN)	R_p (kN)	R (kN)	$R_l/2$ (kN)	R_l (kN)	R_p (kN)	R (kN)	$R_l/2$ (kN)	R_l (kN)	R_p (kN)	R (kN)	$R_l/2$ (kN)
2	15	52	67	8	11	52	63	6	19	69	88	10
3	34	80	114	17	34	92	126	17	46	120	166	23
4	53	92	145	27	61	143	204	30	80	166	246	40
5	76	143	219	38	106	189	296	53	129	218	347	65
6	129	161	290	65	160	201	360	80	190	224	414	95
7	160	183	343	80	194	195	389	97	228	218	446	114
8	198	172	370	99	236	189	425	118	274	133	407	137
9	243	195	438	122	285	218	503	143	281	79	360	140
10	289	235	524	144	338	252	591	169	284	14	298	142
11	354	241	594	177	403	185	588	202	288	14	302	144
12	403	258	661	202	410	111	521	205	295	24	319	147
13	460	212	672	230	417	16	433	208	309	31	340	154
14	494	206	701	247	419	20	439	210	319	31	350	160
15	540	201	741	270	430	20	449	215	326	24	350	163
16	593	206	800	297	437	21	458	218	333	24	357	167
17	631	224	855	316	440	21	461	220	344	24	368	172
18	688	235	923	344	451	21	471	225	351	24	375	175
19	749	252	1.001	375	458	24	482	229	358	24	382	179
20	798	225	1.024	399	465	77	541	232	368	76	444	184
21	854	196	1.051	427	524	125	649	262	424	120	544	212
22	914	200	1.114	457	576	200	777	288	472	188	661	236
23	988	208	1.196	494	654	200	855	327	547	196	743	273
24	1.051	220	1.271	526	714	212	926	357	610	224	834	305
25	1.122	240	1.362	561	777	232	1.009	389	684	271	955	342
26	1.215	240	1.455	608	874	240	1.114	437	803	271	1.074	402
27	1.278	302	1.581	639	941	322	1.263	470	867	279	1.145	433
28	1.409	279	1.687	704	1.082	298	1.381	541	948	228	1.176	474
29	1.479	310	1.790	740	1.157	318	1.475	578	1.019	259	1.278	510

Adotando uma postura conservadora, tomando como referência a sondagem SP-3 e desprezando a resistência de ponta, com um número total de 122 estacas é necessário um comprimento total de 3.272 m, com estacas de 26 m para os pilares P7 e P9 e estacas de 27 m para os outros pilares. O comprimento ligeiramente inferior para P7 e P9 se deve ao arredondamento do número de estacas e à consequente carga por estaca (401 kN, que consta na Tab. 6.30).

Para o dimensionamento da metragem necessária de estacas pré-moldadas de concreto, de maneira conservadora, é necessário o uso da capacidade de carga do sistema solo/estaca obtida a partir da sondagem SP-3, aos 22 m (307 kN, Tab. 6.34). A profundidade é predefinida pois, nos três furos de sondagem, nesse nível, ocorre um N_{SPT} maior ou igual a 20 golpes. Nessas condições, a insistência para o avanço da estaca pré-moldada, que é cravada com golpes de um martelo, pode provocar sua ruptura.

O avanço de estacas pré-moldadas em solos muito resistentes tem que ser precedido por um procedimento de pré-furo, com um custo adicional, que normalmente se justifica para a transposição de camadas mais superficiais.

Tab. 6.34 Capacidades de carga para estaca pré-moldada de concreto ($D = 260$ mm)

Profundidade (m)	Sondagem SP-1				Sondagem SP-2				Sondagem SP-3			
	R_l (kN)	R_p (kN)	R (kN)	$R/2$ (kN)	R_l (kN)	R_p (kN)	R (kN)	$R/2$ (kN)	R_l (kN)	R_p (kN)	R (kN)	$R/2$ (kN)
2	14	47	61	30	11	47	57	29	18	62	80	40
3	32	72	105	52	32	83	115	57	43	109	151	76
4	50	83	133	66	57	129	186	93	75	150	225	112
5	72	129	201	100	100	171	271	135	122	196	318	159
6	122	145	266	133	150	181	331	166	179	202	380	190
7	150	165	316	158	182	176	358	179	215	196	411	206
8	186	155	341	171	222	171	392	196	258	120	378	189
9	229	176	405	202	268	196	465	232	264	71	336	168
10	272	212	484	242	318	227	546	273	267	12	280	140
11	333	217	550	275	379	166	546	273	271	12	283	142
12	379	233	612	306	386	100	486	243	277	22	299	150
13	433	191	624	312	392	15	407	203	290	28	318	159
14	465	186	651	326	395	18	412	206	300	28	328	164
15	508	181	689	344	404	18	422	211	307	22	329	164
16	558	186	744	372	411	19	430	215	313	22	335	168
17	594	202	795	398	414	19	433	216	323	22	345	173
18	648	212	859	430	424	19	443	221	330	22	352	176
19	705	227	932	466	431	22	453	226	336	22	358	179
20	751	203	954	477	437	69	506	253	346	69	415	207
21	804	177	981	490	493	112	606	303	399	108	507	254
22	860	181	1.040	520	542	181	723	361	444	170	614	307
23	930	188	1.117	559	616	181	796	398	514	177	691	346
24	989	198	1.188	594	672	191	863	431	574	202	776	388
25	1.056	216	1.272	636	731	209	940	470	644	244	888	444
26	1.143	216	1.359	680	822	216	1.038	519	756	244	1.000	500
27	1.203	273	1.475	738	885	290	1.176	588	815	251	1.067	533
28	1.325	251	1.577	788	1.018	269	1.287	644	892	205	1.098	549
29	1.392	280	1.672	836	1.088	287	1.375	688	959	234	1.193	596

A Tab. 6.35 mostra o número e a metragem das estacas por pilar, tomando 307 kN como carga de trabalho, o que gera uma subutilização da estaca, tendo em vista que sua resistência estrutural admissível é de 700 kN. Finalmente, para a obra são necessárias 172 estacas pré-moldadas de concreto, com um comprimento total de 3.784 m.

Tab. 6.35 Quadro de estacas pré-moldadas de concreto ($D = 260$ mm)

Pilar	Carga vertical (kN)	N	Carga por estaca (KN)	Comprimento total (m)
P1	1.600	6	280	132
P2	2.400	9	280	198
P3	1.600	6	280	132
P4	3.200	11	305	242
P5	4.000	14	300	308
P6	3.200	11	305	242
P7	4.200	15	294	330
P8	8.000	28	300	616
P9	4.200	15	294	330
P10	3.200	11	305	242
P11	4.000	14	300	308
P12	3.200	11	305	242
P13	1.600	6	280	132
P14	2.400	9	280	198
P15	1.600	6	280	132

Exercício 6.19

Calcule a probabilidade de ruptura para uma das estacas pré-moldadas de concreto do Exercício 6.18 para uma carga incidente de 305 kN.

Solução:

Em estudos geotécnicos, previsões de recalques ou de fatores de segurança são tradicionalmente feitas por meio de métodos determinísticos, com base nos valores médios dos parâmetros do solo ou da rocha. Entretanto, a variabilidade desses parâmetros gera incertezas nas estimativas determinísticas, com o consequente risco de insucesso associado a uma probabilidade de recalque inadmissível ou a uma probabilidade de ruptura.

Para quantificar riscos de insucesso em estudos geotécnicos, faz-se necessário o desenvolvimento de análises de probabilidade e estatística. Tais análises fornecem valores relativos de probabilidade de ruptura ou de recalque inadmissível, haja vista que existem infinitas fontes de incertezas que podem afetar uma previsão determinística e apenas algumas delas podem ser contempladas nos cálculos estatísticos e probabilísticos.

A relevância da aplicação de métodos estatísticos e probabilísticos é ilustrada na Fig. 6.82, com base em duas análises de equilíbrio-limite. Nas situações A e B, os valores médios dos fatores de segurança são respectivamente iguais a 1,5 e 2. Em termos determinísticos, a situação B se apresenta com uma margem de segurança, em relação à ruptura, superior à obtida para a situação A. Entretanto, em virtude da magnitude das incertezas na determinação estatística dos parâmetros geotécnicos médios, verifica-se que a distribuição probabilística normal de B apresenta uma maior dispersão em torno do valor médio de FS.

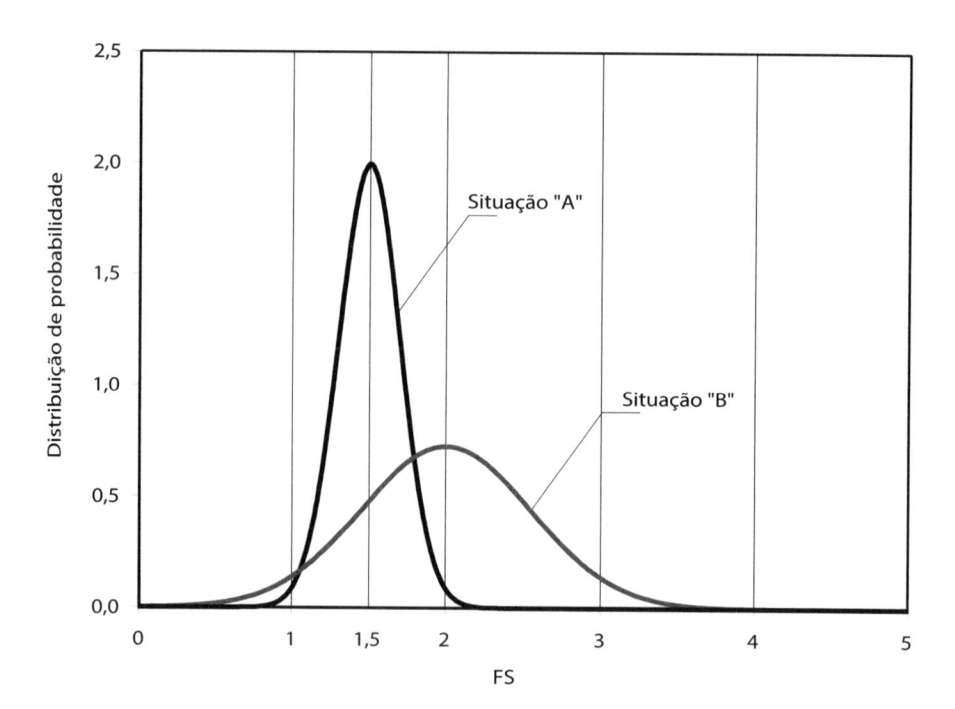

Fig. 6.82 Distribuições de probabilidade para duas análises de estabilidade

Sabendo que a probabilidade de ruptura é a área sob a curva de probabilidade para valores de FS inferiores ou iguais a 1, a situação B é a que se configura com menor confiabilidade.

Portanto, o resultado determinístico não é suficiente para se inferir acerca da segurança ou do desempenho de um projeto geotécnico. É imperativa a análise da influência da variabilidade dos parâmetros na previsão determinística, quantificada por estimativas probabilísticas.

A distribuição de probabilidade ou função densidade de probabilidade normal (gaussiana), amplamente usada para a análise de FS, tem a seguinte definição:

$$f(x,\mu,\sigma^2) = \frac{1}{\sqrt{2 \cdot \pi \cdot \sigma^2}} \cdot e^{-\frac{1}{2}\left(\frac{x-\mu}{\sigma}\right)^2}$$

em que μ e σ são a média e o desvio-padrão (raiz quadrada da variância) de uma determinada variável aleatória (x). Para FS, os valores de média e variância podem ser obtidos a partir dos métodos de Aoki-Velloso (determinístico) e do segundo momento de primeira ordem (probabilístico), respectivamente.

Assim, a média ou primeiro momento de FS é:

$$FS = \frac{R}{Q} = \frac{A \cdot q_c}{Q \cdot F1} + \frac{U}{Q \cdot F2} \sum_{i=1}^{n} f_{si} \cdot \Delta L_i$$

em que q_c é o valor médio da resistência de ponta do ensaio de cone, calculado para a zona de ponta da estaca com base em todas as sondagens disponíveis. Para a parcela de resistência lateral, f_{si} é o valor médio das resistências laterais do CPT para um determinado intervalo de comprimento da estaca. Com 22 m de comprimento, no perfil apresentado na Fig. 6.81, o fator de segurança médio é 792/305 = 2,6.

O segundo momento probabilístico (variância) pode ser calculado a partir de uma série de Taylor truncada em sua derivada de primeira ordem, daí a denominação do método: segundo momento de primeira ordem. Com FS como variável aleatória dependente, a variância recai em um somatório do produto entre os quadrados das derivadas parciais da função FS em relação a cada parâmetro e suas respectivas variâncias estatísticas, ou seja:

$$V[FS] = \sum_{i=1}^{n}\left[\frac{\partial FS}{\partial x_i}\right]^2 V[x_i] = \left[\frac{A}{Q \cdot F1}\right]^2 V[q_c] + \left[\frac{U \cdot \Delta L_i}{Q \cdot F2}\right]^2 \sum_{i=1}^{n} V[f_{si}]$$

As variâncias estatísticas de q_c e f_{si} são facilmente calculadas. A variância amostral relaciona-se com os quadrados dos desvios de uma variável x em relação à média $\bar{x}$, sendo definida por:

$$V[x_i] = \sum_{i=1}^{n}\frac{(x_i - \bar{x})^2}{n-1}$$

A Tab. 6.36 apresenta os valores de f_{si} ao longo da profundidade para os três furos de sondagem, bem como seus valores de média e variância.

Tab. 6.36 Análise estatística de $f_s = \alpha \cdot k \cdot N_{SPT}$ (kPa)

Profundidade (m)	SP-1	SP-2	SP-3	Média	Variância
1-2	61,3	46,0	76,7	61,3	235,0
2-3	76,7	92,0	107,3	92,0	235,0
3-4	76,7	107,3	138,0	107,3	940,0
4-5	92,0	184,0	199,3	158,4	3.368,5
5-6	214,6	214,6	245,3	224,8	313,3
6-7	122,6	138,0	153,3	138,0	235,0
7-8	153,3	168,6	184,0	168,6	235,0
8-9	184,0	199,3	28,2	137,1	8.965,7
9-10	184,0	214,6	14,1	137,6	11.669,3
10-11	260,6	260,6	14,1	178,4	20.259,0
11-12	199,3	28,2	28,2	85,2	9.761,8
12-13	230,0	28,2	56,3	104,8	11.943,3
13-14	138,0	9,4	42,2	63,2	4.462,9
14-15	184,0	42,2	28,2	84,8	7.426,1
15-16	214,6	28,2	28,2	90,3	11.589,1
16-17	153,3	14,1	42,2	69,9	5.418,3
17-18	230,0	42,2	28,2	100,1	12.692,1
18-19	245,3	28,2	28,2	100,5	15.713,7
19-20	199,3	28,2	42,2	89,9	9.024,7
20-21	225,0	240,0	225,0	230,0	75,0
21-22	240,0	210,0	195,0	215,0	525,0
				Σ	135.087,8

Dessa forma, a parcela da variância de FS gerada pelo atrito lateral é a seguinte:

$$\left[\frac{U \cdot \Delta L_i}{Q \cdot F2}\right]^2 \sum_{i=1}^{n} V[f_{si}] = \left[\frac{\pi \cdot 0{,}26 \times 1}{305 \times 3{,}5}\right]^2 135.088 = 0{,}0791$$

Na Tab. 6.37 constam os valores de q_c correspondentes à zona de ponta da estaca, para os três furos de sondagem, e também seus valores de média e variância.

Tab. 6.37 Análise estatística de $q_c = \Sigma k \cdot N_{SPT}/n$ (kPa)

SP-1	SP-2	SP-3	Média	Variância
8.500,0	8.500,0	8.000,0	8.333,3	83.333,3

Portanto, a parcela da variância de FS correspondente à resistência de ponta é:

$$\left[\frac{A}{Q \cdot F1}\right]^2 V[q_c] = \left[\frac{\pi \cdot 0{,}13^2}{305 \times 2{,}5}\right]^2 83.333 = 0{,}0004$$

Com uma variância total igual a 0,0795, tem-se o desvio-padrão de FS:

$$\sigma[FS] = \sqrt{V[FS]} = 0{,}2819$$

Finalmente, a Fig. 6.83 ilustra a função normal para FS com valores de média e desvio-padrão iguais a 2,6 e 0,2819, respectivamente. A probabilidade de ruptura, ou área sob a distribuição de probabilidade para FS ≤ 1, calculada por método numérico, é igual a 7×10^{-7}%.

Com a probabilidade de ruptura, é possível a estimativa do risco. Para tanto, são necessárias duas informações: o custo referente à ruína e a susceptibilidade do estaqueamento.

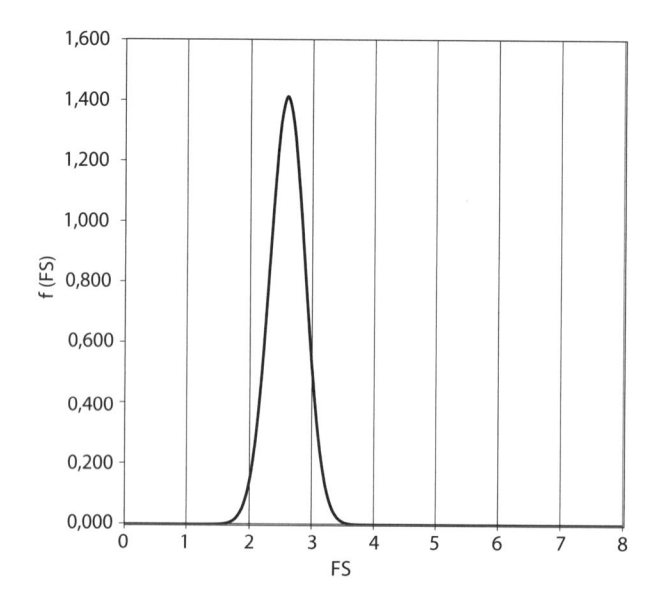

Fig. 6.83 Distribuição normal para FS

Referências bibliográficas

ABNT – ASSOCIAÇÃO BRASILEIRA DE NORMAS TÉCNICAS. NBR 6122: projeto e execução de fundações. Rio de Janeiro, 2019.

ALMEIDA, M.; MARQUES, M. E. S. *Aterros sobre solos moles*. 2. ed. São Paulo: Oficina de Textos, 2014.

AOKI, N.; VELLOSO, D. A. An Approximate Method to Estimate the Bearing Capacity of Piles. *Proceedings of the 5th Pan American CSMFE*, Buenos Aires, v. 1, p. 367-376, 1975.

BARRON, R. A. Consolidation of Fine-Grained Soils by Drain Wells. *Journal of the Soil Mechanics and Foundation Division*, ASCE, v. 73, n. 6, p. 811-835, 1948.

BISHOP, A. W. The Principle of Effective Stress. *Teknisk Ukeblad*, v. 106, n. 39, 1959.

BISHOP, A. W. The Use of Slip Circle in the Stability Analysis of Earth Slopes. *Géotechnique*, v. 5, n. 1, p. 7-17, 1955.

BJERRUM, L. Problems of Soil Mechanics and Construction on Soft Clays. *8th International Conference on Soil Mechanics and Foundation Engineering*, Moscow, 1973.

BOUSSINESQ, J. *Application des Potentiels à l'Étude de l'Équilibre et du Mouvement des Solides Élastiques*. França: Gauthier-Villars, 1885.

BURLAND, J. B; BROMS, B. B.; MELLO, V. F. B. Behavior of Foundations and Structures. *International Conf. on Soil Mechanics and Foundation Engineering*, Tokyo, v. 2, p. 495-546, 1977.

CARRILLO, N. Simple Two and Three Dimensional Cases in the Theory of Consolidation of Soils. *Journal of Math. and Phys.*, v. 21, p. 1-5, 1942.

CASTELLO, R. R.; POLIDO, U. F. Algumas características de adensamento das argilas marinhas de Vitória, ES. *VIII COBRAMSEG*, ABMS, Porto Alegre, v. 2, p. 149-159, 1986.

CONDUTO, D. P. *Foundation Design*: Principles and Practices. 2nd ed. New Jersey: Prentice-Hall, 2001.

COULOMB, C. A. Essai sur une Application des Règles des Maximis et Minimis à quelques Problèmes de Statique Relatifs à l'Architecture. *Mém. Acad. Roy. Prés. Divers Savants*, Paris, v. 7, 1776.

DANZIGER, B. R. *Estudo de correlações entre os ensaios de penetração estática e dinâmica e suas aplicações ao projeto de fundações profundas*. Dissertação (Mestrado) – COPPE/UFRJ, Rio de Janeiro, 1982.

FREDLUND, D. G.; MORGENSTERN, N. R.; WIDGER, R. A. The Shear Strength for Unsaturated Soils. *Canadian Geotechnical Journal*, v. 15, n. 3, p. 313-321, 1978.

GODOY, N. S. *Fundações*. Notas de aula, curso de graduação, Escola de Engenharia de São Carlos (USP). 1972. 65 p.

HACHICH, W. et al. *Fundações*: teoria e prática. São Paulo: ABMS/ABEF/Pini, 1996.

HANSBO, S. Consolidation of Fine-Grained Soils by Pre-Fabricated Drains. *10th Int. Conf. on Soil Mech. and Foundation Engineering*, Estocolmo, v. 3, p. 677-682, 1981.

HANSBO, S. Facts and Fiction in the Field of Vertical Drainage. *Int. Symp. on Prediction and Performance in Geotechnical Engineering*, Alberta, Canada, p. 61-72, 1987.

JAKY, J. The Coefficient of Earth Pressure at Rest. *Journal of Society of Hungarian Architects and Engineers*, Budapest, v. 7, p. 355-358, 1944.

JAMIOLKOWSKI, M.; LADD, C. C.; GERMAINE, J. T.; LANCELLOTTA, R. New Developments in Field and Laboratory Testing of Soils. *11th International Conference on Soil Mechanics and Foundation Engineering*, San Francisco, 1985.

KNAPPETT, J. A.; CRAIG, R. F. *Mecânica dos solos*. 8. ed. São Paulo: Grupo GEN, 2014.

LIAO, S. S. C.; WHITMAN, E. R. V. Overburden Correction Factors for SPT in Sand. *Journal of Geotechnical Engineering*, ASCE, v. 112, n. 3, p. 373-377, Mar. 1986.

LOVE, A. E. H. The Stress Produced in a Semi-Infinite Solid by Pressure on Part of the Boundary. *Phil. Trans. Royal Society*, Series A, Inglaterra, v. 228, 1929.

MASSAD, F. *Solos marinhos da Baixada Santista*: características e propriedades geotécnicas. 1. ed. São Paulo: Oficina de Textos, 2009.

MAYNE, P. W.; KULHAWY, F. H. K_0 – OCR Relationships in Soil. *Journal of the Geotechnical Engineering Division*, ASCE, v. 108, n. 6, p. 851-872, 1982.

MONTEIRO, P. F. *Capacidade de carga de estacas*: método Aoki-Velloso. Relatório interno de estacas Franki. 1997.

MORETTO, O. *Nota do tradutor, Mecanica de Suelos en la Ingenieria Practica*. Buenos Aires: El Ateneo S.A., 1972. p. 526-528.

ORTIGÃO, J. A. R. Ensaios de arrancamento para projetos de solo grampeado. Nota técnica. *Solos e Rochas*, ABMS, v. 20, n. 1, p. 39-43, 1997.

POTYONDY, J. G. Skin Friction between Various Soils and Construction Materials. *Géotechnique*, London, v. 11, n. 4, p. 339-353, 1961.

RANKINE, W. J. M. On the Stability of Loose Earth. *Phil. Trans. Roy. Soc. London*, v. 147, 1857.

SCHMERTMANN, J. H. Static Cone to Compute Static Settlement Over Sand. *Journal of the Soil Mechanics and Foundations Division*, ASCE, v. 96, n. SM3, p. 1011-1043, 1970.

SCHMERTMANN, J. H.; HARTMAN, J. P.; BROWN, P. R. Improved Strain Influence Factor Diagrams. *Journal of the Geotechnical Engineering Division*, ASCE, v. 104, n. GT8, p. 1131-1135, 1978.

SCHNAID, F.; ODEBRECHT, E. *Ensaios de campo e suas aplicações à Engenharia de Fundações*. 2. ed. São Paulo: Oficina de Textos, 2012.

SOUSA PINTO, C. *Curso básico de Mecânica dos Solos*. 3. ed. São Paulo: Oficina de Textos, 2006.

SOWERS, G. B.; SOWERS, G. F. *Introductory Soil Mechanics and Foundations*. EUA: The MacMillan, 1979.

SPRINGER, F. O. *Estudos de deformabilidade de escavações com solo grampeado*. 95 f. Dissertação (Mestrado) – PUC-Rio, Rio de Janeiro, 2001.

TERZAGHI, K. Relation Between Soil Mechanics and Foundations Engineering. In: INTERNATIONAL CONFERENCE ON SOIL MECHANICS AND FOUNDATIONS ENGINEERING, 1. *Proceedings...* Boston, 1936. v. 3, p. 13-18.

TERZAGHI, K. *Theoretical Soil Mechanics*. EUA: John Wiley and Sons, 1943.

TERZAGHI, K.; PECK, R. B. *Soil Mechanics in Engineering Practice*. 1. ed. New York: John Willey and Sons, 1948. 566 p.

TERZAGHI, K.; PECK, R. B.; MESRI, G. *Soil Mechanics in Engineering Practice*. 3rd ed. New York: John Wiley and Sons, 1996.

WESTERGAARD, H. M. *A Problem of Elasticity Suggested by a Problem in Soil Mechanics*: Soft Material Reinforced by Numerous Strong Horizontal Sheets. 1938.